中等职业教育机械类系列教材

机械加工技术与实训

主　编　崔国利
副主编　王大山　肖友才
参　编　孙　琢　朱　虹
主　审　王家伟

机　械　工　业　出　版　社

本书是贯彻《中共中央国务院关于深化教育改革 全面推进素质教育的决定》精神，根据教育部组织的第四次全国专业目录研讨会上提出的“职业教育要培养毕业生实现两种能力、两类证书、五个对接”的要求编写而成的。

本书以就业为导向，从职业院校学生的基础能力出发，共编排6部分内容，包括机械加工概述、金属切削的基础知识、机械加工的工艺装备知识、机械加工工艺规程、车削加工和铣削加工等。

本书可作为中等职业院校机械类专业的教学用书，也可作为相关技术人员的参考用书。

图书在版编目（CIP）数据

机械加工技术与实训/崔国利主编．—北京：机械工业出版社，2009.2（2023.6重印）

中等职业教育机械类系列教材

ISBN 978-7-111-30808-9

Ⅰ．机…　Ⅱ．崔…　Ⅲ．机械加工－专业学校－教材　Ⅳ．TG5

中国版本图书馆CIP数据核字（2010）第048950号

机械工业出版社（北京市百万庄大街22号　邮政编码100037）
策划编辑：王佳玮　责任编辑：刘远星　版式设计：霍永明
责任校对：张　媛　封面设计：姚　毅　责任印制：邓　博
北京盛通商印快线网络科技有限公司印刷
2023年6月第1版第10次印刷
184mm×260mm·13印张·318千字
标准书号：ISBN 978-7-111-30808-9
定价：31.00元

电话服务　　　　　　　　　网络服务
客服电话：010-88361066　　机　工　官　网：www.cmpbook.com
　　　　　010-88379833　　机　工　官　博：weibo.com/cmp1952
　　　　　010-68326294　　金　　书　　网：www.golden-book.com

机工教育服务网：www.cmpedu.com

前　言

本书是贯彻《中共中央国务院关于深化教育改革 全面推进素质教育的决定》精神，根据教育部组织的第四次全国专业目录研讨会上提出的“职业教育要培养毕业生实现两种能力、两类证书、五个对接”的要求编写而成的。“两种能力”是指职业素养能力与职业技能能力；“两类证书”是指毕业证书与职业资格证书；“五个对接”是指专业设置与企业岗位对接、专业内容与职业标准对接、教学过程与生产过程对接、培养考核与双证对接、职业教育与继续教育对接。本书是结合区域经济、产业结构调整、生产技术进步的实现情况，在广泛征求用人单位意见的基础上编写的，主要适用于机械类及其相关专业的教学。

本书教学时数为140～160学时，各章学时分配见下表（供参考）：

章	教学内容	讲授	实践
	绪论	1	
第1章	机械加工概述	4	2
第2章	金属切削的基础知识	6	2
第3章	机械加工的工艺装备知识	12	10
第4章	机械加工工艺规程	12	8
第5章	车削加工	16	32
第6章	铣削加工	14	28
机动		10	
合计		157	

本书具有以下特点：

1）以就业为导向，以国家职业标准（中级）普通车工、普通铣工考核要求为基本依据。

2）在结构与内容上，从职业院校学生基础能力出发，遵循专业理论学习规律和技能的形成规律，由浅入深，先易后难，理论指导实践，实行项目教学，同时包含部分岗位教学，从而体现结构与内容、培养目标与企业用人岗位技能操作直接对接的特点。

3）采用最新的国家标准。

参加本书编写的有崔国利（前言、绪论、第1章、第3章）、孙琢（第2章）、朱虹（第4章）、肖友才（第5章、附录A）、王大山（第6章、附录B）。全书由崔国利任主编，王大山、肖友才任副主编。

本书由王家伟高级工程师审阅，他仔细审阅了全部文稿和图稿，并结合企业用人标准提出了许多宝贵意见和建议，在此表示衷心感谢。

职业教育课程改革教学用书的编写是一项全新的工作，由于编者水平有限，没有成熟的经验借鉴，尽管我们尽心竭力，错误与疏漏在所难免，敬请广大读者批评指正。

编　者

目　录

前言

绪论 …… 1

上篇　机械加工技术

第1章　机械加工概述 …… 4

1.1　基本概念 …… 4

1.2　机械加工工种分类 …… 8

1.3　机械制造工厂安全与环保常识 …… 10

1.4　机械加工的劳动生产率 …… 12

习题 …… 14

第2章　金属切削的基础知识 …… 15

2.1　加工质量 …… 15

2.2　切削运动和切削要素 …… 18

2.3　切削对切削表面的影响 …… 20

2.4　切削力 …… 22

2.5　切削热 …… 24

2.6　切削液 …… 25

习题 …… 26

第3章　机械加工的工艺装备知识 …… 27

3.1　刀具 …… 27

3.2　机床夹具 …… 33

3.3　工件定位 …… 35

3.4　常见定位方式及定位元件 …… 38

3.5　工件在夹具中的夹紧 …… 48

3.6　基本夹紧机构 …… 52

3.7　夹具的其他装置 …… 56

3.8　量具 …… 59

习题 …… 65

第4章　机械加工工艺规程 …… 67

4.1　工艺规程概述 …… 67

4.2　零件分析 …… 71

4.3　毛坯选择 …… 73

4.4　定位基准的选择 …… 75

4.5　拟订加工路线 …… 77

4.6　加工余量的确定 …… 81

4.7　工艺尺寸链 …… 83

4.8　机床及工艺装备的选择 …… 88

习题 …… 89

下篇　机械加工实训

第5章　车削加工 …… 92

项目一　认识车削加工 …… 92

项目二　车削加工的准备知识 …… 100

项目三　端面、外圆、台阶的车削 …… 110

项目四　切断与车槽 …… 117

项目五　孔加工 …… 120

项目六　车圆锥面 …… 127

项目七　螺纹加工 …… 133

项目八　车成形面与滚花 …… 141

项目九　典型工件的加工 …… 145

习题 …… 146

第6章　铣削加工 …… 148

项目一　认识铣削加工 …… 148

项目二　铣削加工的准备知识 …… 152

项目三　铣削加工工艺特点 …… 161

项目四　平面、斜面的铣削加工 …… 164

项目五　直角沟槽、燕尾槽、键槽的铣削加工 …… 172

项目六　花键的铣削加工 …… 178

项目七　典型零件的铣削加工 …… 184

习题 …… 185

附录 …… 186

附录A　国家职业技能鉴定统一考试中级（车工）测试模拟试卷 …… 186

附录B　国家职业技能鉴定统一考试中级（铣工）测试模拟试卷 …… 194

参考文献 …… 202

绪　论

机械制造工业在国民经济建设中占有重要的地位，是国民经济的基础工业，而机械加工工艺又是机械制造工业的基础工作。加强工艺管理、提高工艺水平，是提高产品质量、降低成本的根本措施。建国60多年来，我国的机械制造工业取得了巨大的成就，已经形成了产品门类基本齐全、布局比较合理的机械制造工业体系，不仅为国家经济建设提供了必要的机械设备，而且生产出了一批批具有世界先进水平的机械产品。我国人造地球卫星的发射和准确回收，原子弹、氢弹、洲际弹道导弹的发射成功等，都与机械制造工业的发展密切相关。

随着科学技术的进步，信息的交叉传递和迅速积累，企业之间的相互竞争，各种新材料、新工艺和新技术的不断涌现，机械制造工业正向着高质量、高效率和低成本的方向发展。各种少切屑、无切屑加工等新工艺的出现，已使越来越多的零件改变了传统的制造工艺，大量节省了金属材料，大幅度地提高了生产效率。微型计算机和数控技术的推广应用，使工艺过程的自动化发展到一个崭新的阶段。不论什么生产类型，几乎都可以实现自动化或半自动化生产。目前，我国的机械制造工业正在自力更生的基础上，取人之长，补己之短，向着现代化的方向迅猛发展。

为了实现机械制造工业的迅猛发展，必须对技术工人进行全方位的技术培训，使他们不但掌握本工种的理论知识和操作技能，而且还要熟悉其他工种的相关知识和操作技能，以适应实际工作的需要。

“机械加工技术与实训”是中等职业学校机械类专业的一门主干课程。本书针对产品的生产工艺过程，比较全面而浅显地介绍了有关的基础知识和基本技能。通过学习，能初步、完整地了解不同生产类型零件机械加工的主要加工方法、工艺过程、工艺特点、主要设备及产品装配等基础知识，明确其他知识与本专业知识的相关作用，为培养学生解决机械加工方面实际问题的能力和创新意识打下必要的基础。

学习本课程的教学目标包括知识目标和能力目标。

知识目标有：

1）了解机械加工及装配的工艺知识。

2）理解金属切削加工的基本原理及一般机械加工方法。

3）理解机械加工主要设备的结构特点，了解不同设备的基本运动和加工范围。

4）了解零件加工工艺路线制订的知识。

5）了解与本课程相关的技术政策和标准，了解机械加工新技术的发展趋势。

能力目标有：

1）初步具备常见零件加工工艺的实施能力。

2）初步具备根据加工对象合理选择普通机床和工艺装备的能力。

3）初步具备一般加工设备的维护及常见机械故障的判断和排除的能力。

“机械加工技术与实训”是一门与生产实践密切相关的课程，是对学生进行生产实训的基础知识和理论指导。学习本课程应坚持理论联系实际，注重实践教学，合理选用实践教学的课题，加强实训教学环节，不断培养和提高学生分析和解决生产实际问题的能力。

上　　篇

机械加工技术

第1章 机械加工概述

机械是由零件装配而成的。而零件可用型材直接加工制成，或用原材料制成与零件形状相近似的毛坯，再经机械加工制成。

机械加工就是在机械上改变工件尺寸和形状的一种加工。机械加工所用的机械一般都是机床，因而机械加工实际上是在机床上所进行的加工。机械加工一般分成两大类：一类是热加工，一类是冷加工。热加工常采用的加工方法有铸造、锻造等。冷加工又分为切削加工和压力加工。切削加工由于一般采用经过铸造、锻造等热加工方法所制造的毛坯，因此它的尺寸和形状不准确，表面粗糙。要改变这种毛坯的状态，必须切去一部分表面层金属，以达到尺寸和形状的准确要求。这种切去毛坯表面层金属的机械加工称为切削加工或有切屑加工。另一类是加压于工件的表面使之改变尺寸和形状，以制造出符合质量要求的零件。这种不用切去表面层金属而通过金属的塑性变形来改变其尺寸和形状的加工称为压力加工，压力加工也叫无切屑加工。目前切削加工在生产中所占的比例还是较大的，它是机械加工中的一种主要方法。

1.1 基本概念

1.1.1 机械产品生产过程和机械加工工艺过程

1. 机械产品生产过程

机械产品生产过程是指从原材料到机械产品出厂的全过程。它包括：生产的准备工作、毛坯的制造、机械加工、热处理、装配、检测与试验、油漆和包装等过程。在这些过程中凡使被加工对象的尺寸、形状或性能产生变化的均称为直接生产过程。机械产品生产过程还包括：工艺装备的制造、原材料的供应、工件的运输和储存、设备的维修及动力供应等，这些过程不使被加工对象产生直接的变化，故称为辅助生产过程。

2. 机械加工工艺过程

机械加工工艺过程是指对工件采用各种加工方法直接改变毛坯的尺寸、形状、表面质量及物理、力学性能，使之成为机械产品中的合格零件的全部劳动过程。如机械加工、热处理和装配等过程，均为机械加工工艺过程。机械加工工艺过程是机械产品生产过程的一部分。

1.1.2 机械加工工艺过程的组成

机械加工工艺过程是由一系列的机械加工工序组成的。

1. 工序

工序是指一个（或一组）工人在一个工作地，对同一个或同时对几个工件连续完成的那一部分工艺过程。这里，工人、工作地、工件和连续作业是构成工序的四个要素，其中任一要素的变更即构成新的工序。

工序的划分与生产类型有关，如图 1-1 所示阶梯轴，当大量生产时，其工艺过程见表 1-1；当单件小批生产时，其工艺过程见表 1-2。

表 1-1　阶梯轴大量生产的工艺过程

工序号	工序名称	设　　备
1	铣端面，钻中心孔	铣床，钻床（车床）
2	粗车外圆	车床
3	精车外圆，倒角，切槽	车床
4	铣键槽	铣床
5	磨外圆	磨床
6	去毛刺	钳工台

表 1-2　阶梯轴单件小批生产的工艺过程

工序号	工序名称	设　　备
1	车端面，钻中心孔，车外圆，切槽，倒角	车床
2	铣键槽	铣床
3	磨外圆，去毛刺	磨床

2. 安装

安装是指工件（或装配单元）经一次装夹后，所完成的那一部分工序。在一个工序中，工件可能只需要一次安装（见表 1-1 中的工序 2），也可能需要几次安装（见表 1-2 中的工序 1）。

3. 工位

在加工中，为了减少安装次数，往往采用回转夹具、回转工作台或移动夹具，使工件在一次安装中先后处于几个不同位置进行加工。此时每个位置所完成的那部分加工叫做工位。一个工序可以包括一个或几个工位。如图 1-2 所示，在具有回转工作台的铣床上，工位 1 用来装卸工件，工位 2、3、4 分别用来加工零件的三个表面，因此，该工序具有 4 个工位。由此可见，工件在机床上占据的每一个加工位置均称为工位。

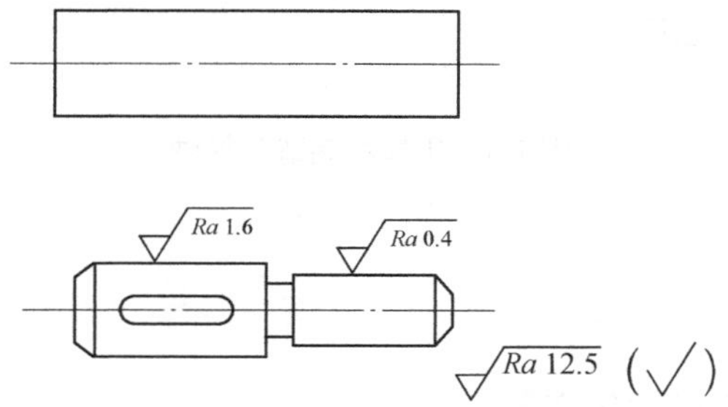

图 1-1　阶梯轴及毛坯

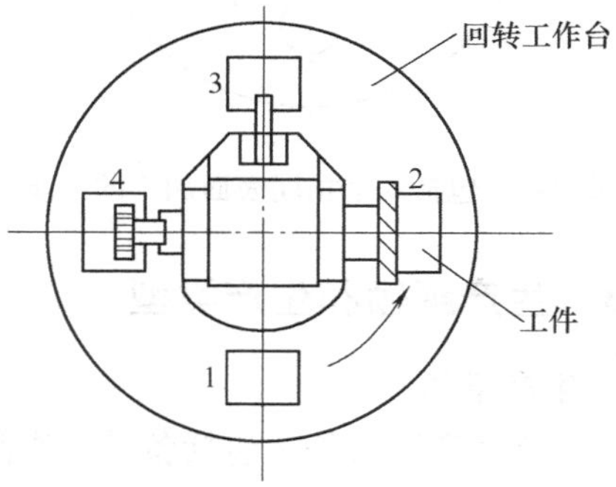

图 1-2　包括 4 个工位的工序

4. 工步

工步是指在加工表面（或装配时的连续表面）和加工（或装配）工具不变的情况下，所连续完成的那一部分工序。

一个工序可以包括一个或几个工步。如图 1-3 所示，在转塔自动车床上加工零件的一个工序，包括了 6 个工步。改变构成工步的任一因素（加工表面、加工工具）后，一般即为另一工步。但对于在一次安装后连续进行的若干相同工步，如图 1-4 所示零件上 4 个孔径为 ϕ18mm 的钻削，可视为一个工步（即钻 4 × ϕ18mm 孔）。

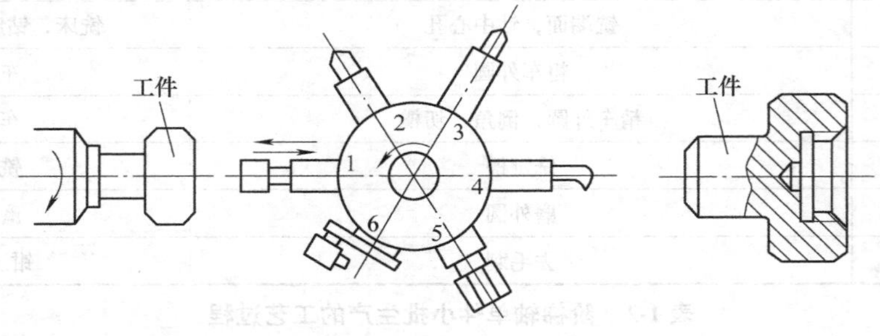

图 1-3　包括 6 个工步的工序

为了提高生产率，用几把刀具同时加工几个表面的工步，称为复合工步。在工艺规程中，复合工步应视为一个工步。

5. 走刀

在一个工步内，当被加工表面的加工余量较大、需要分几次切削时，每进行一次切削，都称为一次走刀。

一个工步可以包括一次或几次走刀。如图 1-5 所示，第一工步为一次走刀，第二工步则分为两次走刀，其中 Ⅰ 为第二工步第一次走刀，Ⅱ 为第二工步第二次走刀。

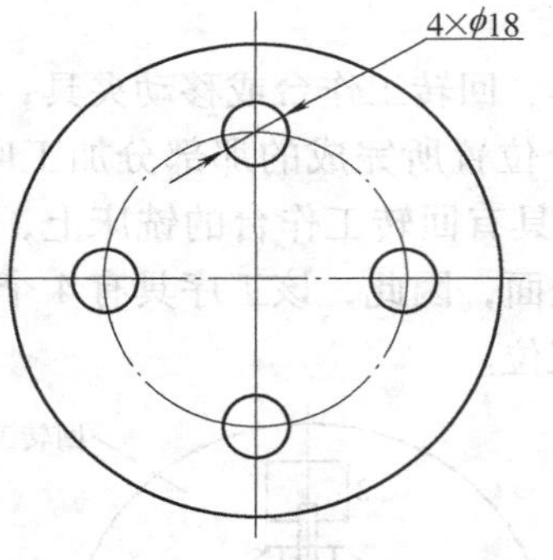

图 1-4　包括 4 个相同表面加工的工步

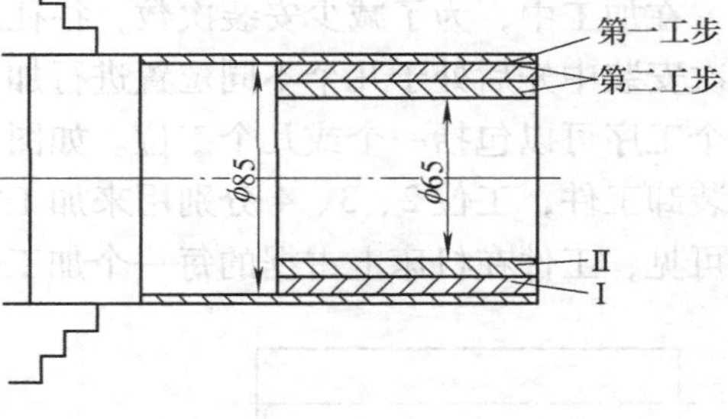

图 1-5　用棒料制造阶梯轴

1.1.3　生产纲领和生产类型

1. 生产纲领

产品的生产纲领是指包括备品和废品在内的产品的年产量。

零件的生产纲领可按下式计算

$$N = Qn\ (1 + a + b)$$

式中　N——零件的生产纲领（件/年）；

Q——产品的年产量（台/年）；

n——每台产品中该零件的数量（件/台）；

a——备品百分率；

b——废品百分率。

2. 生产类型及工艺特点

生产类型是指企业（或车间、工段、班组、工作地）生产专门化程度的分类，一般分为大量生产、成批生产和单件生产三种类型。

表 1-3 所列为生产类型与生产纲领的关系，可供确定生产类型时参考。

表 1-3　生产类型与生产纲领的关系

生产类型		零件质量/kg		
		>2000	100~2000	<100
		同类零件的产量/（件/年）		
单件生产		1~5	1~20	1~100
成批生产	小批	>5~100	>20~200	>100~500
	中批	>100~300	>200~500	>500~5000
	大批	>300~1000	>500~5000	>5000~50000
大量生产			>5000	>50000

不同生产类型零件的加工工艺特点有很大的不同，表 1-4 列出了各种生产类型的工艺特点。

表 1-4　各种生产类型的工艺特点

工艺特点	生产类型		
	单件生产	成批生产	大量生产
加工对象	经常变换	周期性变换	固定不变
机床设备及布置	通用机床、机群式布置	通用机床及部分专用机床，按工艺路线布置成流水线	广泛采用专用设备和自动生产线或专用设备流水线
夹具	通用夹具、标准附件或组合夹具	通用夹具、专用夹具和特种工具	高效专用夹具和特种工具
刀具和量具	通用刀具、标准量具	专用或标准刀具、量具	专用刀具，自动测量
零件互换性	互换性差，多采用钳工修配	多数互换，部分试配	全部互换，高精度零件采用分组装配，配磨、配研
毛坯制造	木模手工造型，自由锻造	金属模造型，模锻	机械造型，模锻，离心铸造等有效方法
工艺文件的要求	只编制简单的工艺过程卡片	编制详细的工艺过程卡片及关键工序的工序卡片	编制详细的工艺规程、工序卡片、调整卡片
生产率	低	中	高
成本	较高	中	低
发展趋势	采用成组工艺、数控机床、加工中心及柔性制造系统	采用成组工艺，用柔性制造系统或柔性自动线	用计算机控制的自动化制造系统，车间或无人车间，实现自适应控制

1.2　机械加工工种分类

工种是对劳动对象的分类称谓，也称工作种类，如电工、钳工等。机械加工工种一般分为冷加工、热加工和其他工种三大类。

1.2.1　冷加工类

1. 钳工

钳工大多是用手工方法并经常在台虎钳上进行操作的一个工种。目前不适宜采用机械加工方法的一些工作，通常都由钳工来完成。钳工是机械制造企业中不可缺少的一个工种。

钳工工种按专业工作的主要对象不同又可分为普通钳工、装配钳工、模具钳工、维修钳工等。不管是哪一种钳工，要完成好本职工作，就要掌握好钳工的各项基本操作技术，主要包括：划线、錾削、锯削、锉削、钻孔、扩孔、锪孔、铰孔、攻螺纹和套螺纹、刮削、研磨、测量、装配和维修等。

2. 车工

车削加工是一种应用最广泛、最典型的加工方法。车工是指操作车床对工件旋转表面进行切削加工的工种。车床按结构及其功用可分为卧式车床、立式车床、数控车床以及特种车床等。

车削加工的主要工艺内容为：车削外圆、内孔、端面、沟槽、圆锥面、螺纹、滚花、成形面等。

3. 铣工

铣工是指操作各种铣床设备，对工件进行铣削加工的工种。

铣床按结构及其功用可分为：卧式铣床、立式铣床、万能铣床、工具铣床、龙门铣床、数控铣床、特种铣床等。

铣削加工的主要工艺内容为：铣削平面、台阶面、沟槽（键槽、T形槽、燕尾槽、螺旋槽）以及成形面等。

4. 刨工

刨工是指操作各种刨床设备，对工件进行刨削加工的工种。

常用的刨削机床有牛头刨床、液压刨床、龙门刨床和插床等。

刨削加工的主要工艺内容为：刨削平面、垂直面、斜面、沟槽、V形槽、燕尾槽、成形面等。

5. 磨工

磨工是指操作各种磨床设备，对工件进行磨削加工的工种。

常用的磨床有平面磨床、外圆磨床、内圆磨床、万能磨床、工具磨床、无心磨床以及数控磨床、特种磨床等。

磨削加工的主要工艺内容为：磨削平面、外圆、内孔、圆锥、槽、斜面、花键、螺纹、特种成形面等。

除上述工种外，常见的冷加工工种还有：钣金工、镗工、冲压工、组合机床操作工等。

1.2.2　热加工类

1. 铸造工

铸造是指熔炼金属、制造铸型并将熔融金属浇入铸型，凝固后获得一定形状、尺寸和性能的金属铸件的工作。

铸造工是指操作铸造设备进行铸造加工的工种。常见的铸造种类有：砂型铸造、熔模铸造、金属砂型铸造以及压力铸造、离心铸造等。

2. 锻造工

锻造是利用锻造方法使金属材料产生塑性变形，从而获得具有一定形状、尺寸和力学性能的毛坯或零件的加工方法。

锻造工是指操作锻造机械设备及辅助工具，进行金属工件毛坯的剁料、镦粗、冲孔、成形等锻造加工的工种。锻造可分为自由锻和模锻两大类。

3. 热处理工

金属材料可通过热处理改变其内部组织，从而改善材料的工艺性能和使用性能，所以热处理在机械制造业中占有很重要的地位。

热处理工是指操作热处理设备对金属材料进行热处理加工的工种。根据不同的热处理工艺，一般可将热处理分成整体热处理、表面热处理、化学热处理和其他热处理四类。

1.2.3　其他工种

1. 机械设备维修工

机械设备维修工是指从事设备安装维护和修理的工种。其从事的工作主要包括：

1）选择测定机械设备安装的场地、环境和条件。

2）进行设备搬迁和新设备的安装与调试。

3）对机械设备的机械、液压、气动故障和机械磨损进行修理。

4）更换或修复机械零部件，润滑保养设备。

5）对修复后的机械设备，进行运行调试与调整。

6）到现场巡回检修，排除机械设备运行过程中的一般故障。

7）对损伤的机械零件，进行钣金、钳加工。

8）配合技术人员，预检机械设备故障，编制大修理方案，并完成大、中、小型修理。

9）维护保养工、夹、量具，仪器仪表，排除使用过程中出现的故障。

2. 维修电工

维修电工是指从事工厂设备电气系统安装、调试与维护、修理的工种。其从事的工作主要包括：

1）对电气设备与原材料进行选型。

2）安装、调试、维护、保养电气设备。

3）架设并接通送、配电线路与电缆。

4）对电气设备进行修理或更换有缺陷的零部件。

5）对机床等设备的电气装置、电工器材进行维护保养与修理。

6）对室内用电线路和照明灯具进行安装、调试与修理。

7）维护保养电工工具、器具及测试仪器仪表。

8）填写安装、运行、检修设备技术记录。

3. 电焊工

电焊工是指操作焊接和气割设备，对金属工件进行焊接或切割成形的工种。其从事的工作主要包括：

1）安装、调整焊接、切割设备及工艺装备。

2）操作焊接设备，进行焊接。

3）使用特殊焊条、焊接设备和工具，对铸铁、铜、铝、不锈钢等材质的管、板、杆件及线材进行焊接。

4）使用气割机械设备或手工工具，对金属工件进行直线、坡口和不规则线口的切割。

5）维护保养相关设备及工艺装备，排除使用过程中出现的一般故障。

常见的焊接方法有熔焊、压焊、钎焊三大类。

4. 电加工设备操作工

在机械制造中，为了加工各种难加工的材料和各种复杂的表面，常直接利用电能、化学能、热能、光能、声能等进行零件加工，这种加工方法一般称为特种加工。其中操作电加工设备进行零件加工的工种，称为电加工设备操作工。常用的加工方法有电火花加工、电解加工等。

1.3　机械制造工厂安全与环保常识

机械制造工厂的安全主要是指人身安全和设备安全，即防止生产中发生意外安全事故，消除各类事故隐患，制定各种规章制度，并利用各种方法与技术使工作者牢固确立“安全第一”的观念，使工厂设备与工作者的安全防护得以改善。安全生产是每一个进入工作现场的劳动者必须遵守的原则。劳动者必须加强法制观念，认真贯彻有关安全生产、劳动保护的政策、法令和规定，严格遵守安全技术操作规程和各项安全生产制度。

1.3.1　安全规章制度

在工厂中为防止事故的发生，应制定出各种安全规章制度，特别是对新工人都要进行厂级、车间级、班组级三级安全教育。

1. 工人安全职责

1）参加安全活动，学习安全技术知识，严格遵守各项安全生产规章制度。

2）认真执行交接班制度，接班前必须认真检查本岗位的设备和安全设施是否齐全完好。

3）精心操作，严格执行工艺规程，遵守纪律，记录清晰、真实、整洁。

4）按时巡回检查，准确分析判断和处理生产过程中出现的异常情况。

5）认真维护保养设备，发现缺陷应及时消除，并做好记录，保持作业场所的清洁。

6）正确使用、妥善保管各种劳动防护用品、器具和防护器材、消防器材。

7）严禁违章作业，劝阻和制止他人违章作业，对违章指挥有权拒绝执行，并及时向上级领导报告。

2. 车间管理安全规则

1）车间应保持整齐清洁。

2）车间内的通道、安全门进出应保持畅通。

3）工具、材料等应分类存放，并按规定安置。

4）车间内保持通风良好、光线充足。

5）安全警示标识醒目到位，各类防护器具设放可靠，方便使用。

6）进入车间的人员应配戴安全帽，穿好工作服等防护用品。

3. 设备操作安全规则

1）严禁为了操作方便而拆下机器的安全装置。

2）使用机器前应熟读其说明书，并按操作规则正确操作机器。

3）未经许可或对不太熟悉的设备，不得擅自操作使用。

4）禁止多人同时操作同一台设备，严禁用手摸机器运转着的部分。

5）定时维护、保养设备。

6）发现设备故障应做记录，并请专人维修。

7）如发生事故应立即停机，切断电源，并及时报告，注意保持现场。

8）严格执行安全操作规程，严禁违规作业。

1.3.2　环境保护常识

环境保护是指人类为解决现实的或潜在的环境问题，协调人类与环境的关系，保障社会经济持续发展而采取的各种行动。其内容主要有：

1）防治由生产和生活引起的环境污染，包括防治工业生产排放的“三废”（废水、废气、废渣）、粉尘、放射性物质以及产生的噪声、振动、恶臭和电磁微波辐射，交通运输活动产生的有害气体、废液、噪声，海上船舶运输排出的污染物，工农业生产和人民生活使用的有毒有害化学品，城镇生活排放的烟尘、污水和垃圾等造成的污染。

2）防止由开发建设活动引起的环境破坏，包括防止由大型水利工程、铁路、公路干线、大型港口码头、机场和大型工业项目等工程建设对环境造成的污染和破坏；农垦和围湖造田活动，海上油田、海岸带和沼泽地的开发，森林和矿产资源的开发对环境的破坏和污染；新工业区、新城镇的设置和建设等对环境的破坏、污染和影响。

为保证企业的健康发展和可持续发展，文明生产与环境管理的主要措施有：

1）严格劳动纪律和工艺纪律，遵守操作规程和安全规程。

2）做好厂区的绿化、美化和净化工作，严格做好“三废”（废水、废气、废渣）处理工作，消除污染源。

3）机器设备、工具、仪器、仪表等运转正常，保养良好，工位器具齐备。

4）保持良好的生产秩序，坚持安全生产，安全设施齐备，建立健全的管理制度，消除事故隐患。

5）统筹规划，协调发展，在制定发展生产规划的同时必须制定相应的环境保护措施与办法。

6）加强教育，坚持科学发展和可持续发展的生产管理观念。

1.4 机械加工的劳动生产率

制定机械加工工艺规程的基本原则是优质、高效、低成本，即在保证零件质量要求的前提下，尽量提高劳动生产率和降低成本。劳动生产率是指单位时间内所生产的合格产品的数量，或制造单件产品所消耗的劳动时间。

1.4.1 时间定额

1. 时间定额的概念

时间定额是在一定生产条件下，规定生产一件产品或完成一道工序所消耗的时间。它是安排作业计划、成本核算、确定设备数量、人员编制及规划生产面积的重要依据。

2. 时间定额的组成

（1）单件工序时间 T_d　在机械加工中，完成一个工件的一道工序所需的时间，称为单件工序时间 T_d，简称为单件时间。它由下述部分组成：

1）基本时间 T_j。直接改变生产对象的尺寸、形状、相对位置、表面状态或材料性质等工艺过程所消耗的时间，称为基本时间。对切削加工而言，就是切除余量所花费的时间（包括刀具的切入、切出时间）。

2）辅助时间 T_f。实现工艺过程所必须进行的各种辅助动作所消耗的时间，称为辅助时间，如装卸工件、开停机床、进退刀具、测量工件及改变切削用量等的时间。基本时间和辅助时间的总和称为作业时间。它是直接用于制造产品或零部件所消耗的时间。

3）工作地点服务时间 T_b。它是指工人在工作时为照顾工作地点及保持正常的工作状态所消耗的时间，如在加工过程中更换和刃磨刀具、润滑和擦拭机床、清除切屑等所消耗的时间。这段时间一般按作业时间的2%～7%来计算。

4）休息和生理需要时间 T_x。工人在工作班内为恢复体力和满足生理上的需要所消耗的时间称为休息和生理需要时间。这段时间一般按作业时间的2%估算。

以上四部分时间的总和称为单件时间 T_d，即

$$T_d = T_j + T_f + T_b + T_x$$

（2）准备与终结时间 T_e　工人为了生产一批产品或零部件，进行准备和结束工作所消耗的时间称为准备与终结时间。如一批零件开始加工时，要熟悉工艺文件，领取毛坯和刀具，安装刀具、夹具，调整机床和工艺装备；加工结束后，又要拆下和归还工艺装备，发送成品等。准备与结束时间对一批工件来说只消耗一次。若工件的批量为 n，则分摊到每个零件上的准备与结束时间为 T_e/n。零件的批量越大，则 T_e/n 越小。对于大批大量生产，该值可忽略不计。因此，成批生产的单件时间为

$$T_d = T_j + T_f + T_b + T_x + T_e/n$$

大批大量生产的单件时间为

$$T_d = T_j + T_f + T_b + T_x$$

1.4.2 提高劳动生产率的工艺措施

提高劳动生产率是一个综合性的技术问题，它涉及到产品的结构设计、毛坯制造、加工

工艺、组织管理等各个方面。因此，必须广泛开展技术革新和技术改造，积极采用新技术、新设备、新工艺和新材料，以达到优质、高产、低消耗。提高劳动生产率应缩短单件时间，而要缩短单件时间就应缩短各个组成部分的时间，特别应缩短其中占比重较大的工序时间。

1. 缩短基本时间

（1）提高切削用量　随着各种新型刀具材料和各种高性能机床的出现，切削用量得到很大提高。增大切削速度、进给量和背吃刀量都能缩短基本时间。目前，高速切削的切削速度可以达到 600 ~ 1000m/min，高速磨削速度可以达到 100m/s 以上，背吃刀量达 20mm 以上，磨削深度达 10mm 以上。

（2）减少工作行程　在切削加工过程中可以采用多刀切削、多件加工、工步合并等措施来减少工作行程，如图 1-6 所示。

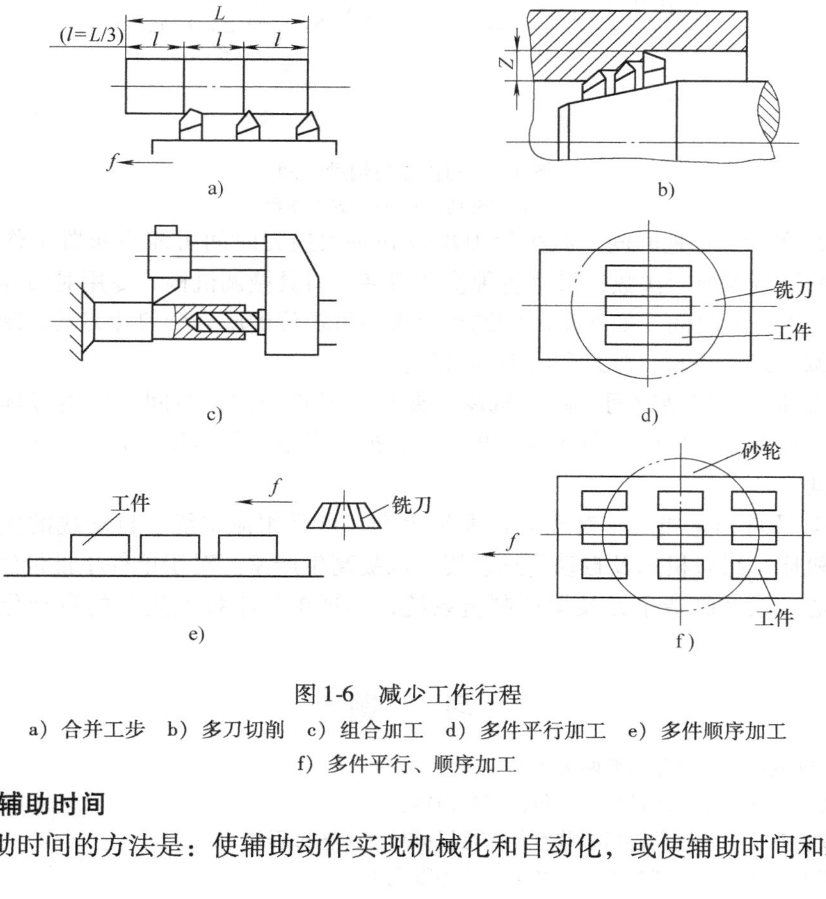

图 1-6　减少工作行程

a）合并工步　b）多刀切削　c）组合加工　d）多件平行加工　e）多件顺序加工　f）多件平行、顺序加工

2. 缩短辅助时间

缩短辅助时间的方法是：使辅助动作实现机械化和自动化，或使辅助时间和基本时间重合。

（1）直接缩短辅助时间　可采用先进高效的夹具。在大批大量生产时，采用高效的气动、液动夹具来缩短装卸工件的时间。单件小批量生产中，可采用组合夹具及可调夹具来缩短装卸工件的时间，使辅助时间与基本时间重合。

（2）间接缩短辅助时间　采用转位夹具、移动式或回转式工作台，可使工件在被加工的同时对另一工件实行装卸，从而使装卸工件的时间完全与基本时间重合，如图 1-7 所示。此外，可采用主动检测装置或数字显示装置在加工过程中进行实时测量，从而使测量时间与基本时间重合。

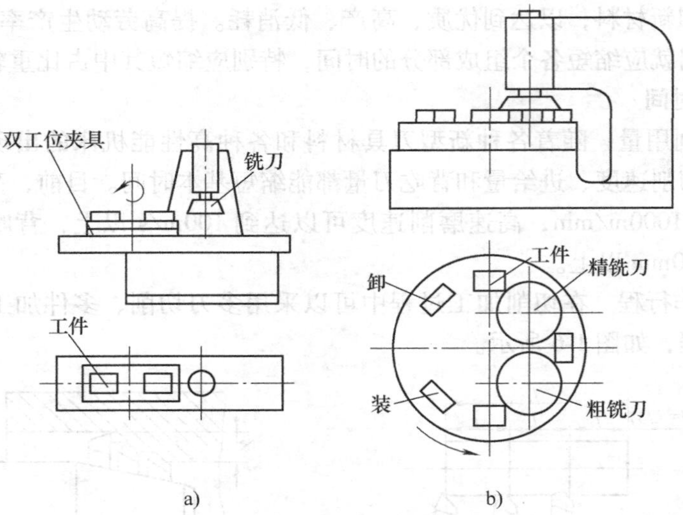

图 1-7　间接缩短辅助时间

a）转位夹具　b）回转式工作台

（3）缩短布置工作地时间　减少换刀次数和每次换刀时间可缩短布置工作地时间。提高刀具的寿命可减少换刀次数；采用各种快换刀夹、刀具微调机构、专用对刀样板及自动换刀装置等可减少换刀时间，如在车床和铣床上采用可转位硬质合金刀片刀具，既减少了换刀次数，又可减少刀具装卸、对刀和磨刀的时间。

（4）缩短准备和终结时间　减少机床、夹具和刀具的调整时间，采用刀具的微调机构和对刀辅助工具等可缩短准备和终结时间。在成批生产中，可通过扩大产品生产批量缩短准备和终结时间。

（5）高效及自动化加工　对于大批大量生产，可采用流水线、自动线的生产方式，广泛采用自动机床、组合机床及自动传送装置，以提高生产率。对于单件小批量生产，多采用数控加工中心、柔性制造单元及柔性制造系统，实现单件小批量生产的自动化，提高生产率。

习　题

1-1　何谓机械加工？它分为哪两大类？

1-2　什么是机械产品生产过程？它包括哪些内容？

1-3　机械制造的工艺过程包括哪些？什么是机械加工工艺过程？

1-4　何谓生产纲领和生产类型？生产类型分为哪几类？

1-5　简述工序、安装、工位和工步的含义。

1-6　解释劳动生产率的概念。

1-7　何谓时间定额？单件时间包括哪些内容？如何计算？

1-8　提高劳动生产率的工艺措施有哪些？

1-9　简述机械加工工种分类。

第 2 章　金属切削的基础知识

金属切削加工是依靠刀具与工件之间的相对运动，从工件表面切去多余的金属，以获得所需零件的加工方法。在切削过程中会产生金属变形、切削力、切削热和刀具磨损等物理现象。研究这些现象的实质和规律是为了提高切削加工的劳动生产率、降低成本、保证产品质量，以满足使用要求。金属切削加工的主要方法有车削、铣削、刨削、磨削和钻削等。本章简要介绍切削运动及切削要素、切削过程中的基本变形、切削力的来源与分解、切削热的产生与传散和切削液的作用等基础知识。

2.1　加工质量

为了保证机电产品的质量，设计时应对零件提出加工质量的要求。机械零件的加工质量包括加工精度和表面质量两方面，它们的好坏将直接影响产品的使用性能、使用寿命、外观质量、生产率和经济性。

2.1.1　加工精度

经机械加工后，零件的尺寸、形状、位置等参数的实际数值与设计理想值的符合程度称为机械加工精度，简称加工精度。实际值与理想值相符合的程度越高，即偏差（加工误差）越小，加工精度越高。

加工精度包括尺寸精度、形状精度和位置精度。零件图上，对被加工件的加工精度要求常用尺寸公差、形状公差和位置公差来表示。下面以图 2-1 所示定位轴为例加以介绍。

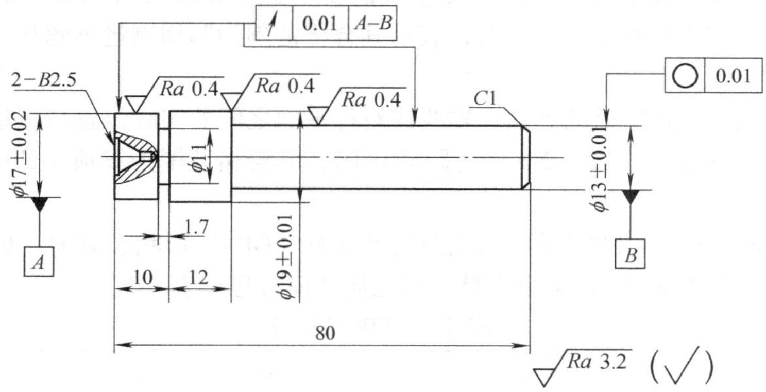

图 2-1　定位轴

1. 尺寸精度

尺寸精度是指加工表面本身的尺寸（如圆柱面的直径）和表面间的尺寸（如孔、间距离等）的精确程度。尺寸精度的高低，用尺寸公差的大小来表示。如图 2-1 中的直径尺寸 $\phi17\pm0.02$ 的合格范围为 $\phi16.98\sim\phi17.02$。

尺寸公差是尺寸允许的变动量，国家标准《极限与配合》中规定，尺寸公差分 20 个等级，即 IT01、IT0、IT1、IT2、…、IT18。IT 后面的数字代表公差等级，数字越大，公差等级越低，公差值越大，尺寸精度越低。不同公差等级的加工方法和应用见表 2-1。

表 2-1　各种加工方法所能达到的公差等级和表面粗糙度

表面微观特征		*Ra*/μm	加工精度	加工方法	应用
不加工	清除毛刺		IT16 ~ IT14		铸件、锻件、焊接件、冲压件
粗加工	明显可见刀痕	≤80	IT13 ~ IT10	粗车、粗刨、粗铣、钻、毛锉、锯断	用于非配合尺寸或不重要的配合
	可见刀痕	≤40	IT10		用于一般要求，主要用于长度尺寸的配合
	微见刀痕	≤20	IT10 ~ IT8		
半精加工	可见加工痕迹	≤10	IT10 ~ IT8	半精车、精车、精刨、精铣、粗磨	用于重要配合
	微加工痕迹	≤5	IT8 ~ IT7		
	不见加工痕迹	≤2.5	IT8 ~ IT7		
精加工	可辨加工痕迹方向	≤1.25	IT8 ~ IT6	精车、精刨、精磨、铰	用于精密配合
	微辨加工痕迹方向	≤0.63	IT7 ~ IT6		
	不辨加工痕迹方向	≤0.32	IT7 ~ IT6		
超精加工	暗光泽面	≤0.16	IT6 ~ IT5	精磨、研磨、镜面磨、超精加工	量块、量仪和精密仪表、精密零件的光整加工
	亮光泽面	≤0.08	IT6 ~ IT5		
	镜状光泽面	≤0.04			
	雾状光泽面	≤0.02			
	镜面	≤0.01			

加工过程中影响尺寸精度的因素很多，表 2-1 中表示的某种加工方法所对应达到的加工精度，是指在正常生产条件下保证一定生产率所能达到的加工精度，称为经济精度。

2. 形状精度

形状精度是指零件加工后的表面与理想表面在形状上相接近的程度。如直线度、圆柱度、平面度等。如图 2-1 中的圆度 0.01，表示其合格范围为圆周测量不超 0.01mm。

3. 位置精度

位置精度是指零件加工后的表面、轴线或对称平面之间的实际位置与理想位置接近的程度，如同轴度、对称度等。如图 2-1 中的跳动 0.01，其合格范围为双顶 *A*-*B* 中心孔测量跳动不超 0.01mm。

国家标准 GB/T 1182—2008《产品几何技术规范（GPS）形状、方向、位置和跳动公差标注》中规定，几何公差共有 14 个项目。其几何特征符号见表 2-2。

表 2-2　几何特征符号

公差类型	几何特征	符号	有无基准
形状公差	直线度	—	无
	平面度	▱	无
	圆度	○	无
	圆柱度	⌭	无
	线轮廓度	⌒	无

（续）

公差类型	几何特征	符号	有无基准
形状公差	面轮廓度	⌓	无
方向公差	平行度	//	有
	垂直度	⊥	有
	倾斜度	∠	有
	线轮廓度	⌒	有
	面轮廓度	⌓	有
位置公差	位置度	⌖	有或无
	同轴（同心）度	◎	有
	对称度	⌯	有
	线轮廓度	⌒	有
	面轮廓度	⌓	有
跳动公差	圆跳动	↗	有
	全跳动	⌰	有

为了保证机械产品的装配质量和使用性能，对机械零件不仅要提出尺寸公差要求，还需要提出几何公差要求，以控制几何误差。

2.1.2　表面质量

机械零件的表面质量，主要是指零件加工后的表面粗糙度以及表面层材质的变化。

1. 表面粗糙度

在切削加工中，由于刀痕、塑性变形、振动和摩擦等原因，会使加工表面产生微小的峰谷。这些微小峰谷的高低程度和间距状况称为表面粗糙度。表面粗糙度对零件的耐磨性、耐蚀性和配合性质等有很大影响。它直接影响机器的使用性能和寿命。

如图 2-2 所示，在车削时，工件每转一转，刀具沿进给运动方向移动一个进给量（f），也就是说刀尖在工件表面的运动轨迹是一条螺旋线，致使工件上始终有一个三角形区域（$\triangle abc$）残留在工件表面上。

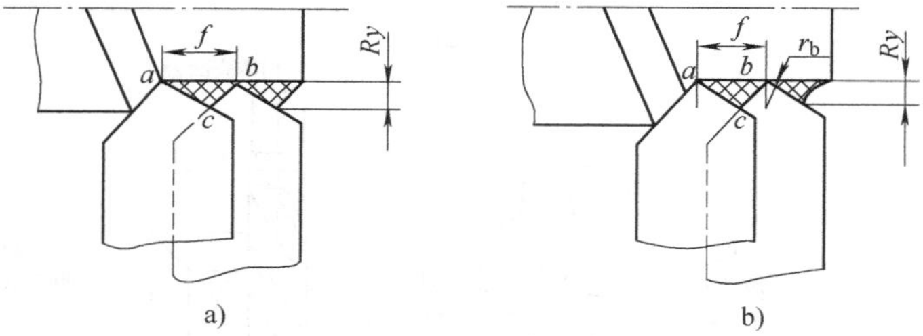

图 2-2　车外圆时的残留面积

国家标准规定了表面粗糙度的评定参数及其数值。常用的评定表面粗糙度的参数是轮廓算术平均偏差 Ra 值，常见加工方法一般能达到的表面粗糙度值见表 2-1。

一般来说，零件的表面粗糙度越小，零件的使用性能越好，寿命也越长，但零件的制造成本也会相应增加。

2. 表面层材质的变化

零件加工后表面层的力学、物理及化学等性能会与基体材料不同，表现为加工硬化、残余应力产生、疲劳强度变化及耐蚀性下降等，这些将直接影响零件的使用性能。

零件加工质量与加工成本有着密切的关系。加工精度要求高，将会使加工过程复杂化，导致成本上升，所以在确定零件加工精度和表面粗糙度时，总的原则是，在满足零件使用性能要求和后续工序要求的前提下，尽可能选用较低的公差等级和较大的表面粗糙度值。

2.2 切削运动和切削要素

2.2.1 切削运动

切削运动是指在切削过程中刀具与工件之间的相对运动，它包括主运动和进给运动。

1. 主运动

主运动是指由机床或人力提供的主要运动，它促使刀具和工件之间产生相对运动，从而使刀具前面接近工件。所以，主运动是提供切削可能性的运动。它的速度最高，消耗的功率最大。

2. 进给运动

进给运动是指由机床或人力提供的运动，它使刀具与工件之间产生附加的相对运动，加上主运动，即可不断地或连续地切削，并得出具有所需几何特性的加工表面。

通常，切削加工中的主运动只有一个，而进给运动可能有一个或数个。主运动和进给运

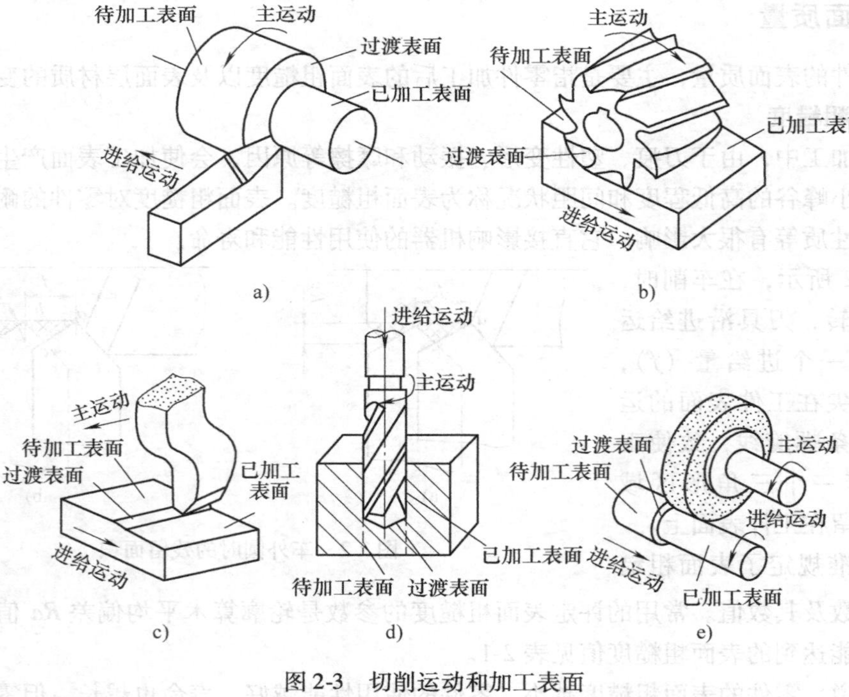

图 2-3 切削运动和加工表面

动可以由刀具和工件分别完成，也可以由刀具单独完成；这两种运动可以同时进行，也可以交替进行，如图2-3所示。

在整个切削过程中，工件上有三个不断变化着的表面：

（1）待加工表面　工件上有待切除的表面。

（2）已加工表面　工件上经刀具切削后产生的表面。

（3）过渡表面　工件上由切削刃形成的表面，它在下一切削行程、刀具或工件的下一转里被切除，或者由下一切削刃切除。

2.2.2　切削要素

切削要素包括切削用量和切削层横截面要素。

1. 切削用量

切削用量包括切削速度、进给量和背吃刀量三个要素，如图2-4a所示。切削用量选择得合理与否，对切削加工的生产率和加工质量有着显著的影响，应予以重视。

（1）切削速度　切削速度（v_c）是指切削刃上的选定点相对于工件主运动的瞬时速度，单位为m/min。当主运动是旋转运动时，切削速度的计算公式是

$$v_c = \frac{\pi D n}{1000}$$

式中　v_c——切削速度（m/min）；

n——工件或刀具的转速（r/min）；

D——工件待加工表面的直径或刀具的最大直径（mm）。

（2）进给量　进给量（f）是指在进给运动方向上刀具相对工件的位移量，可以用刀具或工件每转或每行程的位移量来表述和度量，单位是mm/r或mm/行程。切削刃上的选定点相对工件进给运动的瞬时速度，称为进给速度v_f，单位是mm/s。

（3）背吃刀量　背吃刀量（a_p）是指在通过切削刃基点并在垂直于工作平面的方向上测量的吃刀量，单位是mm。如车外圆、镗孔、扩孔、铰孔时，可按下式计算

$$a_p = \frac{d_w - d_m}{2}$$

钻削加工时

$$a_p = \frac{d_m}{2}$$

式中　d_w——工件待加工表面的直径（mm）；

d_m——工件已加工表面的直径（mm）。

选择切削用量的基本原则是：首先尽量选择较大的背吃刀量；其次在工艺装备和技术条件允许的情况下选择最大的进给量；最后再根据刀具寿命确定合理的切削速度。

2. 切削层横截面要素

切削层是指刀具与工件相对移动一个进给量时，相邻两个过渡表面之间的部分。切削层的轴向剖面称为切削层横截面，如图2-4b所示。切削层横截面要素包括切削宽度、切削厚度和切削面积。

（1）切削宽度　切削宽度（a_w）是指刀具切削刃与工件的接触长度，单位是mm。若车

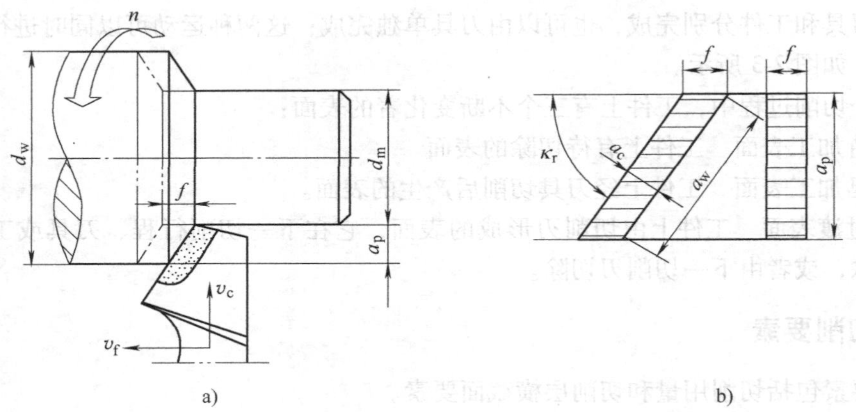

图 2-4　车削外圆时的切削要素

刀主偏角为 κ_r，则

$$a_w = \frac{a_p}{\sin\kappa_r}$$

（2）切削厚度　切削厚度（a_c）是指刀具或工件每移动一个进给量时，刀具切削刃相邻两个位置之间的距离，单位是 mm。车外圆时

$$a_c = f\sin\kappa_r$$

（3）切削面积　切削面积（A_c）是指切削层横截面的面积，单位是 mm^2，即

$$A_c = fa_p = a_c a_w$$

2.3 切削对切削表面的影响

经切削加工后，零件的已加工表面不可避免地存在着一些缺陷，即零件最外层表面存在一定的几何形状误差；而在一定深度的表层内，由于金属的晶粒组织发生严重畸变，其机械、物理甚至化学性能都可能发生变化。这层存在各种缺陷的表面层通常称为加工变质层。变质层的厚度可能是几微米到几百微米，变质层的质量对零件的耐磨性、耐蚀性、疲劳强度及使用寿命等都有很大的影响，特别是高温、高速、重载条件下工作的零件，其影响程度尤其显著。

2.3.1 切屑

1. 带状切屑

当选择较高的切削速度、较大的车刀前角车削塑性金属材料时，容易产生内表面光滑而外表面粗糙的切屑，叫带状切屑（见图 2-5a）。

2. 挤裂切屑

在切削速度较低、切削厚度较大、前角较小的情况下，切削塑性材料的金属时，容易产生内表面有裂纹、外表面呈齿状的切屑，叫挤裂切屑（见图 2-5b）。

3. 单元切屑

在挤裂切屑形成的过程中，当整个剪切面上所受到的切应力超过材料的破裂强度时，切屑就成为粒状，即形成单元切屑，又称为粒状切屑（见图 2-5c）。

4. 崩碎切屑

切削铸铁、黄铜等脆性材料时，切屑层来不及变形就已经崩裂，呈现出不规则的粒状切屑，叫做崩碎切屑（见图 2-5d）。

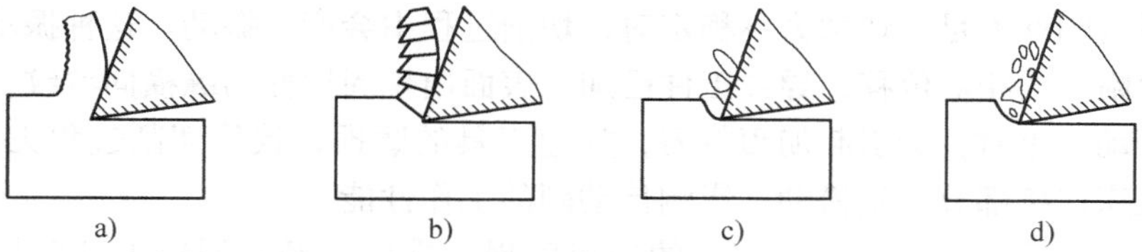

图 2-5　切屑的类型

a）带状切屑　b）挤裂切屑　c）单元切屑　d）崩碎切屑

2.3.2　切削对表面粗糙度的影响

切削对表面粗糙度的影响主要有以下几个方面：

1. 残留面积（见图 2-6a）

在车削时，工件每转一转，刀具沿进给运动方向移动一个进给量（f），也就是说刀尖在工件表面的运动轨迹是一条螺旋线，致使始终有一个三角形区域残留在工件表面上。

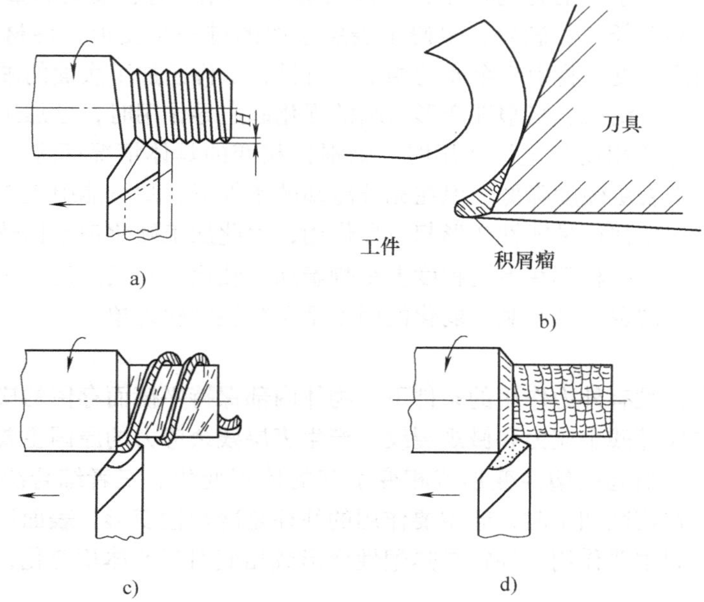

图 2-6　表面粗糙度的影响因素

a）残留面积　b）积屑瘤　c）切屑拉毛　d）振动波纹

2. 积屑瘤（见图 2-6b）

在采用中等切削速度而又能形成连续性切屑的情况下，加工一般钢料或塑性材料，切屑沿刀具前面滑出时，其底层受到很大的摩擦力，当摩擦阻力超过切屑内部分子间的结合力时一部分金属停滞下来，常在刀具切削刃附近的前面上粘附上一块很硬的金属，称为积屑瘤。在切削处于相对稳定的状态时，积屑瘤可以代替切削刃进行切削，粗加工时对切削刃有保护作用。但积屑瘤轮廓很不规则，切削时会将工件表面划出深浅、宽窄不一的沟纹，脱落的积屑瘤碎片还会粘附在工件已加工表面上，形成鳞片状毛刺；积屑瘤还可造成过切削量。以上这些因素都会增大表面粗糙度值。

3. 振动波纹（见图2-6d）

当工艺系统刚性不足、切削力不稳定时，切削过程中会产生振动。这种振动致使工件和刀具之间产生附加的相对位移，导致工件已加工表面出现周期性的纵横向波纹，增大了表面粗糙度值。振动严重时，会引起崩刃打刀，加速刀具的磨损，致使切削过程无法进行下去。振动还会使机床连接部分产生松动，影响传动副的工作性能。

还有一些其他原因，如鳞刺、刀具的边界磨损、排屑不畅而划伤工件已加工表面（见图2-6c）等，均会使表面粗糙度值增大。

2.3.3 表层材质变化

1. 加工硬化

加工硬化是指在切削过程中，工件已加工表面受切削刃和后面的挤压和摩擦而产生塑性变形，使表层组织发生变化、硬度显著提高的现象。其硬化层深度可以达到0.02～0.30mm，表层硬度为原工件材料的1.2～2倍。

在切削过程中，由于切削力的作用，工件已加工表面产生了很大的塑性变形且温度升高。而晶格扭曲，晶粒长大、破碎，阻碍了表层金属的进一步变形，使材料强化，硬度提高；同时较高的切削温度又将引起金属的相变。可见，工件已加工表面的硬度变化就是这种强化和相变作用的综合结果。当塑性变形引起的强化起主导作用时，已加工表面就硬化，当较高的切削温度引起的相变起主导作用时，则根据相变的具体情况而定，如在磨削淬火钢时，若发生退火，则表层硬度降低，但在充分冷却的条件下，却可能引起二次淬火而使表层硬度提高。切削过程中往往是塑性变形起主导作用，因此加工硬化现象比较明显。刀具几何参数、切削条件和工件材料都在不同程度上影响着加工硬化。一般来说，凡增大变形和摩擦的因素都将加剧硬化现象，凡有利于弱化的因素都会减轻硬化现象。

2. 残余应力

残余应力是指在没有外力作用的条件下，物体内部保持平衡而存留的应力。产生表层加工硬化的同时，常伴随残余应力和微观裂纹。产生表层残余应力的原因主要有机械应力引起的塑性变形、热应力引起的塑性变形或相变引起的体积变化。三者综合决定残余应力的性质、大小和分布。在切削加工时，起主要作用的往往是冷塑性变形，表面层常产生残余压应力。磨削加工时，起主要作用的往往是热塑性变形或相变引起的体积变化，使表面层常产生残余拉应力。

综上所述，要减小表面粗糙度值、加工硬化、残余应力等不良影响，就必须减小残余面积、积屑瘤、振动波纹、切削力、切削热等。要做到这些，可以从刀具材料、刀具角度、切削用量、工件材料、切削液等多方面着手，尽可能地减轻以上因素对工件已加工表面质量的不良影响。

2.4 切削力

切削时工件材料抵抗刀具切削所产生的阻力称为切削力。切削力是一对大小相等、方向相反、分别作用在工件和刀具上的作用力与反作用力。切削力来源于工件的弹性变形与塑性变形抗力、切屑与前刀面及工件与后刀面的摩擦力（见图2-7）。

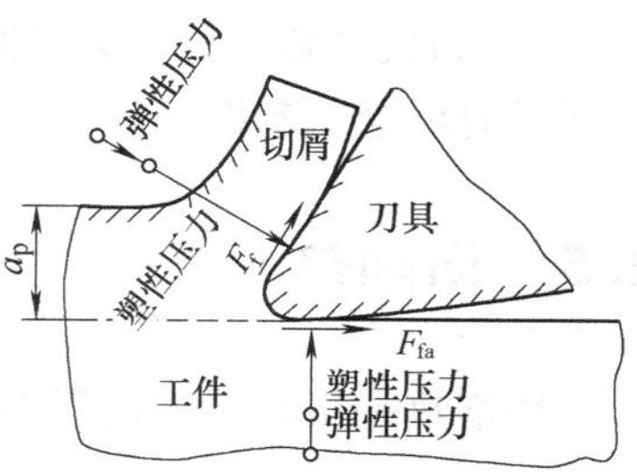

图2-7　切削力的来源

1. 切削力的分解

切削力一般指工件、切屑对刀具多个力的合力，为设计与测量方便，通常将合力分解成主运动方向、进给运动方向和切深方向几个互相垂直的分力（见图2-8）。

（1）主切削力 F_c　垂直于基面的分力叫主切削力（又称切向力）。主切削力能使刀杆弯曲，因此装夹刀具时刀杆尽量伸出得短一些。

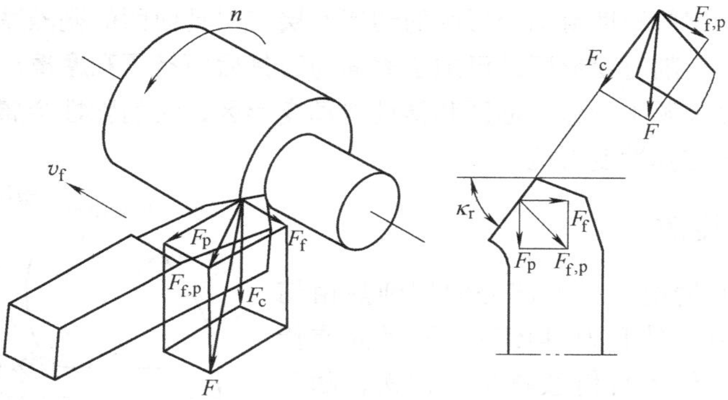

图2-8　切削力

（2）背向力 F_p　在基面内并与进给方向垂直的分力叫背向力（又称切深抗力或径向力），它能使工件在水平面内弯曲，影响工件的形状精度，还是产生振动的主要原因。

（3）进给力 F_f　在基面内并与进给方向相同的分力叫进给力（又称进给抗力或轴向力），它对进给系统零部件的受力大小有直接的影响。

2. 影响切削力的因素

影响切削力的因素很多，这里只介绍几种常见的因素。

（1）工件材料　工件材料的硬度、强度越高，其切削力就越大。切削脆性材料比切削塑性材料的切削力要大一些。

（2）切削用量　切削用量中对切削力影响最大的是背吃刀量，其次是进给量。而影响最小的是切削速度。

实验证明：当背吃刀量增大一倍时，主切削力也增大一倍。进给量增大一倍时，主切削力只增大0.7～0.8倍。低速切削塑性材料时，切削力随切削速度的提高而减小；切削脆性材料的金属时，切削速度的变化对切削力的影响并不明显。

（3）刀具几何角度　刀具几何角度中对切削力影响最大的是前角、主偏角和刃倾角。

1）前角。前角增大则车刀锋利，切屑变形小，切削力也小。

2）主偏角。主偏角主要改变轴向分力与径向分力之比，增大主偏角能使径向力减小、轴向力增大。

3）刃倾角。刃倾角对主切削力影响很小，对轴向力和径向力影响比较显著，其原因是当刃倾角变化时，会改变切削力的方向。当刃倾角由正值向负值变化时，径向力增大，而轴向力小。

4）刀尖圆弧半径。刀尖圆弧半径增大时，使圆弧刃参加切削的长度增加，当工件的刚性不足时就会引起振动。

2.5　切削热

切削热是指在切削过程中，由变形抗力和摩擦阻力所消耗的能量而转变的热能。

2.5.1　切削热的产生

切削热主要产生于三个变形区（见图2-9），即：切削层剪切滑移变形区的弹性变形和塑性变形产生的热；切屑塑性滑动变形区的切屑底层与刀具前面的剧烈摩擦产生的热和工件弹性挤压产生的热；切削时变形区的已加工表面与刀具后面挤压和摩擦产生的热。切削塑性金属时，切削热主要来源于滑移变形区和塑性滑动变形区；切削脆性金属时，切削热主要来源于剪切滑移变形区和弹性变形区。

2.5.2　切削热的传散

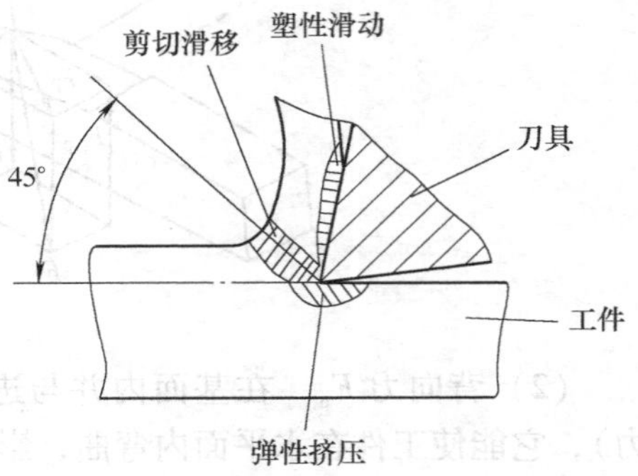

图2-9　切削时的变形区

在一般干切削的情况下，大部分的切削热由切屑传散出去，其次由工件和刀具传散，而且介质传散出去的热量很少。但各自传散热量的比例，随工件材料、刀具材料、切削用量及切削方式等切削条件的不同而异。例如，以中等切削速度车削钢件时，其切削热的传散比例：切屑为50%～86%，工件为10%～40%，刀具为3%～9%，空气为1%。切削速度越高，由切屑带走的热量就越多，而由刀具和工件传散的热量就越少。同样，以上述条件在钢件上钻孔时，其切削热的传散比例：切屑为28%；工件为15%；刀具为52%；空气为5%。切削热传散给切屑和周围介质，对切削加工没有影响，且传散得越多越好。切削热传散刀具切削部分的热量虽然不太多，但因刀具切削部分体积小，因而使刀具温度上升得很高（高速切削时可达1000℃以上），使刀具材料的切削性能降低、磨损加快，缩短了刀具的使用寿命。热量传散给工件，导致工件产生热变形，甚至引起工件表面烧伤，影响工件的加工精度和表面质量。切削热还会通过刀具和工件传散给机床和夹具，对工件加工精度产生不良影响，尤其是在精加工时影响更明显。

为了减小切削热对工件加工质量的不良影响，可采取两方面的工艺措施：一方面减小工件金属的变形抗力和摩擦阻力，降低功率消耗和减少切削热；另一方面则要加速切削热的传散，以降低切削温度。

2.5.3　切削温度

1. 切削温度的概念

切削温度是指刀具表面与切屑及工件接触处的平均温度。切削温度的高低，取决于产生热量的多少和传散热量的快慢。

由于切削热分布不均匀，所以切削区各个部位的实际温度也不相同。切削塑性金属时，刀面靠近刀尖和主切削刃处温度最高；切削脆性金属时，靠近刀尖的后面上温度最高。

切削温度可以测量得到，但在实际生产中，常常凭经验目测切屑的颜色来判断切削温度。银白色切屑温度最低，约为 200℃；深蓝色切屑温度约为 600℃。一般切屑颜色越深，切削温度就越高。

2. 影响切削温度的因素

影响切削温度的主要因素有工件材料、切削用量、刀具角度及切削液等。

（1）工件材料　在工件材料的各种物理及力学性能中，对切削温度影响最大的是强度，其次是硬度和热导率。工件材料的强度、硬度高，切削力大，切削过程中消耗的能量就多，转换成的热量也多，故切削温度高。材料的热导率小，导热性就差，由工件和切屑传散的热量就少，切削温度就越高。

（2）切削用量　增大切削用量，必然使单位时间内金属的切除量增多，消耗的能量就多，切削温度势必升高。在切削用量三要素中，切削速度对切削温度的影响最大，其次是进给量，背吃刀量影响最小。

（3）刀具角度　在刀具几何角度中，前角和主偏角对切削温度的影响较大。适当增大前角，切削层金属变形减小，可降低切削温度；减小主偏角，切削时主切削刃工作长度增加，改善散热条件，也可降低切削温度。此外，刀具磨钝后继续切削，会增大变形抗力和摩擦阻力，将使切削温度迅速升高。

（4）切削液　在切削过程中，合理选用并正确加注切削液可改善刀具和工件的润滑条件及散热条件，并能带走一部分热量，可以有效地降低切削温度。

2.6　切削液

切削过程中合理选择切削液，可减小切削过程中的摩擦力，降低切削温度，减小工件的热变形及表面粗糙度值，保证加工精度，延长刀具使用寿命，提高生产率。

1. 切削液的作用

（1）冷却作用　切削液能带走切削区大量的切削热，改善切削条件，起到冷却工件和刀具的作用。

（2）润滑作用　切削液渗入到工件表面和刀具后刀面之间、切屑与刀具前刀面之间的微小间隙，减小切屑与前刀面和工件与后刀面之间的摩擦力。

（3）清洗作用　具有一定压力和流量的切削液，可把工件和刀具上的细小切屑冲掉，防止拉毛工件，起到清洗作用。

（4）防锈作用　切削液中加入防锈剂，保护工件、机床、刀具免受腐蚀，起到防锈作用。

2. 切削液的种类

常用切削液有乳化液和切削油两种：

（1）乳化液　乳化液由乳化油加注 15～20 倍的水稀释而成。乳化液的特点是比热容大，粘度小，流动性好，可吸收切削热中的大量热量，主要起冷却作用。

（2）切削油　切削油的特点是比热容小，粘度大，流动性差，主要起润滑作用。切削油的成分是矿物油。常用的矿物油有 10 号机油、20 号机油、煤油、柴油等。

3. 切削液的选择

切削液主要根据工件的材料、刀具材料、加工性质和工艺要求进行合理选择。

1）粗加工时因切削深、进给快、产生热量多，所以应选以冷却为主的乳化液。

2）精加工主要是保证工件的精度、表面粗糙度和延长刀具使用寿命，应选择以润滑为主的切削油。

3）使用高速钢刀具应加注切削液，使用硬质合金刀具一般不加注切削液。

4）加工脆性材料如铸铁时，一般不加切削液，若加只能加注煤油。

5）加工镁合金时，为防止燃烧起火，不加切削液，若必须冷却，应用压缩空气进行冷却。

习　题

2-1　什么是金属切削加工？

2-2　什么是主运动？什么是进给运动？

2-3　简述加工质量的含义。

2-4　车床上有哪些主要运动？其含义是什么？

2-5　切削用量要素有哪几个？它的定义、单位及计算公式是什么？

2-6　切削层横截面要素有哪些？它们是如何定义的？

2-7　选择切削用量的基本原则是什么？

2-8　简述切屑的类型。

2-9　什么是积屑瘤？积屑瘤对车削加工有什么影响？如何防止积屑瘤的产生？

2-10　影响已加工工件表面粗糙度的因素主要有哪些？

2-11　何谓加工硬化？其主要影响因素有哪些？

2-12　影响切削力的因素有哪些？

2-13　降低切削温度的措施有哪些？

2-14　切削液的作用有哪些？分为哪几类？

2-15　如何正确选用和加注切削液？

第3章　机械加工的工艺装备知识

机械加工中所使用的各种刀具、夹具、量具及辅助工具等统称为工艺装备。

3.1　刀具

在金属切削过程中，刀具直接完成切削工作，它的完善程度，对切削效率、加工质量和生产成本有很大的影响。刀具能否胜任切削工作，取决于构成刀具的材料、刀具的几何形状和刀具的结构。在切削过程中，刀具切削部分由于受切削力、切削热和摩擦而磨损，所以，一把好的刀具不仅要锋利，而且还要经久耐用，不易磨损变钝。

3.1.1　金属切削刀具

1. 刀具材料

（1）刀具材料应具备的性能　刀具材料的切削性能，关系着刀具的寿命和生产率；刀具材料的工艺性，影响着刀具本身的制造与刃磨质量。刀具材料应具备以下性能：

1）硬度。刀具材料的硬度必须高于工件材料的硬度，一般在60HRC以上。

2）强度（主要指抗弯强度）。刀具材料应能承受切削力和内应力，不致崩刃或断裂。

3）韧性 。刀具材料应能承受冲击和振动，不致因脆性而断裂或崩刃。

4）耐磨性 。它是指刀具材料抵抗磨损的能力。它是材料硬度、强度和金相组织等因素的综合反映。一般来说，硬度较好的材料，耐磨性也较好。

5）耐热性。它是指刀具材料在高温下保持较高的硬度、强度、韧性和耐磨性的性能。它是衡量刀具材料切削性能的重要指标。

6）工艺性。为了便于制造刀具，刀具材料应具备可加工性、可刃磨性、可焊接性及可热处理性等。

（2）常用刀具材料的种类和用途

1）碳素工具钢。它用于低速、尺寸小的手动刀具，如丝锥、板牙、锯条、锉刀等。

2）合金工具钢。它用于手动或刃形较复杂的低速刀具，如丝锥、板牙、拉刀等。

3）高速钢。高速钢是含有钨、铬、钒、钼等合金元素较多的合金钢。高速钢车刀的特点是制造简单，刃磨方便，刃口锋利，韧性好，并能承受较大的冲击力，但高速钢车刀的耐热性较差，不宜高速车削。

高速钢主要适合制造小型车刀、螺纹车刀及形状复杂的成形刀。常用的钨系高速钢牌号是W18Cr4V，钼系高速钢牌号是W6Mo5Cr4V2。

4）硬质合金。硬质合金是一种硬度高、耐磨性好、耐高温（在800~1000℃仍有良好的切削性能）、适合高速车削的粉末冶金制品。但它的韧性差，不能承受较大的冲击力。

硬质合金是由碳化钨、碳化钛粉末用钴作粘合剂，经高压成型高温煅烧而成。钨含量大的硬度高，钴含量大的强度较高且韧性较好。

常用的硬质合金有三类：

① 钨钴类（K 类）。这类硬质合金是由碳化钨和钴组成的。它的牌号由汉语拼音字母 YG 和数字表示，字母表示钨钴类，数字表示钴的质量百分数，常用的牌号有 YG3、YG5、YG8 等。钨钴类硬质合金适于加工铸铁、非铁金属等脆性材料。YG3 因钨含量大而钴含量小，硬度高而韧性差，所以适用于精加工。YG8 钨含量小而钴含量大，硬度低而韧性好，因此适用于粗加工。

② 钨钛钴类（P 类）。这类硬质合金是由碳化钨、碳化钛粉末，用钴作粘合剂制成的。钨钛钴类硬质合金耐磨性好，能承受较高的切削温度，适合加工塑性金属及韧性较好的材料。因为它性脆，不耐冲击，因此不宜加工脆性材料（如铸铁等）。常见的牌号有 YT5、YT15、YT30 等，牌号中的字母 YT 表示钨钛钴类，数字表示钛的质量百分数。YT5 碳化钛含量小而钴含量大，其抗弯强度较好，能承受较大冲击力，适用于粗加工。YT30 碳化钛含量大而钴含量小，适用于精加工。

③ 钨钛钽（铌）钴类（M 类）。这类硬质合金是在钨钛钴类基础上加入少量的碳化钽或碳化铌制成的，其抗弯强度和冲击韧度都比较好，所以应用广泛，不仅可加工脆性材料，也可加工塑性材料。常见的牌号有 YW1、YW2 等。它主要用于加工高温合金、高锰钢、不锈钢、铸铁及合金铸铁等。

5）人造聚晶金刚石（PCD）。它用于精加工非铁金属及非金属的刀具，如车刀、铣刀、镗刀的刀片。

6）立方氮化硼（CBN）。它用于淬硬钢、耐磨铸铁、高温合金等难加工材料的半精加工和精加工，可以做成整体刀片，也可以与硬质合金做成复合刀片。

2. 刀具的几何形状

刀具的种类很多，结构各异，但就切削部分而言，它们都可以看成是由外圆车刀演变而成的。现以外圆车刀为例，说明刀具切削部分的几何形状，如图 3-1 所示。

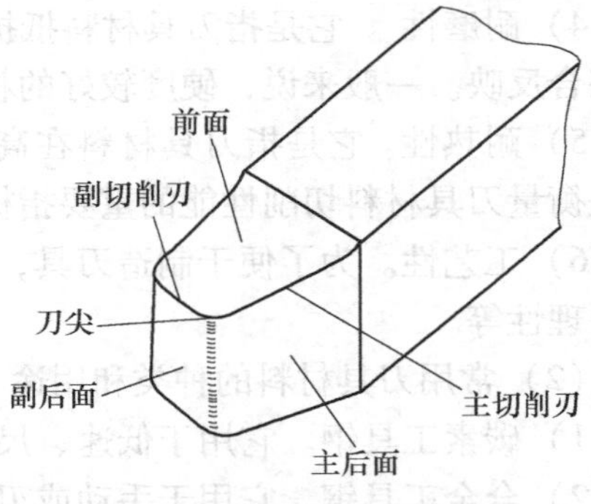

图 3-1　刀具切削部分的组成

(1) 刀具切削部分的组成

1）前面（A_γ）。它是刀具上切屑滑过的表面。

2）主后面（A_α）。它是刀具上与切削表面（过渡表面）相对的表面。

3）副后面（A'_α）。它是刀具上与已加工表面相对的表面。

4）主切削刃（S）。它是前面与主后面相交构成的切削刃，它担任主要的切削工作。

5）副切削刃（S'）。它是前面与副后面相交构成的切削刃。它配合主切削刃完成少量的切削工作，即对已加工表面起修光作用。

6）刀尖。它是指主切削刃与副切削刃连接处相当少的一部分切削刃。它往往磨成一段很小的直线或圆弧，以提高刀尖的强度。

(2) 辅助平面　为了定义刀具角度，在切削状态下，选定切削刃上某一点而假定的几个平面称为辅助平面，如图 3-2 所示。

1）基面（p_r）。它是过切削刃选定点并垂直于假定主运动方向的平面。

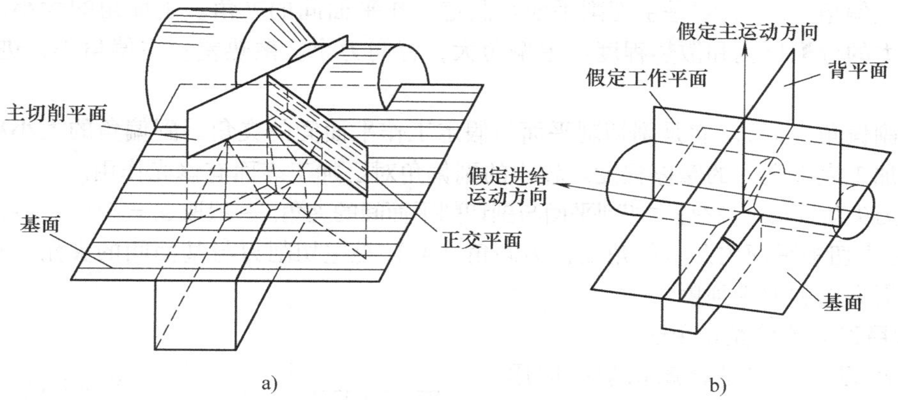

图 3-2　刀具的辅助平面

2）主切削平面（p_s）。它是通过主切削刃选定点、与主切削刃相切并垂直于基面的平面。

3）正交平面（p_o）。它是通过主切削刃选定点并同时垂直于基面和主切削平面的平面。

以上三个平面相互垂直，构成空间笛卡儿坐标系。

4）假定工作平面（p_f）。它是通过切削刃选定点、与基面垂直、且与假定进给运动方向平行的平面。

5）背平面（p_p）。它是通过切削刃选定点并同时垂直于基面和假定工作平面的平面。

以上两个平面加上基面也可组成空间笛卡儿坐标系。

6）副切削平面（p_s'）。它是通过副切削刃选定点、与副切削刃相切并垂直于基面的平面。

（3）刀具的几何角度　刀具的切削性能、锋利程度及强度主要是由刀具的几何角度来决定的。其中前角、后角、主偏角和刃倾角是主切削刃上四个最基本的角度，如图 3-3 所示。

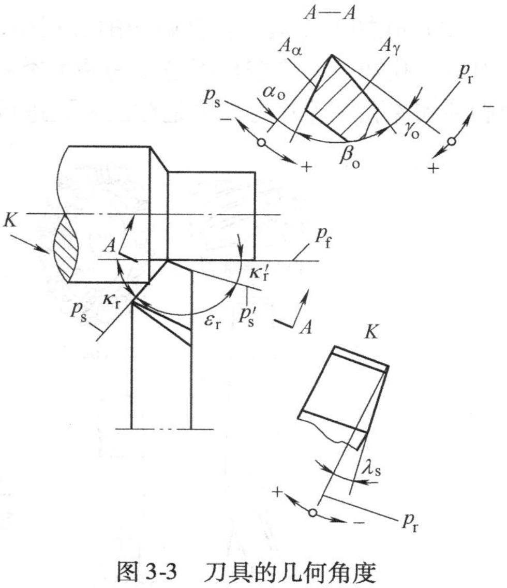

图 3-3　刀具的几何角度

1）在正交平面内测量的角度

①　前角（γ_o）。它是前面与基面间的夹角。前角的大小决定切削刃的强度和锋利程度。前角大，刃口锋利，易切削；但前角过大，强度低，散热差，易崩刃。

②　后角（α_o）。它是主后面与主切削平面间的夹角。后角的大小决定刀具后面与工件之间的摩擦及散热程度。后角过大，散热差，刀具寿命短；后角过小，摩擦严重，刃口变钝，温度高，刀具寿命也短。一般取 $\alpha_o = 5° \sim 12°$。

③　楔角（β_o）。它是前面与主后面间的夹角。一般取 $\beta_o = 90° - (\gamma_o + \alpha_o)$。

2）在基面内测量的角度

① 主偏角（κ_r）。它是主切削平面与假定工作平面间的夹角。主偏角的大小决定背向力与进给力的分配比例和散热程度。主偏角大，背向力小，散热差；主偏角小，进给力小，散热好。

② 副偏角（κ_r'）。它是副切削平面与假定工作平面间的夹角。副偏角的大小决定副切削刃与已加工表面之间的摩擦程度。较小的副偏角对已加工表面有修光作用。

③ 刀尖角（ε_r）。它是主切削平面与副切削平面间的夹角。一般取 $\varepsilon_r = 180° - (\kappa_r + \kappa_r')$。

3）在主切削平面内测量的角度：刃倾角（λ_s）是主切削刃与基面间的夹角。刃倾角主要影响排屑方向和刀尖强度。

3. 常用刀具的种类和用途

（1）车刀　车刀是金属切削中应用最为广泛的一种刀具。它用于各种车床上加工外圆、内孔、端面、螺纹、台阶、成形面等。车刀按用途可分为外圆车刀、端面车刀、切断刀、成形车刀、螺纹车刀等，如图 3-4 所示。

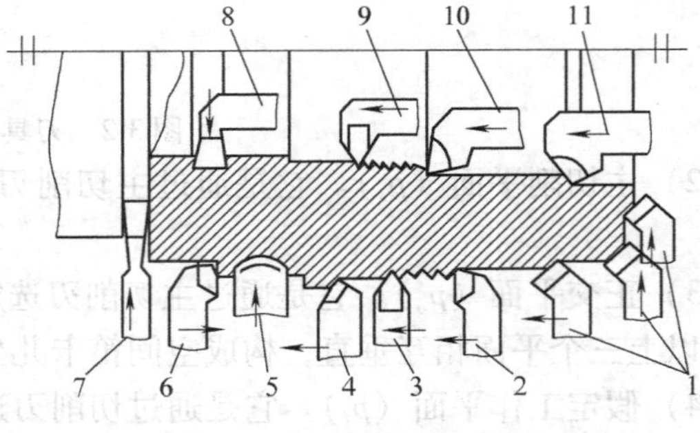

图 3-4　车刀的类型与用途

1—45°弯头车刀　2—90°外圆车刀　3—外螺纹车刀　4—75°外圆车刀　5—成形车刀　6—左偏外圆车刀　7—切断刀　8—内孔车槽刀　9—内螺纹车刀　10—不通孔镗刀　11—通孔镗刀

（2）铣刀　铣刀的种类很多，但从结构实质上可看成是分布在圆柱体、圆锥体或特形回转体的外圆或端面上的切削刃，或镶嵌上刀齿的多刃刀具。如图 3-5 所示，常用的有圆柱形铣刀、面铣刀、三面刃圆盘铣刀、立铣刀、键槽铣刀、T 形槽铣刀、角度铣刀和成形铣刀等。

（3）孔加工刀具　在金属切削过程中，孔加工的比重是很大的，经常需要使用各种孔加工刀具。孔加工刀具按其用途分为两大类：一类是从实心材料上加工出孔的刀具，如麻花钻、中心钻和深孔钻等；另一类是对已有孔进行扩大的刀具，如扩孔钻、锪钻、铰刀和镗刀等。

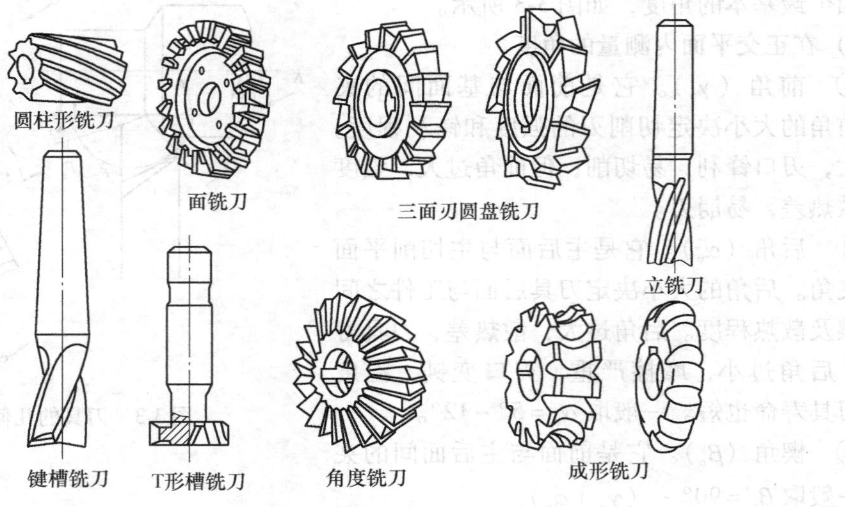

图 3-5　铣刀的种类

3.1.2 刀具寿命及其影响因素

一把磨好的刀具经过一段时间切削后，便会发现已加工表面粗糙程度将显著增高，切削温度升高，切屑的颜色和形状也和初始切削时不同，切削力增大，甚至出现振动或不正常的声响，同时，在过渡表面上出现亮带等现象。这些现象说明刀具已严重磨损，必须重磨或更换新刀。刀具过快磨损，必然会影响加工质量，增加刀具材料消耗，降低生产效率，提高加工成本。因而刀具磨损也作为切削过程中的重要物理现象进行研究。

1. 刀具磨损的形式

在切削过程中，前面、后面经常与切屑、工件接触，在接触区里会发生剧烈的摩擦，同时伴随着很高的温度和压力。因此，刀具的前面和后面都会产生磨损，如图3-6所示。

（1）前面磨损　前面磨损是指在离主切削刃一小段距离处形成月牙洼，故又称月牙洼磨损（见图3-6a）。其中心处温度最高，凹陷也最深。随着磨损的增加，月牙洼逐渐加深加宽，但主要是加深，加宽很轻微，并且向主切削刃方向的扩展比向后的扩展缓慢。当棱边过窄时，会引起崩刃。其磨损程度一般以月牙洼深度 *KT* 表示。这种磨损形式比较少见，一般是由于以较大切削速度和切削厚度加工塑性金属所形成的带状切屑滑过前面所致。

（2）后面磨损　切削铸铁等脆性金属或以较低的切削速度和较小的切削厚度切削塑性金属时，摩擦主要发生在工件过渡表面与刀具后面之间，刀具磨损也就主要发生在后面（见图3-6b）。后面磨损量是不均匀的，在刀尖部分，由于强度和散热条件差，磨损较严重；在切削刃靠近待加工表面部分，由于加工硬化或毛坯表层缺陷，磨损也较严重；在切削刃中部磨损比较均匀。后面磨损形成后角为零的棱面，通常用棱面的平均高度 *VB* 表示后面磨损程度。

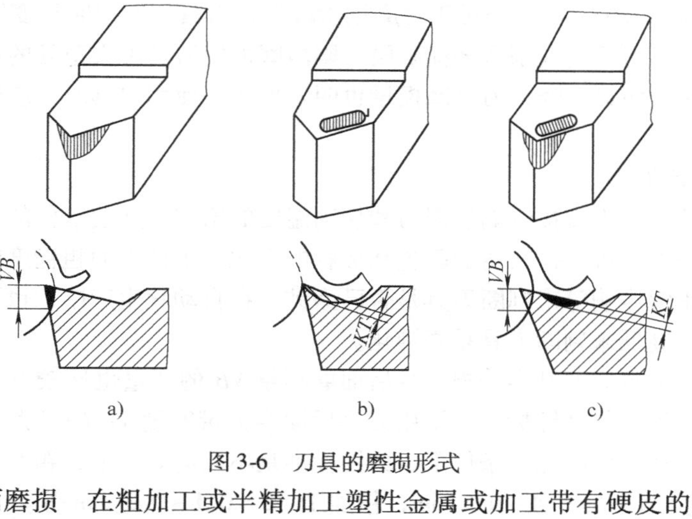

图3-6　刀具的磨损形式

（3）前、后面磨损　在粗加工或半精加工塑性金属或加工带有硬皮的铸铁件时，常发生前面和后面都磨损的情况（见图3-6c）。这种磨损形式比较常见，由于后面磨损的棱面高度便于测量，故前、后面磨损也用 *VB* 表示其磨损程度。

以上磨损是由于正常原因所引起的，称为正常磨损。而在实际生产中，由于冲击、振动、热效应和过大的切削力等异常原因导致刀具的崩刃、卷刃或刀片碎裂等形式的损坏，称为非正常磨损。这种磨损是随机的，故应及时解决。

2. 刀具磨损的原因

刀具磨损与一般机械零件的磨损不同，有两点比较特殊：其一是刀具前面所接触的切屑和后面所接触的工件都是新生表面，不存在氧化层或其他污染；其二是刀具的摩擦是在高温、高压作用下进行的。对于一定的刀具材料和工件材料，切削温度对刀具的磨损具有决定性的影响，温度越高，刀具磨损越快。

3. 刀具磨损的过程

若用刀具后面磨损带宽度 *VB* 值表示刀具的磨损程度，则 *VB* 值与切削时间 *t* 的关系如图 3-7 所示。磨损过程一般可分为三个阶段。

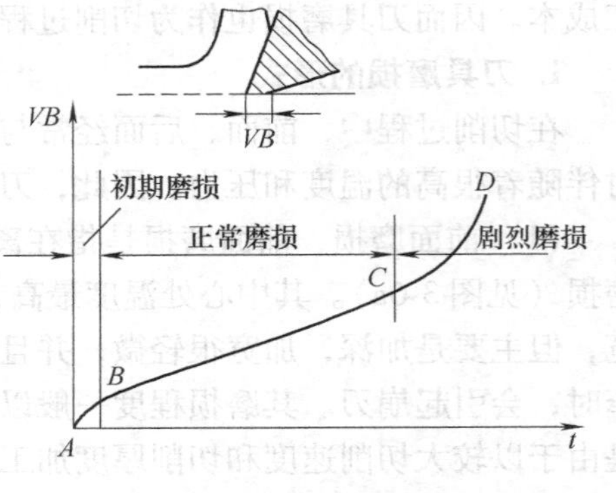

图 3-7　刀具的磨损过程

（1）初期磨损（*AB* 段）　这一阶段磨损较快，这是因为刀具表面和切削刃上的微小峰谷（刃磨时的磨痕形成的）以及刀具刃磨时产生的微小裂纹、氧化或脱碳层等缺陷很快被磨平，*AB* 段曲线斜率较大。初期磨损量与刀具刃磨质量有关，通常在 0.05 ~ 0.10mm 之间。刀具经研磨后可延缓初期磨损过程。

（2）正常磨损（*BC* 段）　经过初期磨损，刀具后面上磨出一狭窄的棱面，增大了切削力的作用面积，磨损速度减缓，磨损进入正常阶段。正常磨损阶段刀具磨损量随时间延续而均匀增加。这个阶段是刀具工作的有效期，在使用刀具时，不应超过这一阶段的范围。正常磨损阶段的曲线基本上是一条向上倾斜的直线，其斜率表示磨损速度，它是衡量刀具性能的重要指标之一。

（3）剧烈磨损（*CD* 段）　经过正常磨损阶段后，刀具切削刃明显变钝，致使切削力增大，切削温度升高，刀具进入剧烈磨损阶段。剧烈磨损使刀具失去正常的切削能力，继续使用将使工件表面质量明显下降，刀具磨损量也明显加快。使用刀具时，应避免使刀具的磨损进入这一阶段。

4. 刀具磨钝标准

刀具磨损量的大小将直接影响切削力和切削温度的增加，并使工件的加工精度和表面质量降低。因此，操作者可根据切屑的颜色和形状的变化、工件表面粗糙度的变化以及加工过程中所发出的不正常声响等来判断刀具是否已磨钝。在自动化生产中，也可以根据切削力的大小或切削温度的高低来判断刀具是否钝化。

一般情况下，刀具后面都会磨损，且后面磨损量 *VB* 的测量也比较方便，因此，常根据后面磨损量来制订刀具的磨钝标准，即用刀具后面磨损带宽度 *VB* 的最大允许磨损尺寸作为刀具的磨钝标准。在不同的加工条件下，磨钝标准是不同的。例如，粗车中碳钢 $VB=0.6 \sim 0.8$ mm，粗车合金钢 $VB=0.4 \sim 0.5$ mm，精加工 $VB=0.1 \sim 0.3$ mm 等。

5. 刀具寿命

刀具由刃磨后开始切削一直到磨损量达到磨钝标准为止的总切削时间（即刀具两次刃磨之间实际进行切削的总时间），称为刀具寿命，用符号 *T* 表示，单位是 min。刀具寿命要合理确定，对于比较容易制造和刃磨的刀具，寿命应低一些；反之，则应高一些。例如，硬质合金焊接车刀 $T=60 \sim 90$min；高速钢钻头 $T=80 \sim 120$ min；硬质合金端铣刀 $T=120 \sim 180$

min；高速钢齿轮刀具 $T=200\sim300$min 等。

刀具寿命与刀具总寿命是有区别的，刀具总寿命是指一把新刀从投入切削起，到报废为止实际切削的总时间，其中包括该刀具的多次重磨。因此，刀具总寿命等于该刀具的刃磨次数（包括新刀开刃）乘以刀具寿命。

影响刀具寿命的因素很多，如工件材料的强度和硬度高，导热性差，将会降低刀具寿命；刀具材料切削性能好，合理选择刀具几何角度，减小刀具表面粗糙度值等，可提高刀具寿命；此外，切削用量对刀具寿命也有影响。

在影响刀具寿命的诸多因素中，切削速度是关键因素。这是因为增大切削速度，切削温度就会上升，而且工件与刀具前面、后面的划擦次数和粘结现象都会增加，从而加剧了刀具的磨损，使刀具寿命下降。因此，为了保证刀具达到所规定的寿命，必须合理地确定切削速度。通常，刀具寿命大，则表示刀具磨损得慢，因此，凡影响刀具磨损的因素，必然影响刀具寿命。

3.2 机床夹具

夹具是一种装夹工件的工艺装备，它广泛应用于机械制造过程的切削加工、热处理、装配、焊接和检测等工艺过程中。

3.2.1 机床夹具的概念

在机械加工过程中，依据工件的加工要求，使工件相对机床、刀具占有正确的位置，并能迅速、可靠地夹紧工件的机床附加装置，称为机床夹具，简称夹具。

夹具在工艺装备中占有重要的地位，因为夹具的结构及使用性能的好坏，在很大程度上影响着加工质量、生产效率和加工成本。因此对夹具进行正确合理的设计、制造和使用是机械加工中的一项重要工作。

3.2.2 夹具的分类

1. 按夹具的使用特点分类

（1）通用夹具　这类夹具通用性较强，使用时无须调整或稍加调整，就可以在一定范围内用于工件的装夹。它们已经标准化，有些是作为机床附件由专门工厂生产的。如车床上使用的三爪自定心卡盘、四爪单动卡盘，铣床上使用的平口虎钳，平面磨床上使用的磁力工作台等。通用夹具主要应用于单件小批生产。对于加工精度要求较高或形状较为复杂的工件，生产批量较大时，通用夹具将难以满足使用要求。

（2）专用夹具　专用夹具是指为某一工件的某道工序专门设计制造的夹具。由于夹具的设计制造周期较长，成本往往较高，且产品变更后将无法使用，因此适合于批量较大的生产。

（3）可调夹具　它包括通用可调夹具和成组夹具。这两种夹具在结构上很相似，都具有可进行调整和更换的部分，都可做到多次使用。即对不同尺寸或种类的工件，只需调整或更换夹具结构中个别定位、夹紧或导向等元件，便可使用。通用可调夹具的调整范围较大，适用性广，如带钳口的虎钳、滑柱式钻模等。而成组夹具则是专为成组加工工艺中某一组零件设计的，针对性强，可调整范围只限于本组内的零件。通用可调夹具和成组夹具在多品种、中小批量生产中得到了广泛使用。

(4) 组合夹具　这类夹具由预先制造好的标准化元件及部件组装而成。这些标准元件具有各种不同形状、规格及功能，并具有高精度和高耐磨性。使用时，按照不同工件的加工要求进行合理选择并组装成加工所需的夹具。夹具使用完毕后，可以进行拆卸，将元件清洗干净后入库存放，待需要时再次使用。

由于组合夹具是由各种标准元部件组装而成的，生产准备时间短，元件能反复使用。因此更适合于产品变化较大的单件小批生产，特别是在新产品试制中尤为适用。

(5) 随行夹具　这是自动线上使用的一种夹具。它除了一般夹具所担负的装夹工件的任务外，还带着工件按照自动线的工艺流程，由自动线的运输机构运送到各台机床夹具上，并由机床夹具对其进行定位和夹紧。所以它是随被加工零件沿自动线从一个工位移到下一个工位的，故有“随行夹具”之称。

2. 按夹具使用的机床分类

这是专用夹具设计所用的分类方法。如车床夹具、铣床夹具、钻床夹具（又称钻模）、镗床夹具（又称镗模）、磨床夹具等。

3. 按夹具的动力源分类

夹具按夹紧的动力源可分为手动夹具、气动夹具、液动夹具、气液增力夹具、电磁夹具以及真空夹具等。

3.2.3 机床夹具的组成

虽然夹具有各种类型，但在结构上基本是由以下既相对独立又彼此联系的部件所组成的：

(1) 定位装置　夹具上确保工件取得正确位置的元件或装置。

(2) 夹紧装置　这种装置包括夹紧元件或其组合和动力源。其作用是将工件压紧夹牢，保证工件在加工过程中不因受外力作用而改变其正确位置，同时防止或减少振动。

(3) 对刀或导向元件　它用来确定夹具与刀具之间的相互位置并引导刀具进行加工，多用于铣床夹具、钻床夹具和镗床夹具中。

(4) 其他元件及装置　它包括：确定夹具在机床工作台上方位的安装元件——定位键；为使工件在一次安装中多次转位而加工不同位置上的表面所设置的分度装置；为便于卸下工件而设置的顶出装置；送料装置和标准化了的连接元件等。

(5) 夹具体　夹具体是夹具的基础元件，夹具的其他元件及装置都将通过它装配在一起，最终成为一个有机的整体。

夹具的组成因设计给定条件不同而变化，一般说来，定位装置、夹紧装置及夹具体是夹具的基本组成部分，其他装置和元件则按需确定。

3.2.4 机床夹具的作用

1. 保证加工精度

保证工件的加工精度是对夹具最基本的要求。由于夹具在机床上的安装位置和工件在夹具中的装夹位置都是确定的，加工过程中受各种人为因素影响很小，因而容易保证工件获得较高的加工精度，并使加工质量基本趋于稳定。

2. 提高生产率和降低生产成本

采用夹具装夹，不仅省去了对工件逐个划线、找正或对刀等工作，而且工件装夹方便，因而在很大程度上缩短了辅助时间。另外，专用夹具还可以根据具体生产情况实现多件、多工位加工，或采用高效率的机械化传动装置等，从而提高了生产率。使用机床夹具，还可降低对工人技术水平的要求，有利于降低生产成本。

3. 减轻劳动强度

由于使用专用夹具后，工件装卸更方便、省力、安全，故减轻了工人的劳动强度，改善了劳动条件。

4. 扩大机床的工艺范围

通过设计制造专用夹具可解决生产中设备品种不足的矛盾。例如在车床溜板上或在摇臂钻床工作台上安装专用夹具后，就可以进行箱体上孔系的镗削加工，即以车床或钻床来代替镗床加工。

3.3　工件定位

工件在安装前，必须使它在夹具、机床和刀具组成的工艺系统之间保持正确的相对位置。这包括工件在夹具中的定位、夹具在机床上的安装以及夹具相对于刀具和整个工艺系统位置的调整等过程。工件在夹具中的定位，是指保证同一批工件在夹具中占有一致的正确加工位置。

3.3.1　工件定位原理

1. 工件的自由度

一个尚未定位的工件，其位置是不确定的。如图 3-8 所示，在空间笛卡儿坐标系中，工件可沿 x、y、z 轴向有不同位置，也可绕 x、y、z 轴回转到不同位置。它们分别用$\vec{X}$、$\vec{Y}$、$\vec{Z}$ 和 $\widehat{X}$、$\widehat{Y}$、$\widehat{Z}$表示。这种工件位置的不确定性，通常称为自由度。其中 ，$\vec{X}$、$\vec{Y}$、$\vec{Z}$ 称为沿 x、y、z 轴线方向的移动自由度；$\widehat{X}$、$\widehat{Y}$、$\widehat{Z}$称为沿 x、y、z 轴线方向的转动自由度。定位的任务，首先是消除工件的自由度。

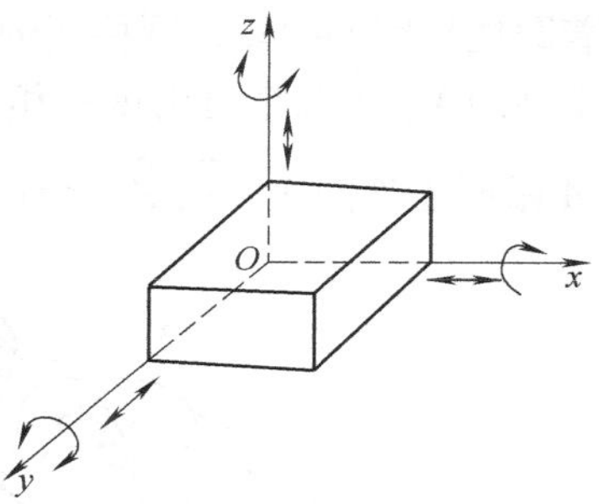

图 3-8　工件的自由度

2. 六点定位规则

工件在笛卡儿坐标系中，有六个自由度，夹具用合理分布的六个支承点限制工件的六个自由度，即用一个支承点限制工件一个自由度的方法，使工件在夹具中的位置完全确定。

3. 六点定位规则应用

工件的定位基准是多种多样的，故各种形态的工件的定位支承点分布将会有所不同，下面分析完全定位时，几种典型工件的定位支承点分布规律。

（1）平面几何体的定位　如图 3-9 所示，工件 A、B、C 三个平面为定位基准，其中 A

面最大，设置成三角形布置的三个定位支承点1、2、3，当工件的A面与该三点接触时，限制$\vec{Z}$、$\widehat{X}$、$\widehat{Y}$三个自由度；在较狭长的B面上设置两个定位支承点4、5，当侧面B与该两点接触时，即限制了$\vec{X}$、$\widehat{Z}$两个自由度；在最小的平面C上设置一个定位支承点6，则限制$\vec{Y}$一个自由度。用图中如此设置的六个定位支承点，可使工件完全定位。由于定位是通过定位点与工件的定位基面相接触实现的，如两者一旦相脱离，定位作用就自然消失了。

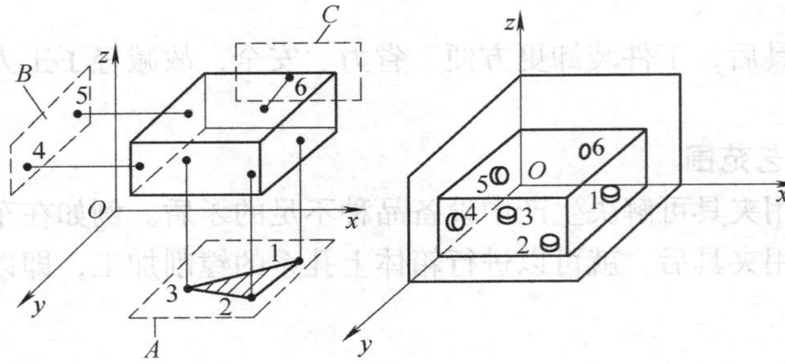

图 3-9　平面几何体的定位

（2）圆柱几何体的定位　如图3-10所示，工件的定位基准是长圆柱面的轴线、后端面和键槽侧面。长圆柱面采用中心定位，外圆与V形块呈两直线接触（定位点1、2，定位点4、5），限制了工件的$\vec{X}$、$\vec{Z}$、$\widehat{X}$、$\widehat{Z}$四个自由度；定位支承点3限制了工件的$\vec{Y}$自由度；定位支承点6限制了工件的$\widehat{Y}$自由度。这类几何体的定位特点是：以中心定位为主，用两条直（素）线接触作“四点定位”，以确定轴线的空间位置；键槽或孔处的定位点与加工面有一圆周角关系，为此设置的定位支承称为防转支承。

（3）圆盘几何体的定位　如图3-11所示，圆盘几何体可以视作圆柱几何体的变形，即随着圆柱长度的缩短，圆柱面的定位功能也相应减少。图中由定位销的定位支承点5、6限制工件的$\vec{Y}$、$\vec{Z}$两个自由度；相反几何体的端面则上升为主要定位基准，由定位支承点1、3、4限制工件的$\vec{X}$、$\widehat{Y}$、$\widehat{Z}$三个自由度，防转支承点2限制工件的$\widehat{X}$自由度。

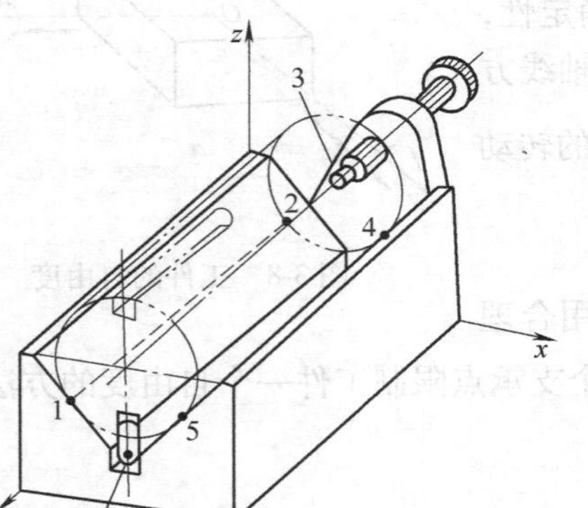

图 3-10　圆柱几何体的定位

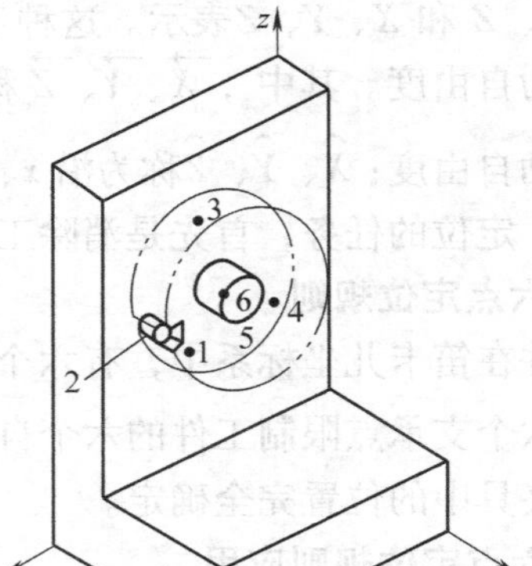

图 3-11　圆盘几何体的定位

通过以上分析可知，六点定位时支承点分布要合理，根据工件定位基准的形状和位置，选择一个主要的定位基准，尽量使其在表面上分布的支承点最多。

3.3.2　定位方式分类

1. 完全定位

工件的六个自由度均被限制的定位状态，称为完全定位（见图 3-9、图 3-10、图 3-11）。当工序在三个坐标方向均有尺寸或位置精度要求时，一般用这种定位方式。

2. 不完全定位

工件被限制的自由度数目少于六个，但能保证加工要求时的定位状态称为不完全定位，如图 3-12 所示为不完全定位的示例，它们在保证加工要求的条件下，仅限制了工件的部分自由度。

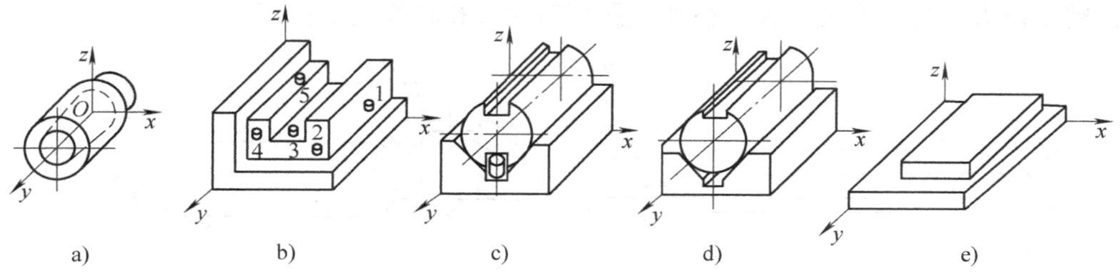

图 3-12　不完全定位

3. 欠定位

欠定位是指工件实际定位所限制的自由度少于按其加工要求所必须限制的自由度。因此，欠定位的结果将产生应限制的自由度未被限制的不合理现象。若按欠定位方式进行加工，必然无法保证工序所规定的加工要求，如图 3-12c 所示，若不设置防转的定位销，则工件的自由度就不能得到限制，也就无法保证两槽间的位置要求，因此是不允许的。通常只要仔细分析定位点的作用，欠定位是很容易防止的。

4. 过定位

定位元件重复限制工件同一自由度的定位状态称为过定位。如图 3-13 所示，在插齿机上加工齿轮，工件以内孔和端面作为定位基准，在心轴和支承台阶上实现定位。长心轴限制了工件的 $\overrightarrow{X}$、$\overrightarrow{Y}$、$\widehat{X}$、$\widehat{Y}$ 四个自由度，台阶面限制了工件的 $\overrightarrow{Z}$、$\widehat{X}$、$\widehat{Y}$ 三个自由度，其中 $\widehat{X}$、$\widehat{Y}$ 自由度被心轴和台阶所重复限制，属过定位状态。这种定位状态是否允许采用，主要应从它产生的后果来判定。当过定位导致工件或定位元件变形，明显影响工件的定位精度时，一般应严禁采用。如图 3-14a 所示加工连杆小头孔的定位方案，平面支承 1 限制三个自由度，短圆柱销 2 限制两个自由度，挡销 3 限制一个自由度，实现完全定位。若将销 2 改为长圆柱销 2′，因其限制工件的四个自由度，因此引起 $\widehat{X}$、$\widehat{Y}$ 自由度被重复限制，造成工件过定

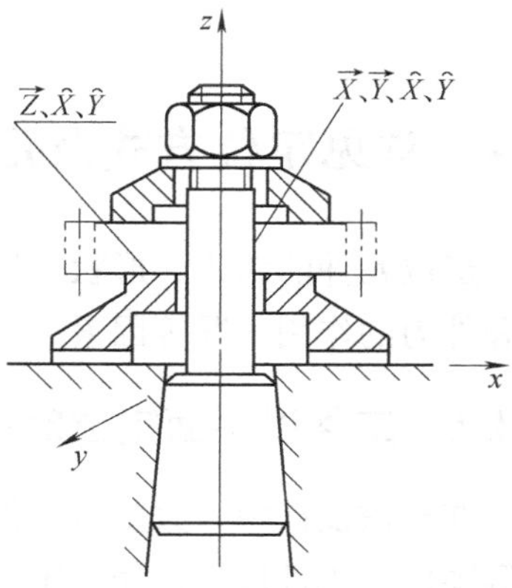

图 3-13　过定位

位时图 3-14b 所示的不确定情况。更严重的后果是，若按图 3-15a 所示施加夹紧力，使连杆产生弹性变形，加工完毕松夹后，工件变形恢复，则使加工表面形成严重的位置或形状误差；若按图 3-15b 所示施加夹紧力，当连杆大头孔轴线与端面垂直度误差较大或长销与定位面垂直度误差较大时，会引起定位销的变形。显然不论是工件还是定位元件发生变形，其结果都将破坏工件定位的正确位置。

实际生产中，在采取适当工艺措施的情况下，可采用过定位以提高定位刚度，这就是过定位的合理应用。仍以图 3-14 为例来说明，若连杆大头孔轴线与端面的垂直度误差很小，长销与定位面的垂直度误差也很小，此时就可以利用大头孔与长销的配合间隙来补偿这种较小的垂直度误差，并不致引起相互干涉，仍能保证连杆端面与平面支承可靠接触，就不会产生图 3-14b 所示的定位不确定情况，也不会造成图 3-15 所示的夹紧后的严重变形，因而是允许的。采用这种方式，由于整个端面接触，可增强切削时工件的刚度和定位稳定性，而且用长圆柱销定位大头孔，有利于保证被加工孔相对大头孔轴线的平行度。

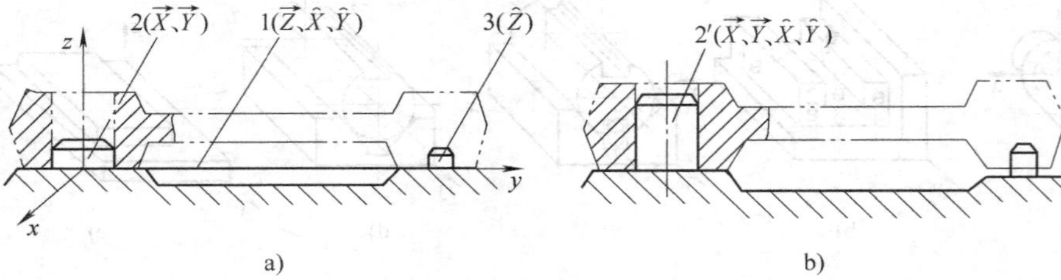

图 3-14　连杆定位

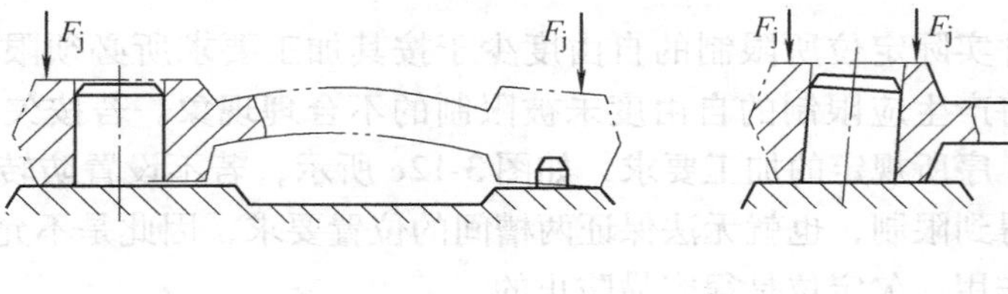

图 3-15　夹紧变形分析

3.4　常见定位方式及定位元件

定位元件的结构、形状、尺寸及布置形式等，主要取决于工件的加工要求、工件定位基准和外力的作用状况等因素。

3.4.1　工件以平面定位时的定位元件

在机械设计中，大多数工件都是以平面作为主要定位基准的，如箱体、机体、支架、圆盘等零件。工件以平面作为定位基准时，常用的定位元件如下：

1. 支承钉

如图 3-16 所示为标准支承钉结构（JB/T8029. 2—1999）。A 型是平头支承钉，用于定位加工过的精基准；B 型是球头支承钉，用于定位毛坯粗基准；C 型是齿纹顶面支承钉，常用于侧面定位以增大摩擦力。一般一个支承钉只限制一个自由度，因此一个毛坯平面只能用三个球头支承钉定位，以保证接触点确定，使其定位稳定。若工件是以加工过的精平面为定位基准，则可用三个或更多的平头支承钉定位。但必须保证这几个平头支承钉的定位工作面位于同一个平面内。通常是按经济精度分别加工各支承钉，预留磨量，当支承钉装配于夹具体后，再磨削各支承钉的定位工作面，保证其在同一个平面内。

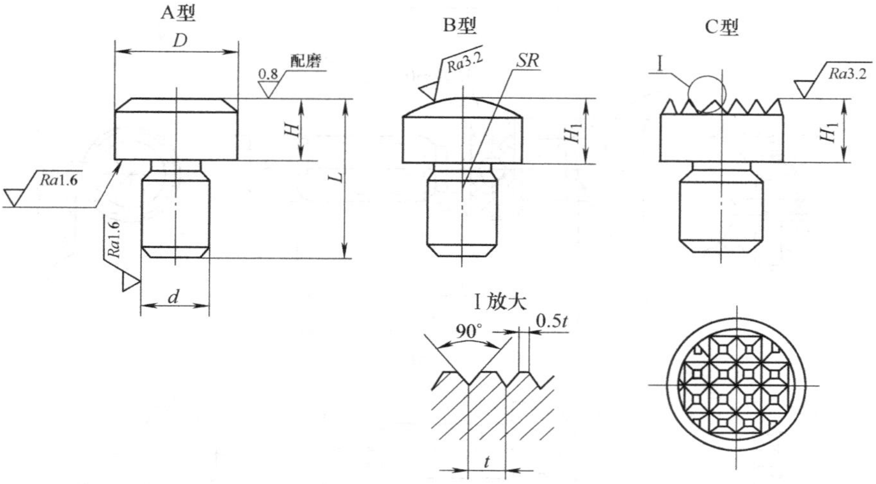

图 3-16　支承钉

2. 支承板

如图 3-17 所示为标准支承板结构（JB/T8029. 1—1999），它也是用于定位加工过的精基准平面。A 型支承板结构简单，制造容易，但孔边切屑不易清除，故适用于侧面及顶面定位；B 型支承板因开有斜槽，容易清除切屑，易于保证工作面清洁，故适用于底面定位。用几块支承板同时定位一个平面时，要求各支承板的定位工作面位于同一平面内，一般也是采用预留磨量、装配后再同时磨削的方法。

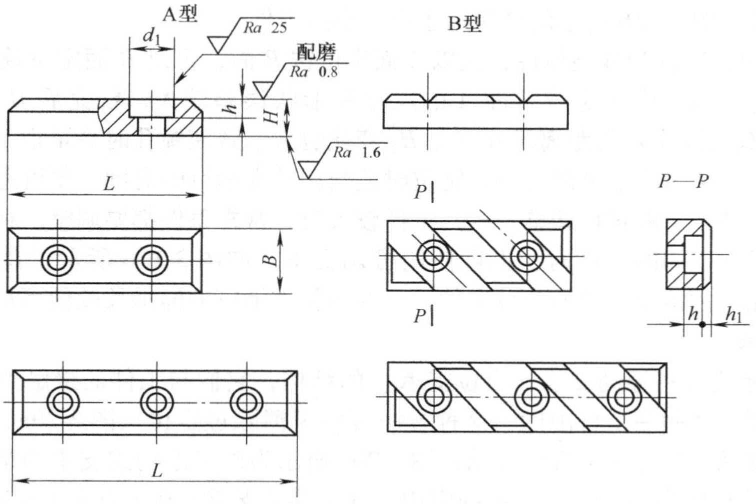

图 3-17　支承板

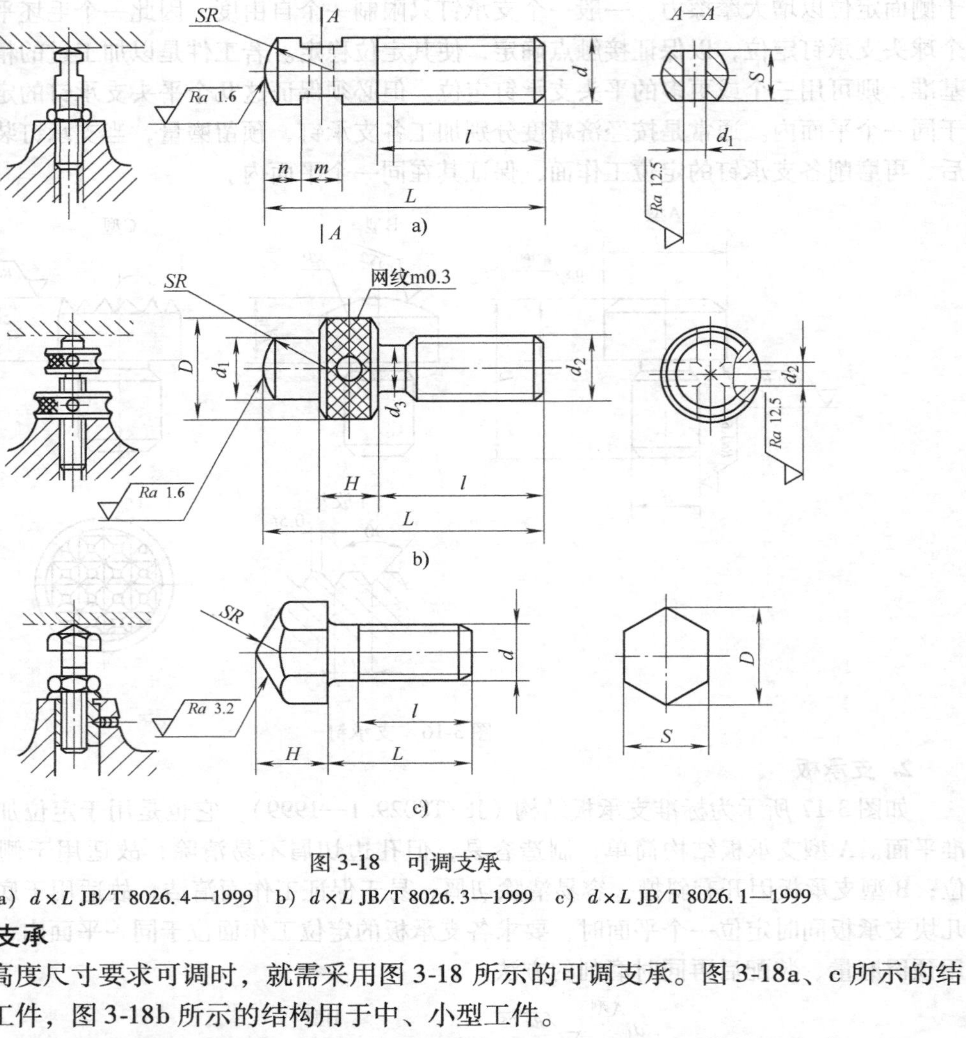

图 3-18　可调支承

a) $d \times L$ JB/T 8026.4—1999　b) $d \times L$ JB/T 8026.3—1999　c) $d \times L$ JB/T 8026.1—1999

3. 可调支承

支承的高度尺寸要求可调时，就需采用图 3-18 所示的可调支承。图 3-18a、c 所示的结构用于重型工件，图 3-18b 所示的结构用于中、小型工件。

在图 3-19 中，工件为砂型铸件，先以 *A* 面定位铣 *B* 面，再以 *B* 面定位镗双孔。铣 *B* 面时，若采用固定支承，由于定位基面 *A* 的尺寸和形状误差较大，铣完后 *B* 面与两毛坯孔（图 3-19a 中的双点画线）的距离尺寸 H_1、H_2 变化也大，致使镗孔时余量很不均匀，甚至余量不够。因此，图中采用了可调支承，定位时适当调整支承钉的高度，便可避免出现上述情况。对于小型工件，一般每批调整一次；工件较大时，常常每件都要调整。在可调夹具上加工形状相同而尺寸不同的工件时，也可使用可调支承。如图 3-19b 所示，在轴上钻径向孔时，对于孔至端面的距离不等的几种工件，只要调整支承钉的伸出长度便可加工。

4. 浮动支承

图 3-20 所示为几种浮动支承（自位支承）的结构，它们与工件的接触点虽然是两点或三点，但仍限制工件的一个自由度。这种方法可用于消除过定位。图 3-20a、b 所示分别为摆式和浮动式支承，均为一个方向浮动；图 3-20c 所示为球形浮动式支承的结构，可在两个方向上转动。图 3-21 所示为浮动支承的应用，其中浮动支承 1 在 y 方向上浮动，浮动支承 2 则在 x 方向上浮动，故实际限制工件的自由度为 $\vec{Z}$、$\widehat{X}$、$\widehat{Y}$。

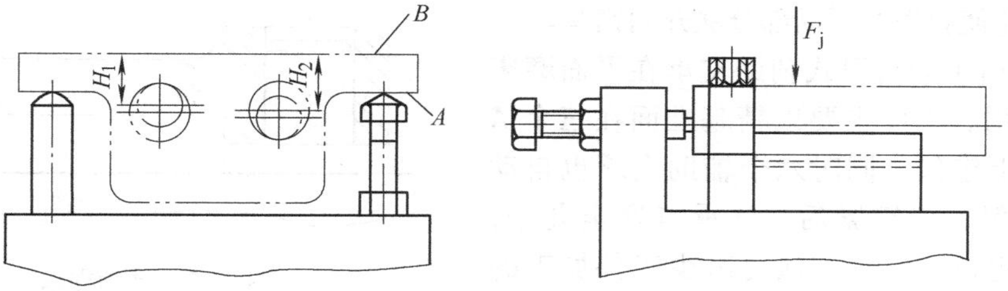

a)　　b)

图 3-19　可调支承的运用

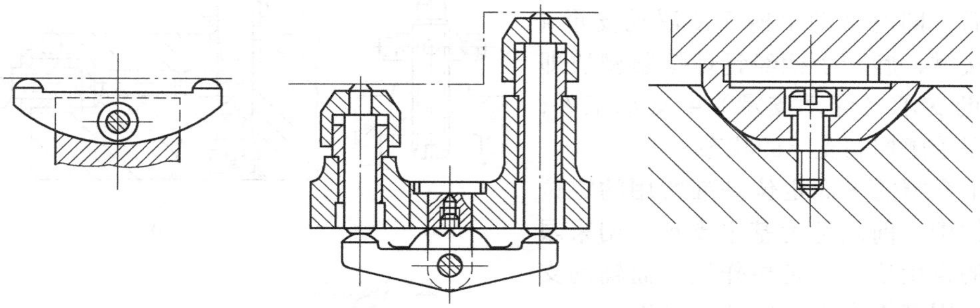

a)　　b)　　c)

图 3-20　浮动支承

5. 辅助支承

如图 3-22 所示，工件以内孔及端面定位，钻右端小孔。若右端不设置支承，工件装夹好后，右边类似于悬臂梁，刚性差。若在 A 处设置固定支承，则属于不可用重复定位，有可能破坏左边的定位。在这种情况下，宜在右边设置辅助支承。工件定位时，辅助支承是浮动的（或可调的），待工件夹紧后再固定下来，以承受切削力。

下面简单介绍生产实践中常见的典型辅助支承结构。

（1）螺旋式辅助支承　如图 3-23a 所示，螺旋式辅助支承的结构与可调支承相近，但操作过程不同，前者不起定位作用，后者起定位作用，且结构上螺旋式辅助支承不用螺母锁紧。

（2）自引式辅助支承（JB/T 8026.7—1999）　如图 3-23b 所示，弹簧 2 推动滑柱 1 与工件接触，转动手柄通过顶柱 3 锁紧滑柱 1，使其承受切削力等外力。此结构的弹簧弹力应能推动滑柱，但不能顶起工件，否则会破坏工件的定位。

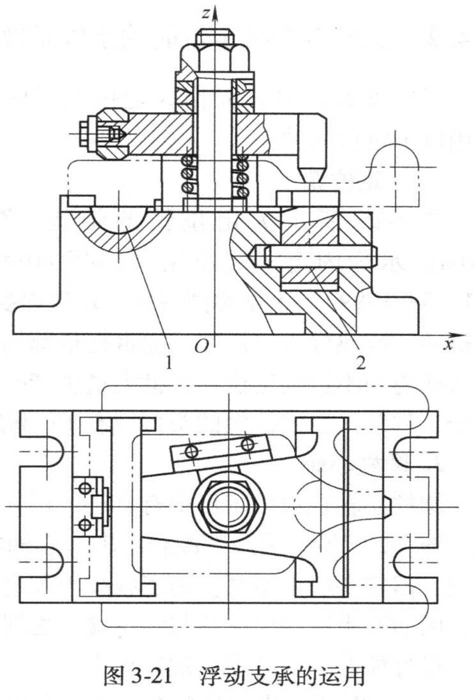

图 3-21　浮动支承的运用

1、2—浮动支承

（3）推引式辅助支承　如图 3-23c 所示，工件定位后，推动手轮 4 使滑销 5 与工件接触，然后转动手轮使斜楔6开槽部分涨开而锁紧。

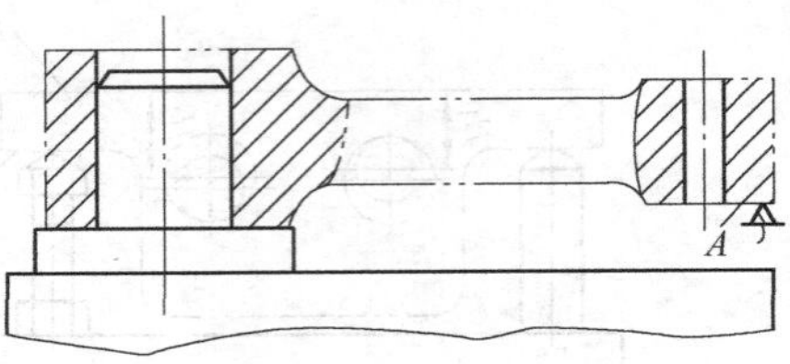

图 3-22　辅助支承

图 3-24 所示为自引式辅助支承在平面磨床夹具中的应用。工件主要以精基准面在三个A型支承钉2上定位，同时六个辅助支承也自动地与工件接触，待锁紧后，支承点增至九个，但不发生过定位。这种方法可减少工件加工的平面度误差。

图 3-25 所示为另一种手推式辅助支承，用于铣床中，三个支承钉2在工件周边定位后，即可推动手柄5使浮动支承4与工件接触，旋转手柄经钢球锁紧楔块即可使辅助支承（浮动支承）4支承工件，操作时以手感控制支承的状态。

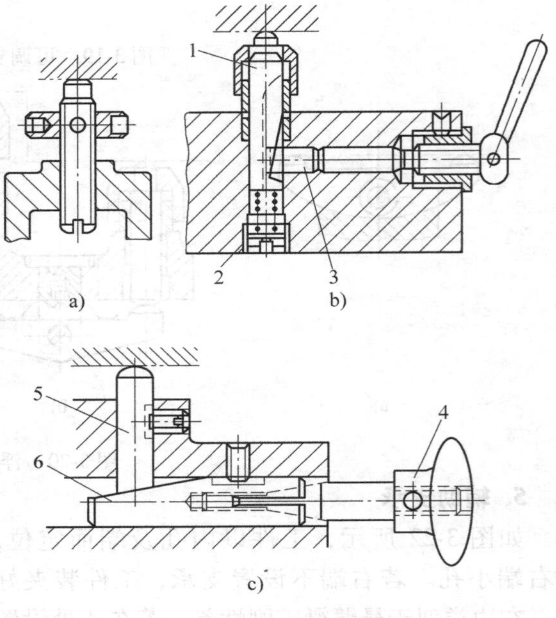

图 3-23　典型辅助支承结构

1—滑柱　2—弹簧　3—顶柱　4—手轮　5—滑销　6—斜楔

以上介绍的平面定位基准所用的定位支承元件中，前四种为基本支承，用来限制工件的自由度，起定位作用。而辅助支承仅仅是用来提高工件的装夹刚度和稳定性的，不限制工件的自由度，不起定位作用，在工件定位及夹紧后，才与工件接触。

3.4.2　工件以圆孔定位时的定位元件

工件以圆孔内表面作为定位基准时，常用以下定位元件：

1. 定位销

图 3-26 所示为定位销的结构。图 3-26a所示为固定式定位销（JB/T 8014.2—1999），图 3-26b 所示为可换定位销（JB/T 8014.3—1999）。A 型称圆柱销，B 型称菱形销。定位销直径 D 为 3 ~ 10mm 时，为避免使用中折断，或热处理时淬裂，通常把根部倒成圆角。夹具体上应有沉孔，使定位销的圆角部分沉入孔内而不影响定位。大批大量生产时，为了便于定位销的更换，应采用可换定位销。为便于工件装入，定位销的头部应有 15°倒角。定位销的有关参数可查相关夹具标准或手册。

2. 圆柱心轴

圆柱心轴在很多工厂中有自己的厂标，图 3-27 所示为常用圆柱心轴的结构形式。

图 3-27a 所示为间隙配合心轴。心轴的限位基面一般按 h6、g6 或 f7 制造，其装卸工件方便，但定心精度不高。为了减少因配合间隙而造成的工件倾斜，工件常以孔和端面联合定位，因而要求工件定位孔与定位端面之间、心轴限位圆柱面与限位端面之间都有较高的垂直度，最好能在一次装夹中加工出来。

图 3-27b 所示为过盈配合心轴，由引导部分1、工作部分2、传动部分3组成。引导部分的作用是使工件迅速而准确地套入心轴，其直径 d_3 按 e8 制造，d_3 的基本尺寸等于工件的最小极限尺寸，其长度约为工件定位长度的一半。工作部分的直径按 r6 制造，其基本尺寸

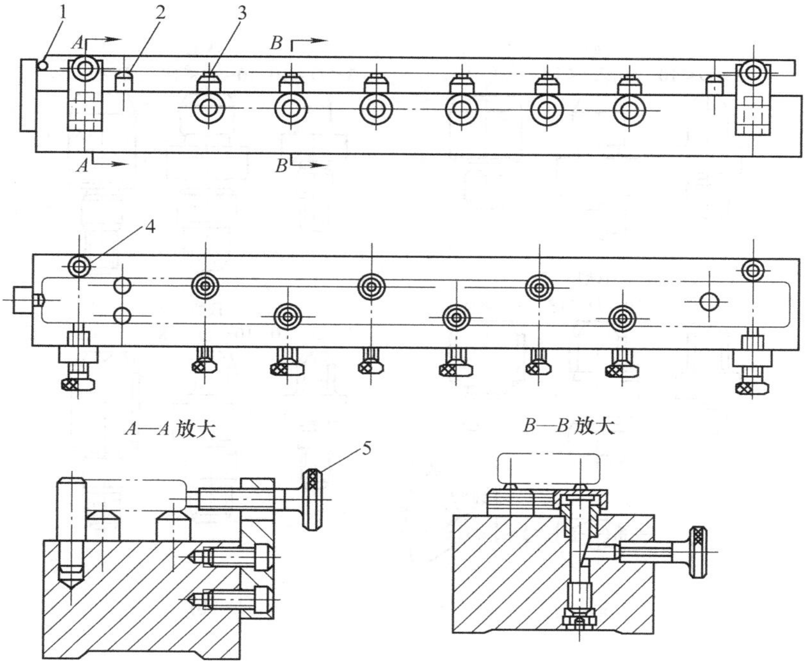

图 3-24 自引式辅助支承在平面磨床夹具中的应用

1—B 型支承钉 2—A 型支承钉 3—自引式辅助支承 4—挡销 5—螺钉

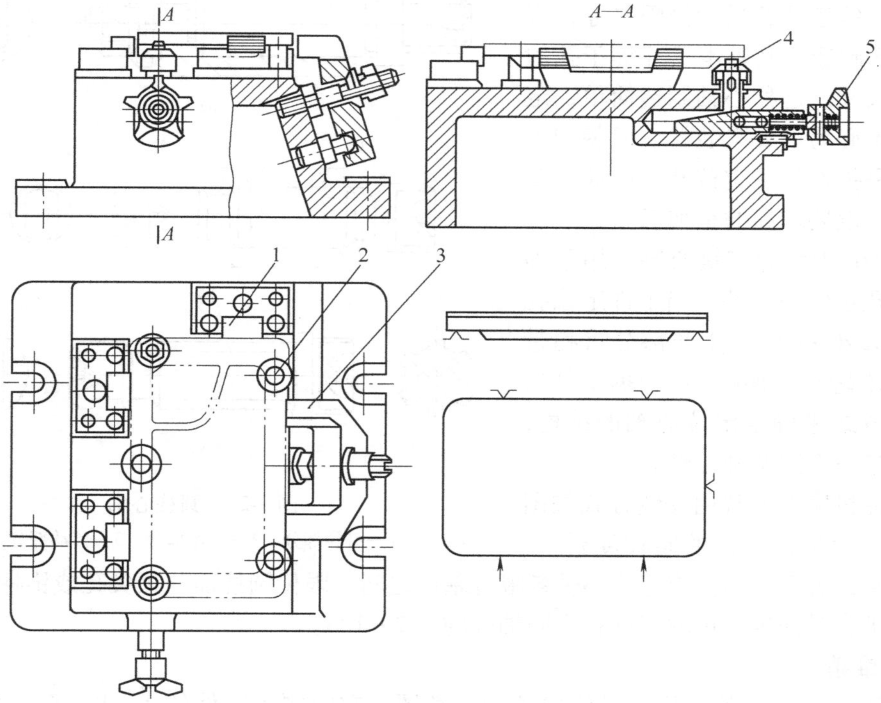

图 3-25 手推式辅助支承

1—支承 2—支承钉 3—压板 4—浮动支承 5—手柄

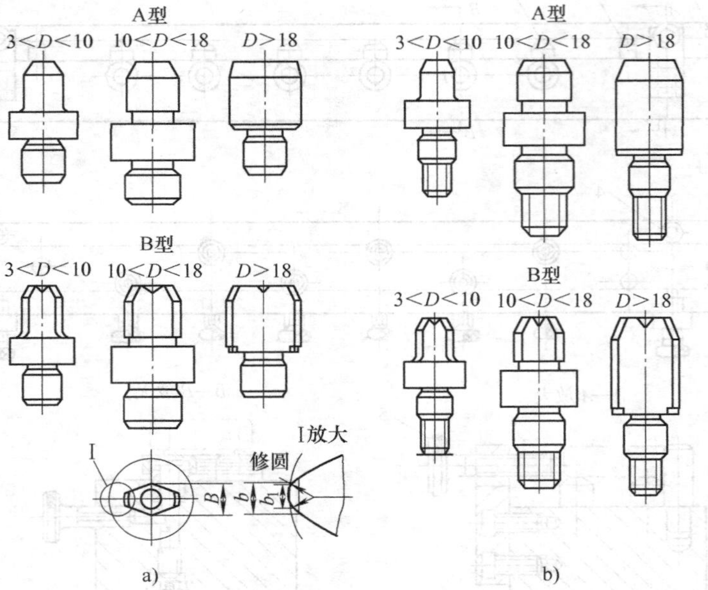

图 3-26　定位销

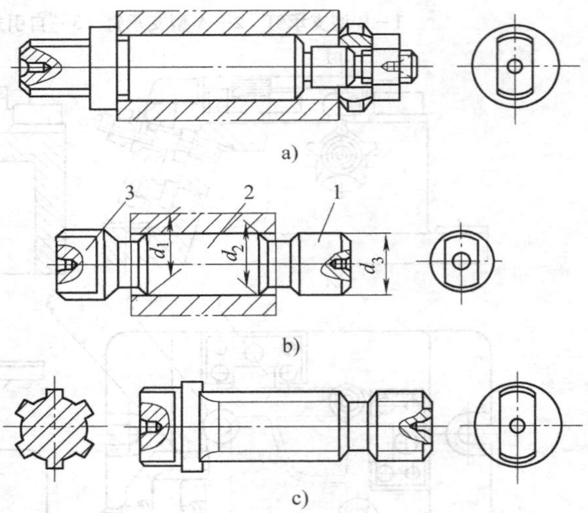

图 3-27　圆柱心轴
1—引导部分　2—工作部分　3—传动部分

应稍带锥度。这时，直径 d_1 按 r6 制造，其基本尺寸等于孔的最大极限尺寸；直径 d_2 按 h6 制造，其基本尺寸等于孔的最小极限尺寸。这种心轴制造简单，定心准确，不必另设夹紧装置，但装卸工件不便，易损伤工件定位孔，因此，多用于定心精度要求高的精加工。

图 3-27c 所示为花键心轴，用于加工以花键孔定位的元件。当工件定位孔的长径比 $L/d>1$ 时，工作部分可稍带锥度。设计花键心轴时，应根据工件的不同定心方式来确定定位心轴的结构，其配合可参考上述两种心轴。

心轴在机床上的常用安装方式如图 3-28 所示。为保证工件的同轴度要求，设计心轴时，夹具总图上应标注心轴各限位基面之间、限位圆柱面与顶尖孔或锥柄之间的位置精度要求，其同轴度可取工件相应同轴度的 1/2～1/3。

3. 圆锥销

图 3-29 所示为工件利用圆锥销定位的示意图，它限制了工件的 $\vec{X}$、$\vec{Y}$、$\vec{Z}$ 三个自由度。图 3-29a 所示用于粗定位基面，图 3-29b 所示用于精定位基面。工件在单个圆锥销上定位容易倾斜，为此，圆锥销一般与其他定位元件组合定位，如图 3-30 所示。图 3-30a 所示为圆锥

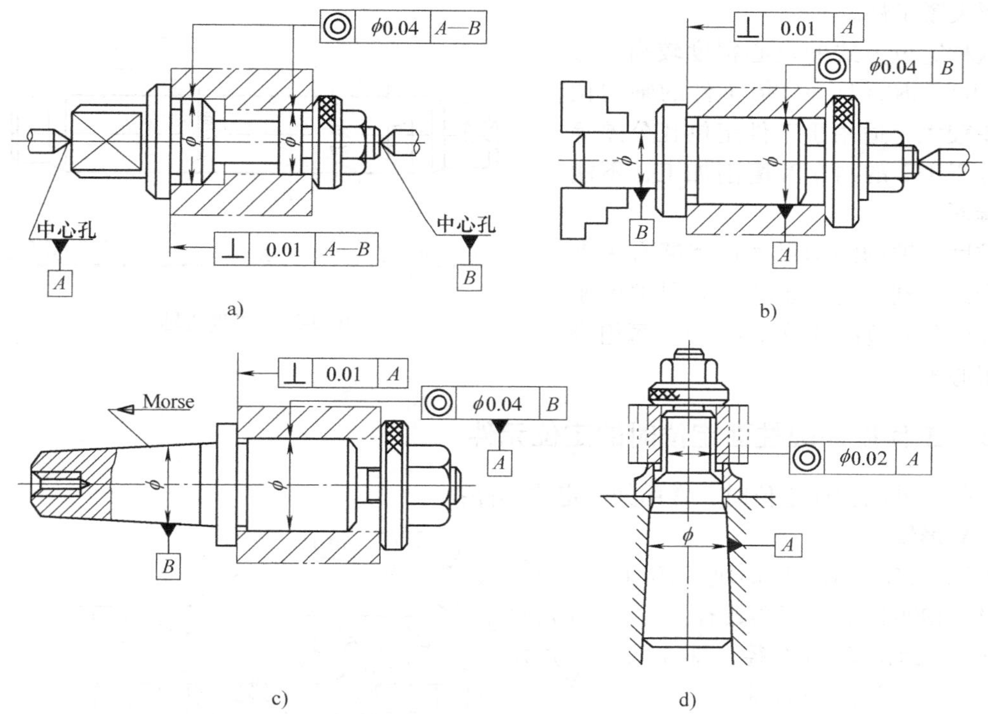

图 3-28　心轴安装方式

-圆柱组合心轴，锥度部分使工件准确定心，圆柱部分可减少工件倾斜。图 3-30b 所示以工件底面作主要定位基面，采用活动圆锥销，只限制 $\vec{X}$、$\vec{Y}$ 两个自由度，即使工件的孔径变化较大，也能准确定位。图 3-30c 为工件在双圆锥销上定位，左端固定锥销限制 $\vec{X}$、$\vec{Y}$、$\vec{Z}$ 三个自由度，右端为活动锥销，限制 $\widehat{Y}$、$\widehat{Z}$ 两个自由度。以上三种定位方式均限制工件五个自由度。

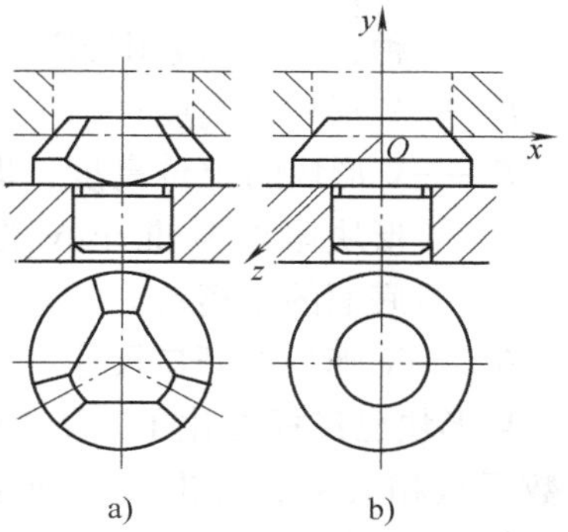

图 3-29　圆锥销定位示意图

4. 锥度心轴

如图 3-31 所示，工件在锥度心轴（JB/T 10116—1999）上定位，并靠工件定位圆孔与心轴限位圆柱面的弹

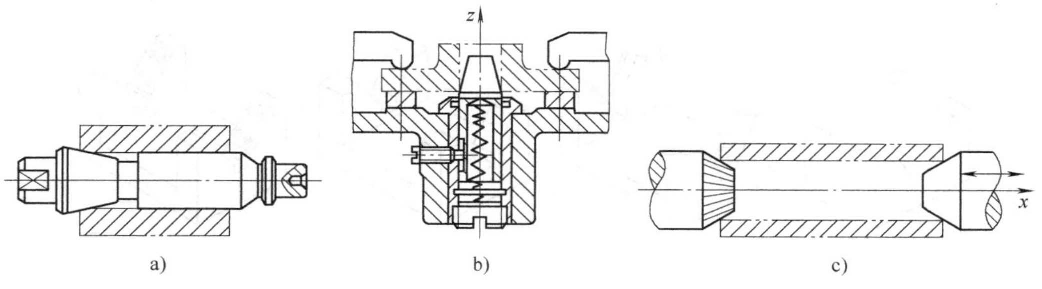

图 3-30　圆锥销与其他定位元件组合定位应用示例

性变形夹紧工件。

这种定位方式的定心精度较高，可达 $\phi0.02\sim\phi0.01$mm，但工件的轴向位移误差较大，适用于工件定位孔公差等级不低于 IT7 的精车和磨削加工，不能加工端面。

锥度心轴的结构尺寸可查阅有关夹具标准或手册。为保证心轴有足够的刚度，孔的公差范围分成 2～3 组，每组设计一根心轴。

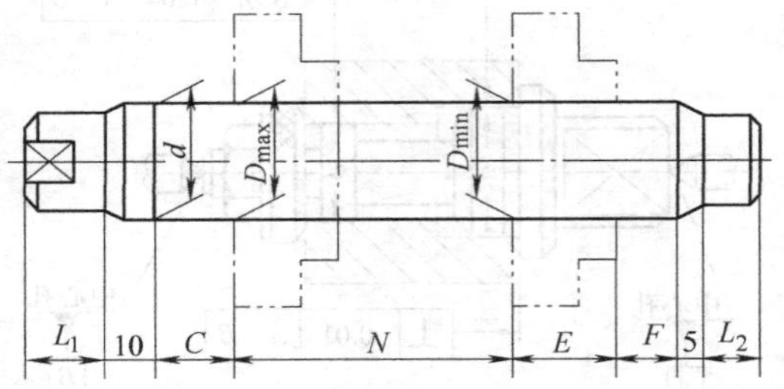

图 3-31　锥度心轴

3.4.3　工件以外圆柱面定位时的定位元件

工件以外圆柱面定位时，常用如下定位元件：

1. V 形块

如图 3-32 所示，V 形块（JB/T 8018.1—1999）的主要参数有：

D——标准心轴直径，即工件定位用外圆直径；

α——V 形块两限位基准间夹角，有 60°、90°、120°三种，以 90°应用最广；

H——V 形块的高度；

T——V 形块的定位高度，即 V 形块限位基准至 V 形块底面的距离；

N——V 形块的开口尺寸。

V 形块已经标准化了。H、N 等参数可从相关夹具标准或手册中查得，但 T 必须计算。

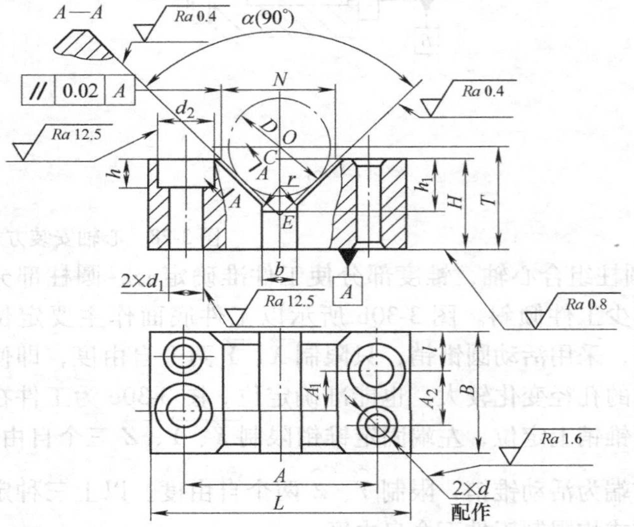

图 3-32　V 形块

图 3-33 为常用 V 形块的结构。图 3-33a 用于较短的精定位基面；图 3-33b 用于粗定位基

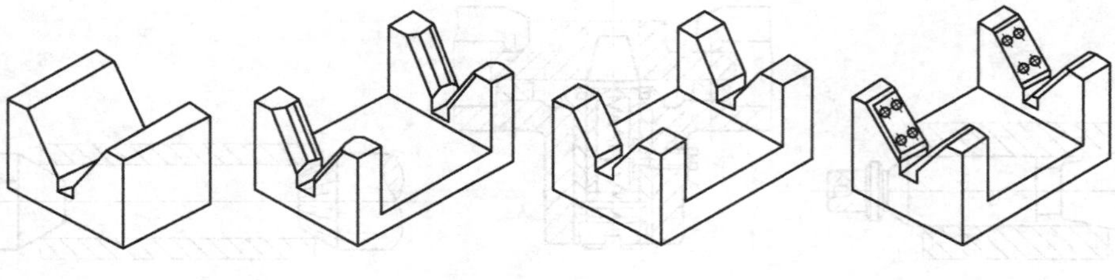

图 3-33　常用 V 形块的结构

面和阶梯定位面；图 3-33c 用于较长的精定位基面和相距较远的两个定位面。V 形块不一定采用整体结构钢件，可在铸铁底座上镶淬硬支承板或硬质合金板，如图 3-33d 所示。

V 形块有活动 V 形块（JB/T8018.4—1999）、固定 V 形块（JB/T8018.2—1999）和调整 V 形块（JB/T8018.3—1999）三种。活动 V 形块的应用如图 3-34 所示。图 3-34a 为加工轴承座孔时的定位方式，活动 V 形块除限制工件一个自由度之外，还兼有夹紧作用。图 3-34b 中的 V 形块只起定位作用，限制工件一个自由度。

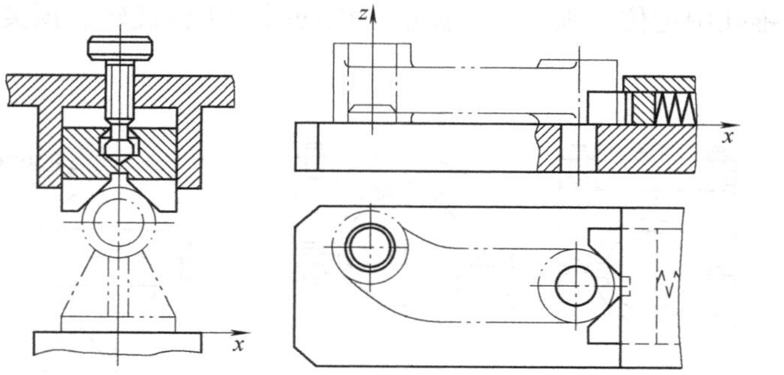

a)　b)

图 3-34　活动 V 形块的应用

固定 V 形块与夹具体的联接，一般采用两个定位销和 2 ~ 4 个螺钉，定位销孔是在装配时调整好位置后与夹具体通过钻、铰加工配作的，然后打入定位销。

V 形块既能用于精定位基面，又能用于粗定位基面；既能用于完整的圆柱面，也能用于局部圆柱面；另外还具有对中性（使工件的定位基准总处在 V 形块两限位基面的对称面内）；活动 V 形块还可以兼作夹紧元件。因此，当工件以外圆柱面定位时，V 形块是应用最多的定位元件。

2. 定位套

图 3-35 所示为几种常用的定位套。其内孔轴线是限位基准，内孔面是限位基面。为了限制工件沿轴向的自由度，常与端面联合定位。用端面作为主要限位面时，应控制套的长度，以免夹紧时工件产生不允许的变形。

定位套结构简单，容易制造，但定心精度不高。实际生产中定位套应用不多，主要是用于形状较简单的小型轴类零件的定位。

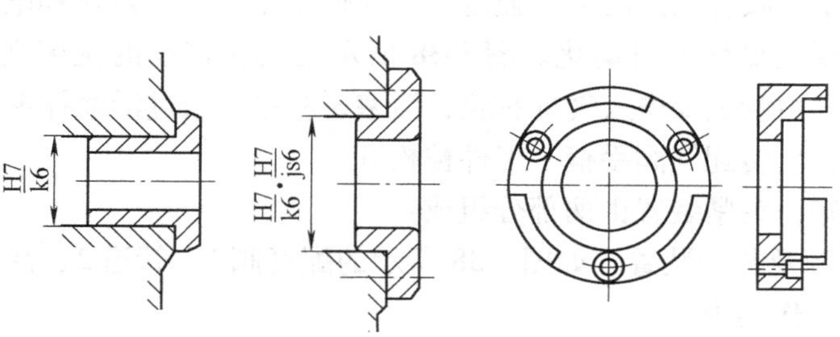

a)　b)　c)

图 3-35　定位套

3. 半圆套

如图 3-36 所示，下面的半圆套是定位元件，上面的半圆套起夹紧作用。这种定位方式主要用于大型轴类零件及不便于轴向装夹的零件。定位基面的公差等级不低于 IT8 ~ IT9，半圆套的最小内径应取工件定位基面的最大直径。

4. 外拨顶尖

图 3-37 为通用的外拨顶尖（JB/T 10117.3—1999）。工件以圆柱面的端部在外拨顶尖的锥孔中定位，锥孔中有齿纹，以便带动工件旋转。顶尖体的锥柄部分插入机床主轴孔中。

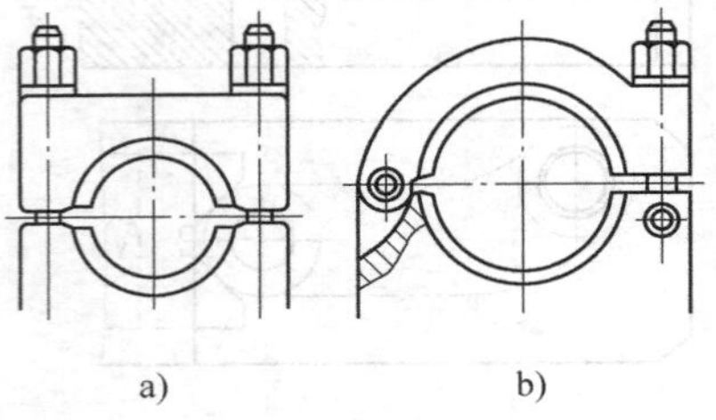

图 3-36　半圆套

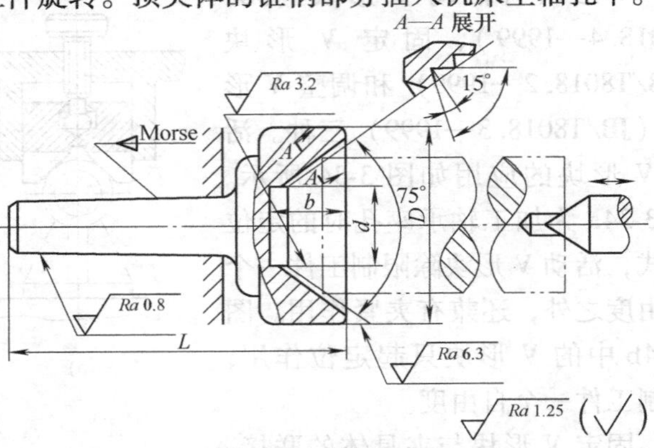

图 3-37　外拨顶尖

3.5　工件在夹具中的夹紧

在机械加工中，工件的定位和夹紧是两个密切联系的工作过程，在装夹工件时，先把工件放置在夹具的定位元件上，使它获得正确位置，然后采用一定的机构将它压紧夹牢，以保证在加工过程中不会由于切削力、离心力、惯性力、重力等作用而产生位置的改变，这种将工件压紧夹牢的机构，称为夹紧装置。

3.5.1　夹紧装置的组成及基本要求

1. 夹紧装置的组成

夹紧装置的结构形式是多种多样的，夹具结构的复杂程度主要取决于夹紧装置。在生产中，为了提高生产率和减轻工人的劳动强度，广泛使用了气压、液压和电力等传动装置，使夹紧工件的过程实现机械化或自动化。图 3-38 所示为气压传动的铣床夹具。转动配气阀 1 的手柄，使压缩空气由管道 2 进入气缸右腔，活塞 3 左移，通过活塞杆 4 推动单铰链压板 5，使压板 6 夹紧工件，反转配气阀手柄，工件被松开。

由以上分析可知，夹紧装置由两部分组成：

（1）夹具的力源及传动装置　如图 3-38 所示的配气阀 1、管道 2、活塞 3、活塞杆 4 等，其作用是产生力源（作用力）。

（2）夹紧机构　夹紧机构由中间递力机构和夹紧元件组成。它的作用是传递作用力使之变为夹紧力并执行夹紧任务。如图 3-38 所示的单铰链压板 5、压板 6 等，均为夹紧机构。在递力过程中，根据夹紧的需要，它可以起到如下作用：

1）改变作用力的方向。如图 3-38 所示，活塞杆产生的水平方向作用力，通过夹紧机构传到工件变为垂直夹紧力。

2）改变作用力的大小。一般利用斜面原理、杠杆原理改变作用力的大小（通常是增力）。如图 3-38 中使用的杠杆铰链式增力机构，可增大夹紧力。

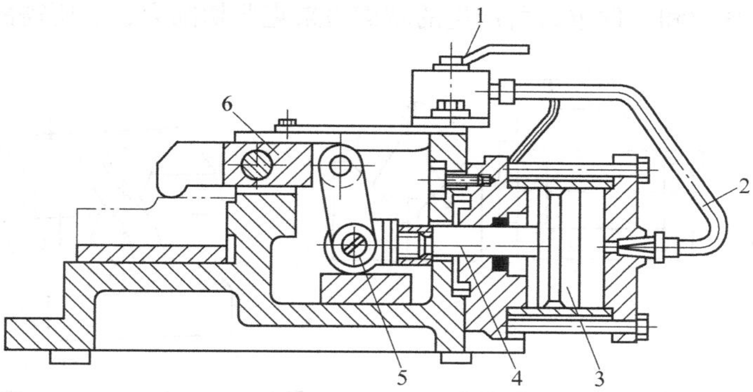

图 3-38　气压传动的铣床夹具

1—配气阀　2—管道　3—活塞　4—活塞杆　5—单铰链压板　6—压板

3）自锁作用。使工件在力源消失之后，仍能得到可靠的夹紧。

显然，并非所有夹紧装置都由上述几部分组成，如手动夹紧，力源是人力，没有传动装置，有些简单的夹紧机构则没有中间机构等。

2. 对夹紧装置的基本要求

设计夹紧装置时，应满足如下基本要求：

1）夹紧过程中，不改变工件定位后所占据的正确位置。

2）夹紧力的大小要适当，既要保证工件在整个加工过程中其位置稳定不变，振动小，又要使工件不产生过大的夹紧变形。

3）工艺性好，夹紧装置的结构力求简单，便于制造、调整和维修。

4）使用性好，夹紧装置的操作应当方便、安全、省力。

3.5.2　设计夹紧装置时的基本问题

设计夹紧装置，要合理地确定夹紧力的方向、作用点的数量和位置、作用力的大小和夹紧行程等。

1. 夹紧力方向的确定准则

（1）夹紧力应朝向主要定位基准　主要定位基准的面积较大，消除的自由度较多，容易保持装夹稳固，从而有利于保证工序精度要求。

如图 3-39a 所示，被加工孔与车端面有垂直度要求，因此，夹紧力 F_j 朝向主要定位基准 A。这样做有利于保证孔与左端面的垂直度要求。如果夹紧力改朝 B 面，由于工件的左端面与底面的夹角有误差，夹紧时将破坏工件的定位，不能保证孔与左端面的垂直度。又如图 3-39b 所示，夹紧力 F_j 朝向 V 形块，使工件的装夹稳定可靠。如 F_j 改朝 B 面，由于工件的轴线与端面有垂直度误差，夹紧时工件定位表面可能离开 V 形块的工作面。这不仅破坏了定位，还影响了键槽底面与轴线的平行度要求。

（2）夹紧力的方向应尽量与切削力、工件重力同向　如图 3-40 所示，夹紧力 F_j 与切削力 F、工件重力 W 三者方向一致，这时所需夹紧力最小。在大型工件上钻小孔时，由于工件重力所产生的的摩擦转矩比钻孔时的钻削转矩大得多，因此可以不施加夹紧力。

生产中还经常碰到如图 3-41 所示的情况。夹紧力与切削力、工件重力三者方向相互垂直，这时须依靠夹紧力和工件重力所产生的摩擦力来克服切削力，故所需的夹紧力较大。

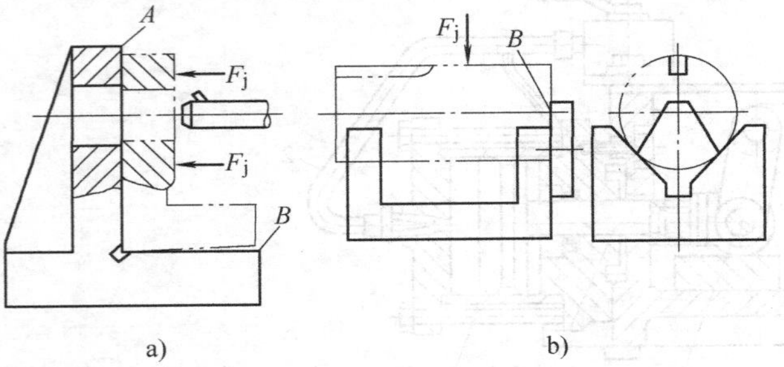

图 3-39　夹紧力应朝向主要定位基准

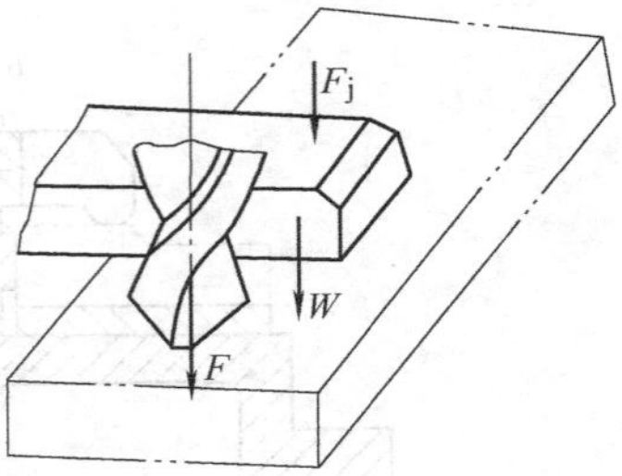

图 3-40　夹紧力的方向与切削力、工件重力同向

有时还遇到夹紧力与切削力、工件重力方向相反的情况，如图 3-42 所示，由于工件的结构及加工要求所限制，只能采用这种装夹方法，这时所需的夹紧力必须大于切削力和工件重力之和，才能防止工件在加工时离开定位元件或产生振动。

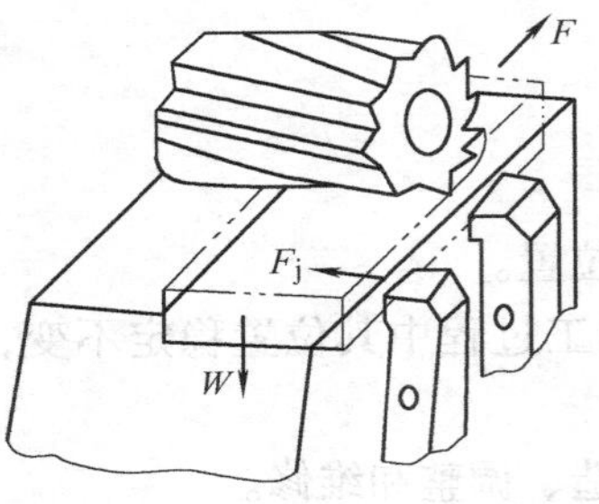

图 3-41　夹紧力与切削力、工件重力垂直

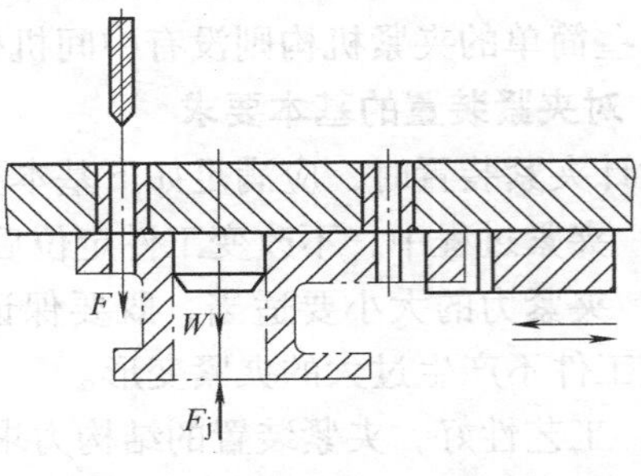

图 3-42　夹紧力与切削力、工件重力方向相反

（3）夹紧力指向应有利于增强夹紧刚性　在夹紧系统中，工件常是系统中的薄弱环节，因此夹紧力对工件的指向，对整个夹紧系统影响重大。如图 3-43a 所示，若径向夹紧，则工件变形很大；若采用图 3-43b 所示的方式，以轴向夹紧代替径向夹紧，则可避免工件的变形。

2. 夹紧力作用点的确定准则

（1）夹紧力作用点应落在工件刚性较好的部位　正确确定作用点不仅能增强系统刚性，而且可将工件产生的夹紧变形降至最小。图 3-44a、b 所示为工件产生较大变形的错误方案。

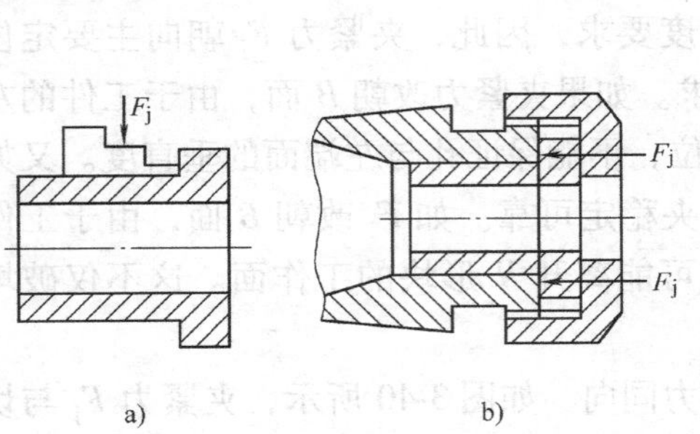

图 3-43　夹紧方式的运用

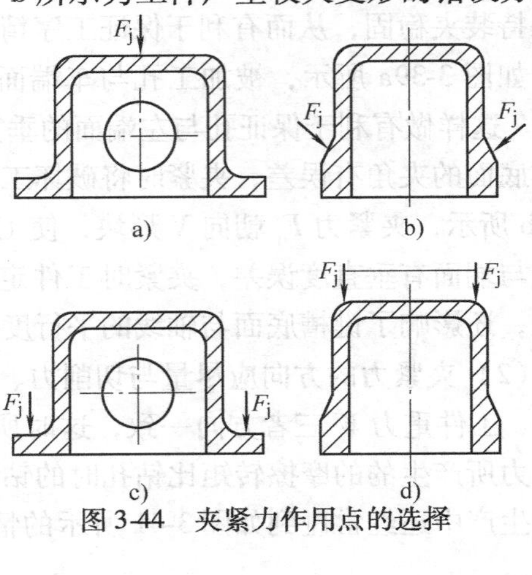

图 3-44　夹紧力作用点的选择

（2）作用点要尽量靠近被加工部位　作用点要尽量靠近被加工部位（见图 3-45a），使工件在加工过程中不易产生位移、振动及变形。当作用点只能远离切削部位造成刚性不足时，则可在接近加工部位设置辅助支承，如图 3-45b 所示，或再加上辅助夹紧力 F_j'，以防加工时发生振动，影响加工质量。

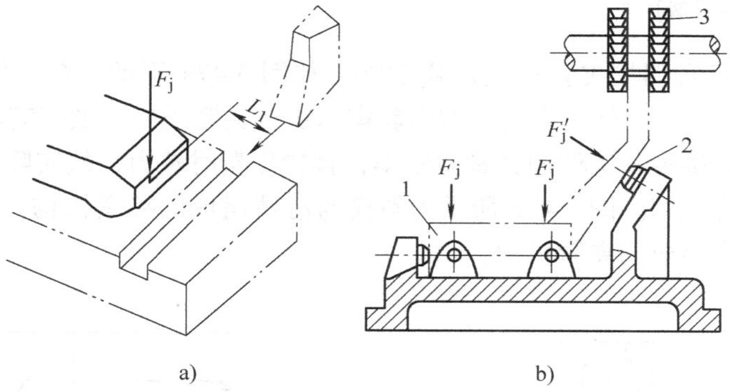

图 3-45　夹紧力的作用点要尽量靠近被加工部位

1—工件　2—辅助支承　3—铣刀

（3）夹紧力的作用点应落在定位元件的支承范围内　如图 3-46 所示，夹紧力的作用点落在了定位元件的支承范围外，夹紧时破坏了工件的定位，因而是错误的。

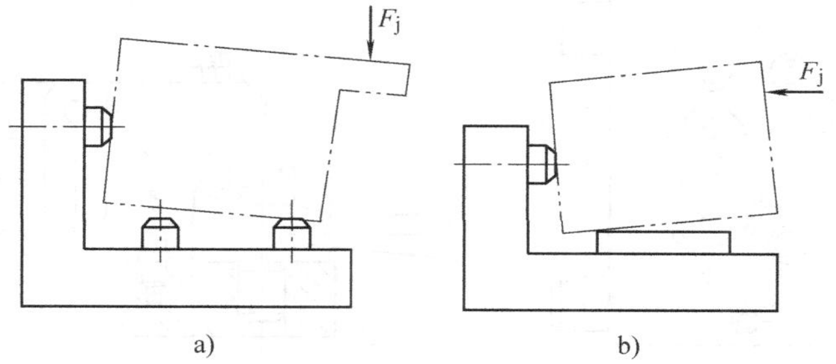

图 3-46　夹紧力的作用点落在了定位元件的支承范围外

3. 夹紧力大小的计算

加工过程中，工件受到切削力、离心力、惯性力及重力的作用，从理论上讲夹紧力应与上述各力（矩）平衡。实际上，夹紧力的大小还与工艺系统的刚性、夹紧机构的递力效率有关，而且切削力的大小在加工过程中是变化的，因此，夹紧力的计算是个很复杂的问题，只能进行粗略的估算。

设计工作中，一般不采用计算方法来确定夹紧力的大小，这是因为在切削过程中加工余量、工件硬度、刀具的使用和磨损等因素是变化的，切削力很难计算准确。因此对于手动夹紧装置，常根据经验或用类比的方法确定夹紧力。若需要比较准确地确定夹紧力的数值，如设计气压、液压传动装置的多件夹紧装置，或夹紧容易变形的工件时，则多采用切削力测力仪进行实测或进行实验等方法，确定切削力的大小后，再估算所需夹紧力的数值。

3.6 基本夹紧机构

基本夹紧机构是指夹具中最常用的斜楔、螺旋、偏心机构以及由它们组成的夹紧机构。

3.6.1 斜楔夹紧机构

图3-47所示为几种斜楔夹紧机构应用实例。如图3-47a所示，在工件上钻互相垂直的 ϕ8mm 和 ϕ5mm 两组孔，工件装入后，敲击斜楔木头，夹紧工件。加工完毕，敲击小头松开工件，由于用斜楔直接夹紧工件的夹紧力较小，且操作费时费力，故实际生产中多数情况将斜楔与其他机构联合使用。图3-47b所示为斜楔与滑柱组成的夹紧机构。图3-47c所示为由端面斜楔与压板组合而成的夹紧机构。

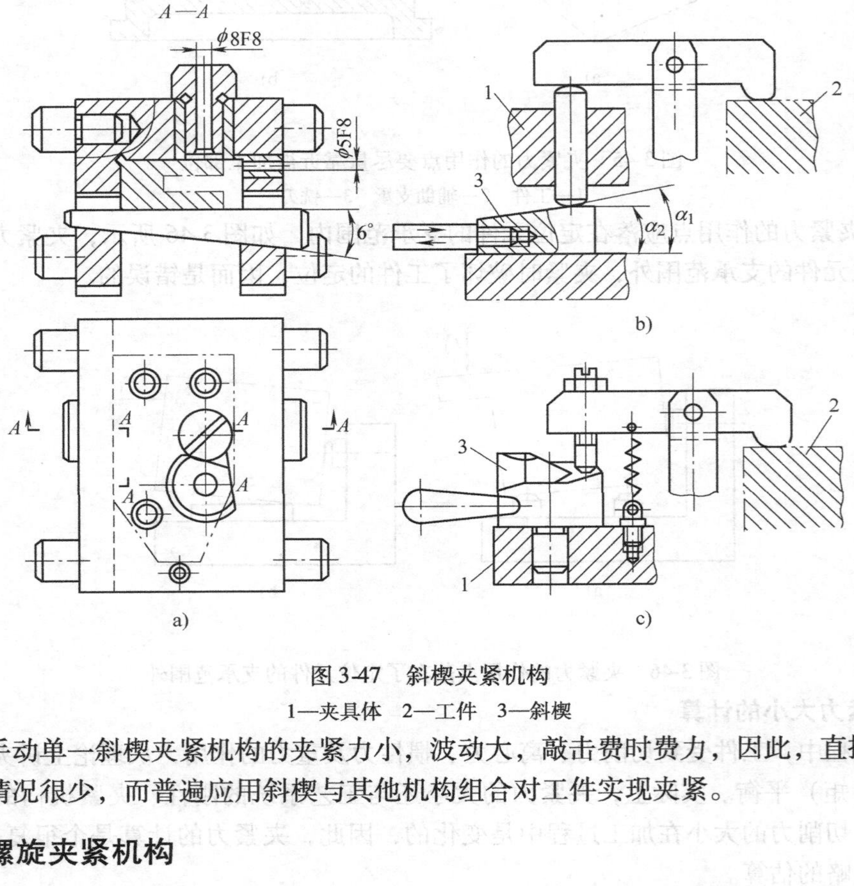

图3-47　斜楔夹紧机构
1—夹具体　2—工件　3—斜楔

由于手动单一斜楔夹紧机构的夹紧力小，波动大，敲击费时费力，因此，直接用斜楔夹紧工件的情况很少，而普遍应用斜楔与其他机构组合对工件实现夹紧。

3.6.2 螺旋夹紧机构

螺旋夹紧机构是指用螺钉、螺母、垫圈、压板等元件组成的夹紧机构。

螺旋夹紧机构结构简单，夹紧可靠，通用性强，自锁性好，夹紧力和夹紧行程较大，故在夹具中得到广泛的应用。

1. 单个螺旋夹紧机构

如图3-48所示，直接用螺钉、螺母夹紧工件的机构，称为单个螺旋夹紧机构。在图3-

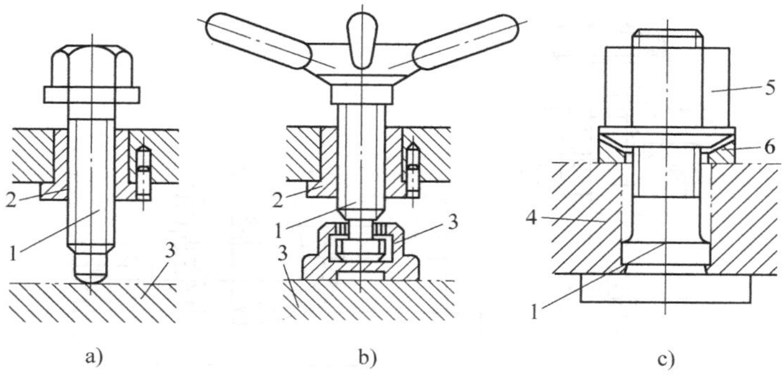

图 3-48　单个螺旋夹紧机构

1—螺钉　2—螺母套　3—摆动压块　4—工件　5—球面带肩螺母　6—球面垫圈

48a 中，用螺钉头部直接夹紧工件，容易损伤受压表面，在旋紧螺钉时易引起工件转动，因此常在螺钉头部装上可以摆动的压块（见图 3-48b），以防止发生上述现象。图 3-48c 所示为用 JB/T 8004. 2—1999 球面带肩螺母夹紧的结构。球面带肩螺母 5 和工件 4 之间加球面垫圈 6，可使工件受到均匀的夹紧力并避免螺杆弯曲。

标准压块的结构有两种，如图 3-49 所示。图 3-49a 为光面压块，用于夹紧已加工表面；图 3-49b 为槽面压块，用于夹紧毛坯的粗糙表面；图 3-49c 所示为特殊设计的摆动压块。

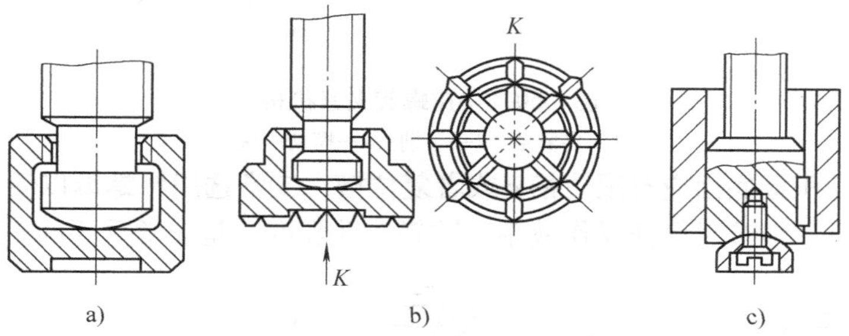

图 3-49　标准压块的结构

2. 快速螺旋夹紧机构

为了克服螺旋夹紧动作慢、耗时多等缺点，可设计各种能快速操作的螺旋夹紧机构。图 3-50a 所示为带滚花螺母的螺旋夹紧机构。借助摩擦带动螺钉钩头压板退出（与限位块 C 面相靠）或进入（与 B 面相靠），实现工件的装卸。图 3-50b 所示为螺旋与移动压板组成的夹紧机构，实现工件的内部夹紧，松开后，压板推向左，即可装卸工件。在图 3-50c 中使用了开口垫圈。图 3-50d 所示为枪栓式快夹机构，螺杆上的直槽可以快速推近终夹位置，然后转动手柄，夹紧工件并自锁。

3. 组合式螺旋夹紧机构（见图 3-51）

螺旋夹紧机构常与各种压板构成组合式夹紧机构。该机构便于调整夹紧力的大小、指向、作用点及夹紧行程，使夹紧系统和整个夹具得到合理、灵活的布局，实现工件的快速装卸，因此得到广泛的应用。螺旋压板机构应用较为普遍，设计时应注意如下问题：①支柱 1 和螺柱 2 的高度必须可以调节；②压板与螺母间应安放球面垫圈 3，以免因压板的位置变化造成夹紧系统变形而影响加工质量、夹具的正常使用寿命；③设置复位弹簧 4，使压板在松

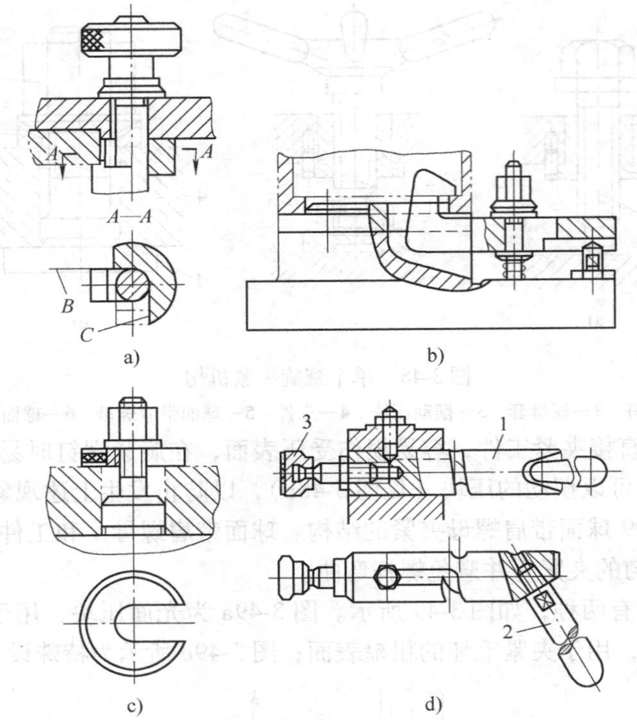

图 3-50　快速螺旋夹紧机构

1—夹紧轴　2—手柄　3—摆动压块

夹时自行抬起；④压板底面应有限位槽 c 或者复位槽；⑤常选用厚螺母以便安全迅速地使用扳手夹紧。以上设计细节对保证操作效率、减轻劳动强度，是非常重要的。

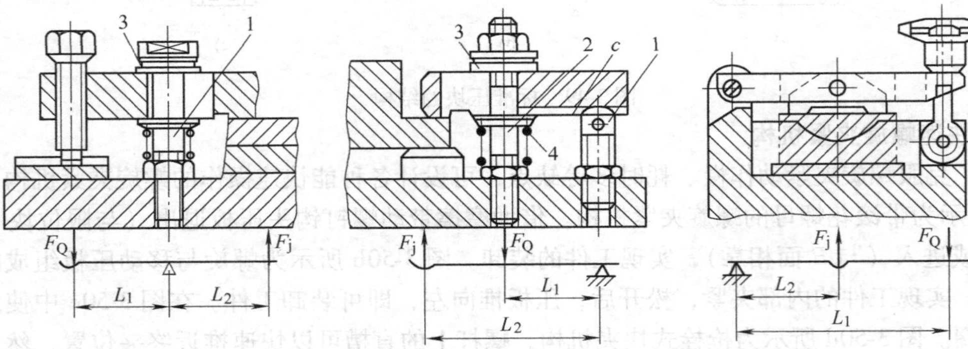

图 3-51　组合式螺旋夹紧机构

1—支柱　2—螺柱　3—球面垫圈　4—弹簧

4. 钩形压板夹紧机构

当夹具上安装夹紧机构的位置受到限制，不能采用上述各种压板时，可以采用钩形压板夹紧机构，如图 3-52 所示。该机构的特点是结构紧凑，使用方便。

5. 螺旋压板夹紧单元

能起夹紧功能的独立结构单元称为夹紧单元。夹紧单元具有通用性和组合性，因而能与不同的夹具或各种独立部件（如通用动力部件等）组合使用，或直接装在机床工作台上，对工件实施夹紧，以减少夹具的设计、制造周期及成本。图3-53所示为螺旋压板夹紧单元的部分实例。图3-53a所示为在工件的垂直毛面上施力夹紧的夹紧单元，因着力点 m 比铰链中心（即压板回转中心）高出 e 值，故能对工件施加双向夹紧力。图3-53b所示的夹紧单元，压板可以正、反作用，并且支点的高度也可调节，因而能获得相当大的夹紧范围。图3-53c所示为万能自调式夹紧压板，无须调节，就可对夹紧尺寸在100mm以内的工件进行夹压。

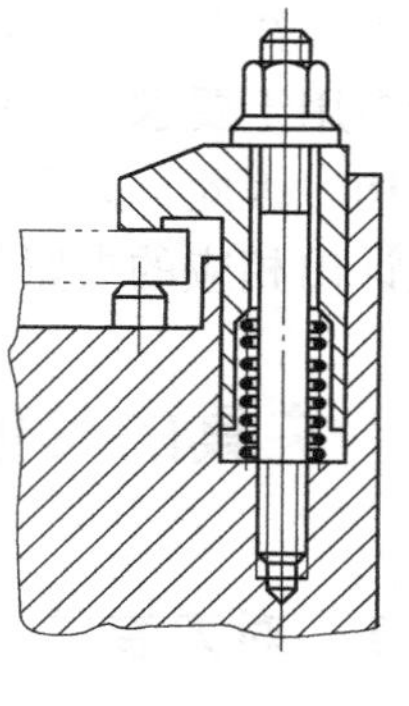

图3-52　钩形压板夹紧机构

以上三种夹紧单元都通过联接元件端部的T形结构（如T形螺钉2、T形螺母3）与组合件上的T形槽相结合，调节位置和紧固。

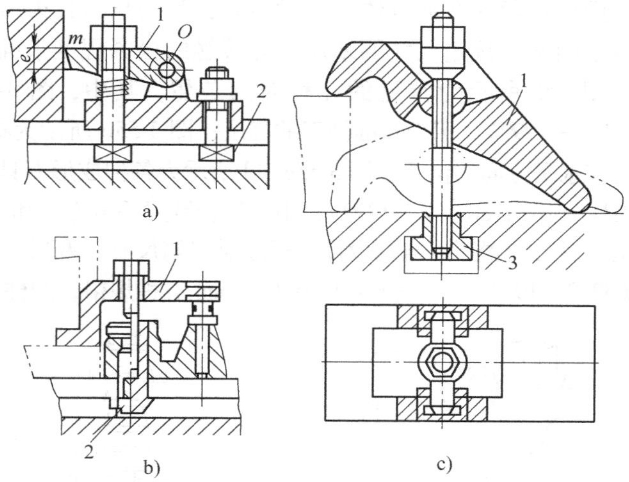

图3-53　螺旋压板夹紧单元
1—压板　2—T形螺钉　3—T形螺母

3.6.3　偏心夹紧机构

偏心夹紧机构是指用偏心元件或与其他元件组合，对工件实施夹紧的机构。图3-54所示为偏心轮组合夹紧机构实例。

偏心元件有圆偏心和曲线偏心两种，圆偏心是回转中心与几何中心不相重合的圆盘或轴，因制造容易，在夹具中应用较多。圆偏心夹紧机构简单，夹紧动作迅速，使用方便。但增力比和夹紧行程都较小，结构不耐振，自锁的可靠性差，只适用于所需夹紧行程及切削负荷小且平稳、工件不大的手动夹紧夹具中，如钻床夹具。

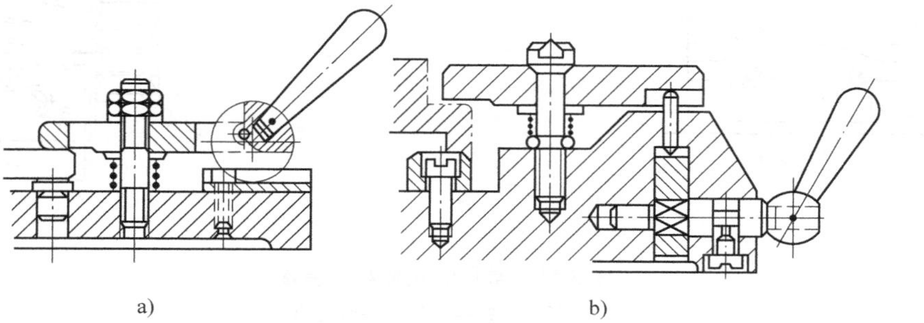

图3-54　偏心轮组合夹紧机构

上述三种基本夹紧机构都利用斜面原理增力。螺旋夹紧机构增力系统最大，在同值的原始作用力 F_Q 和正常尺寸比例情况下，其增力比 $i=75$，比圆偏心夹紧机构大6~7倍，比斜楔夹紧机构大20倍。在使用性能方面，螺旋夹紧机构不受夹紧行程的限制，夹紧可靠，但夹紧工件费时。圆偏心夹紧则相反，夹紧迅速但夹紧行程小，自锁性能差。这两种夹紧方式一般多用于要求自锁的手动夹紧机构。斜楔夹紧则很少单独使用，常与其他元件组合成为增力机构。因此，只有很好地掌握这些基本夹紧机构的工作原理和工作特点，才能根据实际需要设计出相应的夹紧机构。

3.7　夹具的其他装置

3.7.1　对刀装置

在铣床和刨床夹具上常设有对刀装置，对刀装置由对刀块和塞尺组成。对刀块由销定位，用螺钉紧固在夹具体上，对刀时，为防止刀具刃口与对刀块直接接触，一般在对刀块和刀具之间塞一规定尺寸的塞尺，凭接触的松紧程度来确定刀具的最终位置。

图3-55所示为常见的几种对刀装置，其中，图3-55a所示为标准的圆形对刀块（JB/T8031.1—1999），用于对准铣刀的高度；图3-55b所示为标准的直角对刀块，用于同时对准铣刀高度和水平方向的位置；图3-55c、d所示为各种成形刀具的对刀装置；图3-55e所示为标准方形对刀块（JB/T 8031.2—1999），用于组合铣刀垂直方向和水平方向的对刀。根据加工要求和夹具结构，对刀装置还可自行设计。标准对刀塞尺有平塞尺（JB/T 8032.1—1999）和圆柱塞尺（JB/T 8032.2—1999），一般平塞尺有1～5mm五种规格，圆柱塞尺有3mm和5mm两种规格。

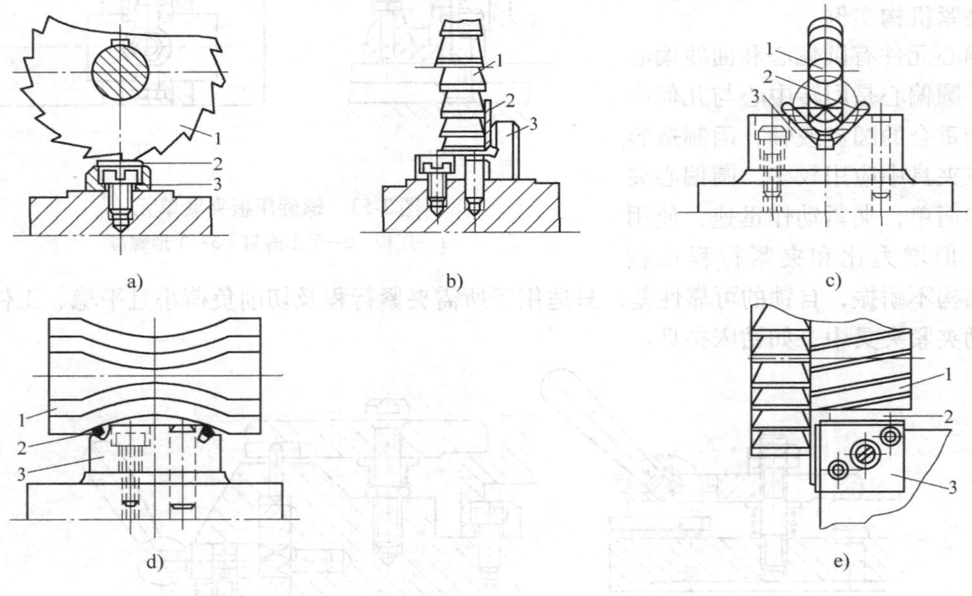

图3-55　常见的几种对刀装置

1—铣刀　2—塞尺　3—对刀块

3.7.2　导引元件

用钻削、镗削等进行孔加工时，刀具的位置和方向是用导引元件来确定的。在夹具上，导引元件和定位元件有一定的相对位置关系，可保证刀具与工件间的相对位置关系。现以钻模上的导引元件——钻套为例进行介绍，了解导引元件的基本知识。

1. 钻套的作用

钻套装在钻模板上，能够较好地确定刀具的位置和方向，同时还能提高刀具的刚度，以此来保证被加工孔的位置精度。

2. 钻套的分类

钻套的结构已标准化，通常有四种形式：

（1）固定钻套　它包括无肩钻套（见图 3-56a）和有肩钻套（见图 3-56b）。这种结构的钻套结构简单，位置精度高，但磨损后不易更换，多用于中小批生产或孔距要求较高或孔距较小的孔。钻套外圆与钻模板的配合多采用 H7/n6 或 H7/r6。

（2）可换钻套　如图 3-56c 所示，螺钉的作用是防止钻套转动和被顶出。钻套磨损后，可松开螺钉进行更换，多用于大量生产中。为保护钻模板，一般都有衬套，可换钻套与衬套间的配合多用 H7/g6/或 H7/r6，衬套与钻模板间采用过盈配合。

（3）快换钻套　如图 3-56d 所示，更换钻套时不必松开螺钉，只要将钻套逆时针转动，使螺钉对准钻套上的缺口即可取出。它广泛地用在一次安装后需要多次更换刀具的场合，如一次安装后钻孔、扩孔和铰孔时。其配合的精度与可换钻套相同。

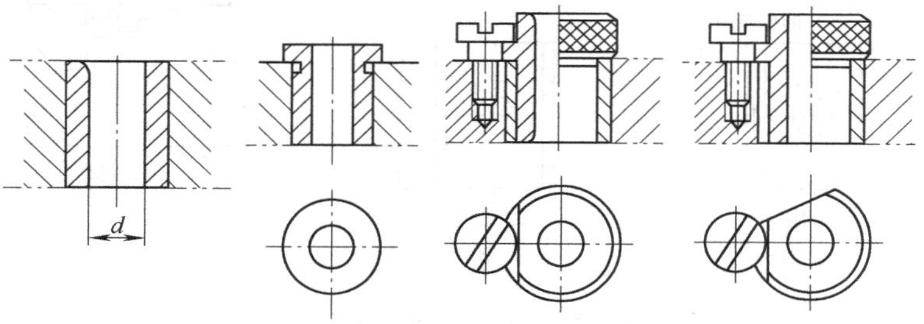

a)　b)　c)　d)

图 3-56　钻套

（4）特殊钻套　凡是与标准钻套尺寸和形状不同的钻套都属特殊钻套。图 3-57a 所示为在斜面上钻孔的钻套，其尾部是斜的；图 3-57b 所示是在凹形面上钻孔的钻套，钻套可以是悬伸的，同时为了缩短导向长度，可将其内孔设计成阶梯孔；图 3-57c 所示为两孔距离很近时的钻套，把两个钻套的外径切掉一部分后装在一起；也可如图 3-57d 所示，将两个孔设计在一个钻套上，但要用销子等防止转动。

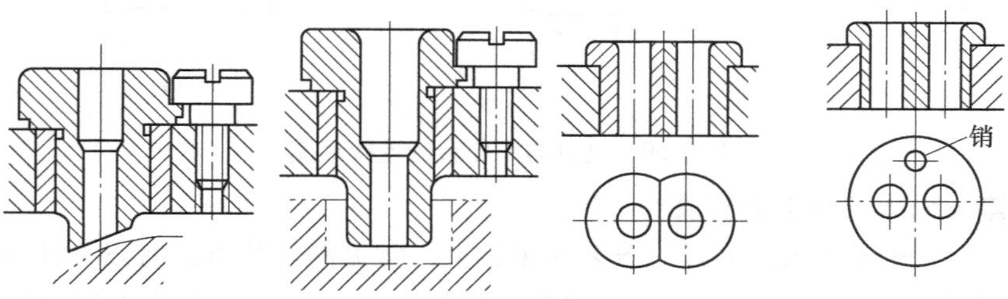

a)　b)　c)　d)

图 3-57　特殊钻套

3.7.3　夹具在机床上的安装

1. 夹具在机床工作台上的安装

对于铣床、刨床和镗床等机床，夹具都是安装在工作台上的，用两个定位键定位，用一定数量的螺栓紧固。定位键的标准结构如图 3-58 所示，有 A 型和 B 型之分，其上部与夹具体底面上的槽相配合，并用螺钉固定在夹具体上，一般情况下与夹具体不分离，其下部与机床工作台上的 T 形槽配合，配合情况如图 3-58c 所示。由于定位键与 T 形槽间存在间隙，故在安装时，将两个定位键靠在 T 形槽的同一侧，可适当提高定位精度。夹具在机床工作台上安装时，有时也不用定位键，而采取找正的方法，此法的安装精度高，但要求夹具上有较精确的找正基面，且每次安装时均需找正，多用在镗床夹具中。

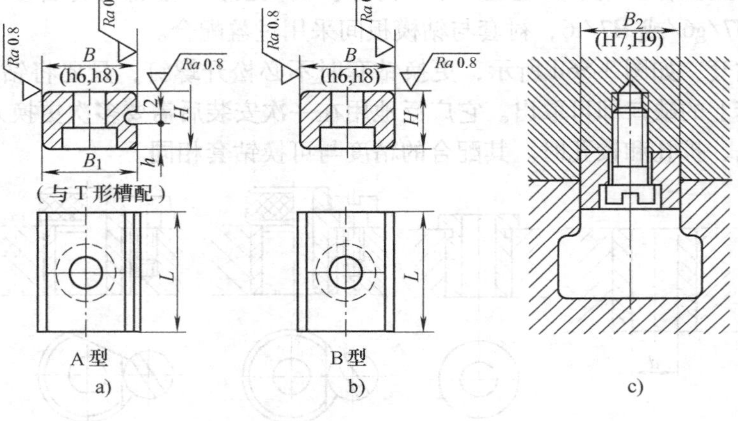

图 3-58　定位键的标准结构

夹具与工作台的连接借助于夹具体上的 2 ~ 4 个开口耳座，用 T 形螺栓和螺母紧固，如图 3-59 所示，其中的螺纹孔用于安装定位键。

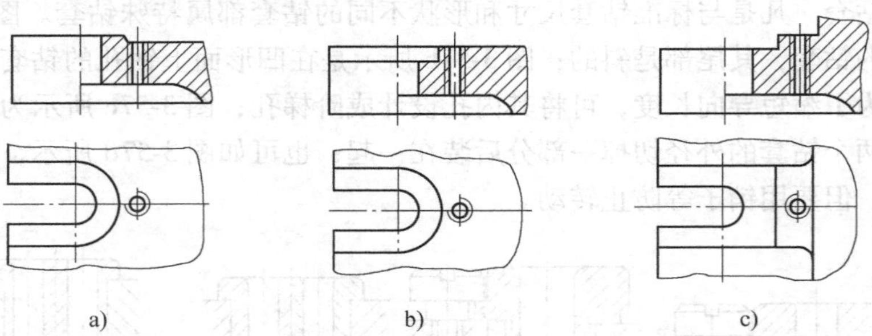

图 3-59　夹具与工作台的连接耳座

2. 夹具体在机床主轴上的安装

对于车床和内外圆磨床，夹具一般装在主轴上，常见的安装方式有以下几种：

1）夹具以前后顶尖孔与机床主轴前顶尖和尾座后顶尖连接，由拨盘带动其转动的定位心轴常采用此形式。

2）夹具以莫氏锥柄与机床主轴的莫氏锥孔相连接，如图 3-60a 所示，有时用拉杆以确保安全。这种形式定位精度高，快捷、方便，但刚度较低，多用于轻切削过程中。

3）夹具与机床主轴端部直接连接，如图 3-60b 所示，用圆柱定位面定位，螺纹联接，并用两个压块防止松动，由于圆柱体配合存在间隙，故定心精度较低，在 C620、C630 等车床上主轴与夹具的连接就采用了这种形式。又如图 3-60c 所示，用短锥和端面定位，螺钉紧固，此方式定位精度高，接触刚度好，存在过定位，但由于制造精度较高还是允许的。

4）夹具借助过渡盘与车床主轴端部相连，如图 3-60d 所示，过渡盘与主轴端部用短锥和端面定位，夹具体用止口在过渡盘上定位，螺钉紧固，对于通用夹具，由于定位紧固部分与主轴配合不上，多采用这种方式。

5）不采用过渡盘止口连接方式的夹具，如无法按定位元件直接找正夹具的回转轴线，则必须找正基面，以保证夹具回转轴线与机床主轴回转轴线间的同轴度。

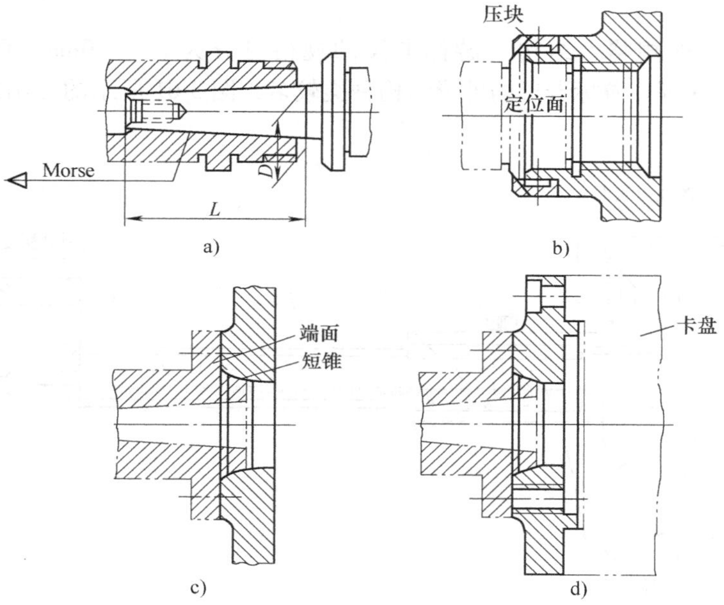

图 3-60　夹具体在机床主轴上的安装

3.8　量具

3.8.1　量具的类型

为了确保零件和产品的质量，就必须使用量具对工件进行测量，量具的种类很多，常分为以下三种类型：

（1）万能量具　这类量具一般都有刻度，可以测量零件和产品形状及尺寸的具体数值，如游标卡尺、千分尺等。

（2）专用量具　这类量具不能测出实际尺寸，只能测量零件和产品的形状及尺寸是否合格，如卡规、塞规等。

（3）标准量具　这类量具只能制成某一固定尺寸，通常用来校对和调整其他量具，也可以作为标准与被测量工件进行比较，如量块等。

3.8.2　常用量具

1. 钢直尺

钢直尺一般用不锈钢制作，可以用来测量工件的长度、宽度、高度和深度。

钢直尺有150mm、300mm、500mm和1000mm等多种规格。尺面上尺寸刻线间距一般为1mm，有的在1～50mm一段内刻线间距为0.5mm。钢直尺测量出的数值误差比较大，1mm以下的小数值只能靠估计得出，因此不能用作精确的测量。

2. 游标卡尺

游标卡尺是一种中等精度的量具，可以直接量出工件的外径、孔径、长度、宽度、深度和孔距等尺寸。

（1）游标卡尺的规格、结构　游标卡尺的规格可分为0～150mm、0～200mm、0～300mm、0～500mm等。游标卡尺的外形结构种类较多，图3-61所示的三用游标卡尺是现场中常用的一种。

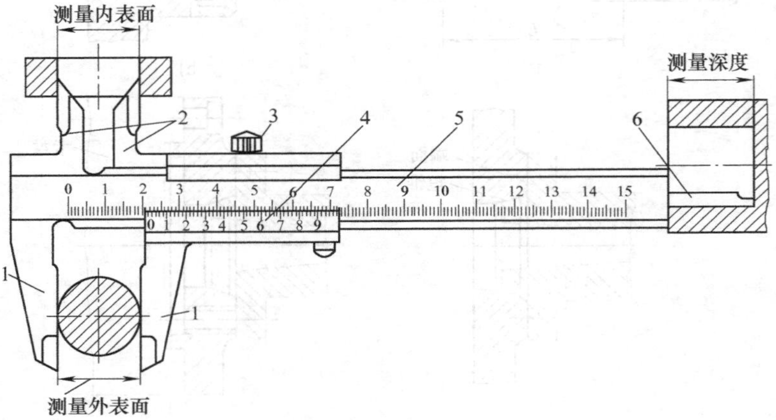

图3-61　三用游标卡尺的结构

1—外测量爪　2—内测量爪　3—紧固螺钉　4—游标（副尺）
5—尺身（主尺）　6—深度尺

三用游标卡尺主要由尺身、游标和深度尺组成。尺身上刻有间隔为1mm的刻度，游标用螺钉固定在尺框上，可在尺身上平稳移动。外测量爪用来测量外表面尺寸，内测量爪用来测量内表面尺寸，深度尺用来测量深度。

（2）游标卡尺的刻线原理　读数值为0.02mm游标卡尺的尺身上每小格为1mm，每10个格写一个数字。两量爪合并时，游标上50格的长度刚好等于尺身上的49mm，如图2-61所示。尺身每格尺寸与游标每格尺寸之差为：$(1-49/50)\text{mm}=0.02\text{mm}$。

（3）游标卡尺的读数　以精度为0.02mm的游标卡尺为例，其读取数据的过程一般分为三步，如图3-62所示。

1）读尺身。根据游标零线以左的尺身上的最近刻线读出整毫米数为27mm。

2）读游标。先找到游标与尺身刻线对准处，读出该线左侧游标数据刻度格数48，再乘以0.02mm，即$0.02\text{mm}\times48=0.96\text{mm}$。

3）将所读的两个数加起来，即为总尺寸（27mm + 0.96mm = 27.96mm）。

（4）使用游标卡尺测量时的注意事项

1）测量前，将游标卡尺擦净并检查其测量面的刃口是否平直，再校对游标卡尺的零位。

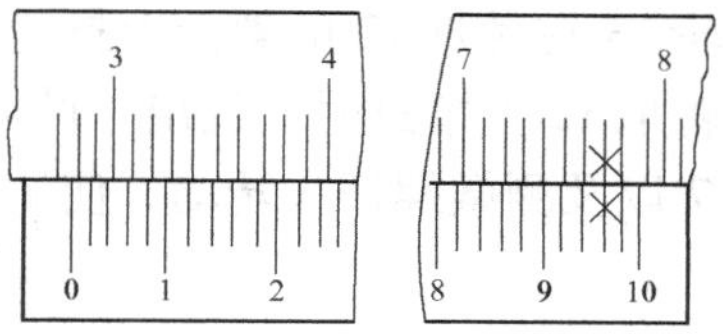

图3-62 0.02mm游标卡尺的读数

校对零位的方法是：先用干净棉丝或软质白细布将两外测量爪的测量面擦净，右手大拇指慢慢推动尺框，使两测量面接触后，看游标的零刻线与尺身的零刻线、游标的最后一条刻线与尺身的相应刻线是否对正。若对正，则说明该卡尺的零位正确；若不对正，则需要检修。

2）测量外表面尺寸（如长度、外圆直径等）时，先将尺框向右拉，使两外测量爪的测量面间的距离比被测尺寸稍大，然后把被测部位放入游标卡尺的两测量面之间，或把外测量爪的两测量面放入被测部位，使被测部位贴靠固定量爪的测量面，然后右手缓慢地推动尺框，用轻微的压力使活动量爪接触零件，即可进行读数。

3）测量内表面尺寸（如孔径、沟槽宽度等）时，先使两内测量爪测量面间的距离比被测尺寸稍小，然后将量爪伸入到被测部位，缓慢地将尺框向右拉。当两测量爪的刃口都与被测表面轻微接触时，稍微摆动游标卡尺使所量尺寸最大即可读数。

4）三用游标卡尺的深度尺可以用来测量零件的深度尺寸，测量时要使尺身尾端端面与被测深度部位的端面接触。测量深度尺寸时，游标卡尺要垂直于被测深度部位放置，不得前后左右歪斜。右手握住卡尺，并用大拇指拉动尺框向下移动，直至手感到深度尺与槽底接触，即可进行读数。

5）测量时，一般不要取出游标卡尺而在测量处读数。若要取出卡尺读数，测量到位后应把紧固螺钉拧紧，并顺着工件滑出，不得歪斜，即使这样，还是容易出现误差。

6）读数时，双眼要在垂直于游标刻线面的方向去读，以减小读数误差。

3. 千分尺

千分尺是生产中常用的一种精密量具，它的测量精度为0.01mm。

（1）千分尺的规格、种类　千分尺的制造受到测微螺杆长度上的限制，其移动量通常为25mm。所以千分尺的测量范围分别为0～25mm、25～50mm、50～75mm、75～100mm等。使用时按被测工件的尺寸选用。

常用的千分尺有：外径千分尺，用来测量外径及长度等尺寸；内径千分尺，用来测量内径及槽宽等尺寸；深度千分尺，用来测量工件台阶长度或孔的深度。下面主要介绍外径千分尺。

（2）外径千分尺的结构形状　外径千分尺的外形和结构如图3-63所示。它由尺架1、砧座2、测微螺杆3、锁紧装置4、螺纹轴套5、固定套筒6、微分筒7、测力装置10等部分组成。

在尺架1的右端是固定套筒6，左端是砧座2。固定套筒6里装有带内螺纹的螺纹轴套5，测微螺杆3右面螺纹可沿此内螺纹回转，并用螺纹轴套5定心。在固定套筒6的外面是有刻度线的微分筒7，它用锥孔与测微螺杆3右端锥体相联。测微螺杆3转动时的松紧程度可用螺纹轴套5上的螺母8来调节。当测微螺杆需要固定不动时，可转动手柄（锁紧装置）4通过偏心锁紧。松开罩壳，可使测微螺杆3与微分筒7分离，以便调整零线位置。转动棘轮13，通过螺钉与罩壳的联接使测微螺杆3产生移动，当测微螺杆3左端面接触工件时，棘轮13在棘爪12的斜面上打滑，测微螺杆3就停止前进，由于弹簧11的作用，使棘轮13在棘爪12上滑过时而发出“咔咔”声。如果棘轮13以反方向转动，则拨动棘爪12和微分筒7以及测微螺杆3转动，使测微螺杆向右移动。

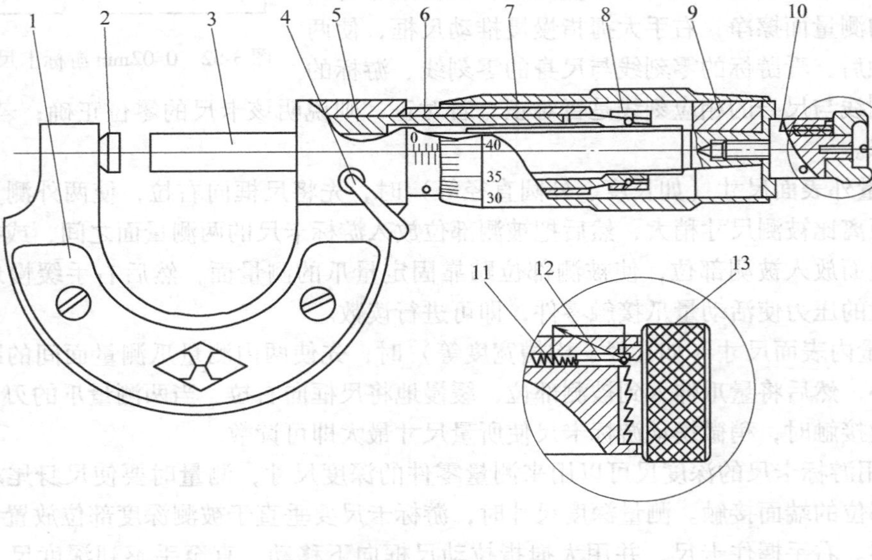

图3-63　外径千分尺的外形和结构

1—尺架　2—砧座　3—测微螺杆　4—锁紧装置　5—螺纹轴套　6—固定套筒　7—微分筒　8—螺母　9—接头　10—测力装置　11—弹簧　12—棘爪　13—棘轮

（3）外径千分尺的刻线原理　千分尺的固定套管上刻有一条轴向基准线（作为微分筒读数的基准线），在基准线两侧均匀地刻出两排刻线，每侧刻线间距均为1mm，上、下两侧相邻刻线的间距为0.5mm。测微螺杆3右端螺纹的螺距为0.5mm，当微分筒转一周时，测微螺杆3就移动0.5mm。微分筒圆锥面上共刻有50格，因此当微分筒转一格，测微螺杆3就移动0.01mm。

（4）千分尺的读数方法　在实际测量时，千分尺的读数方法分为三步：

1）读出固定套管上的刻度数，即读出微分筒锥体端面左边固定套管上的毫米刻度（应为0.5mm的整数倍）。

2）读出微分筒上的圆周刻度数，乘以0.01。

3）将前面读出的两数相加，即为被测零件的尺寸，如图3-64所示。

（5）千分尺的使用及注意事项

1）千分尺的使用方法。用千分尺测量尺寸时，一般应双手操作，将工件夹牢或放稳后，右手拿住千分尺的弓形尺架，左手拇指和食指缓慢地旋转微分筒，当千分尺的两测量面与被测面快接触时，再

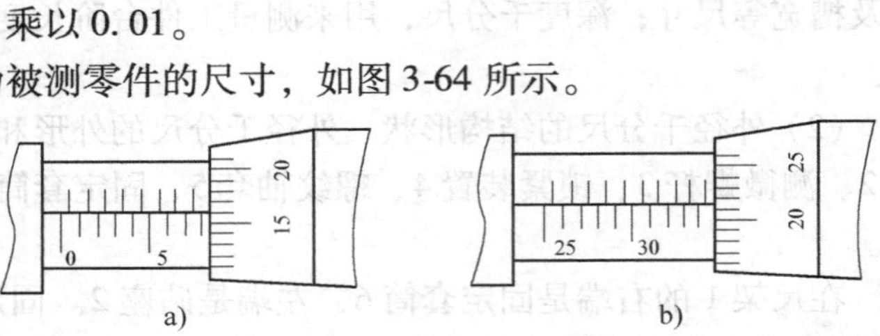

图3-64　千分尺的读数

a）读数8.16mm　b）读数34.715mm

旋转测力装置，待发出“咔咔”声时即可读数。

2）使用注意事项

① 测量前要根据尺寸的大小选用合适的千分尺规格。

② 使用前要用干净棉丝将千分尺测量面擦干净，并检查微分筒刻线的零位是否对准。若没对准，则需调准后方可使用。

③ 为保证测量精度，延长千分尺的使用寿命，不允许测量正在旋转的工件及粗糙的表面。

④ 测量时，先旋转微分筒，当测量面接近被测表面时改旋测力装置，直至发出“咔咔”声为止。退出取下时，要旋转微分筒而不允许旋转测力装置。

⑤ 读数时，最好不取下千分尺，如需取下，为防止尺寸变动，应先锁紧测微螺杆，然后轻轻取下千分尺。读数要细心，看清刻度，要特别注意固定刻度尺上半毫米的刻线是否露出。

⑥ 测量时，应使整个测量面与被测表面相接触，对同一表面应多测几次。

4. 百分表

百分表是一种指示式量仪，主要用于测量工件的形状和位置精度，测量内孔尺寸，或找正工件在机床上的安装位置。其分度值为 0.01mm，测量范围有 0 ~ 3mm、0 ~ 5mm、0 ~ 10mm 三种规格。

（1）百分表的结构　如图 3-65 所示，它由测量杆、内部的齿轮传动系统、刻度盘等组成。测量杆的微小直线位移可由传动系统放大，转变为指针的转动，并在刻度盘上指示出相应的示值。

百分表的刻度盘中装有大、小两个指针，测量杆每移动 1mm，大指针转 1 周，小指针转过 1 格。大指针每转过 1 格，表示测量的尺寸变化为 0.01mm；小指针每转过 1 格，表示测量的尺寸变化为 1mm。

（2）百分表的使用　百分表一般用磁性表座固定，如图 3-66 所示。磁性表座由表座、支架杆、连接件等组成。测量时，可按以下步骤将百分表进行固定：

1）先将表座置于导轨或工作台上，旋转旋钮，使其磁性发挥作用而吸牢。

2）利用连接件，将支架杆调整到合理的位置和角度，固定好。

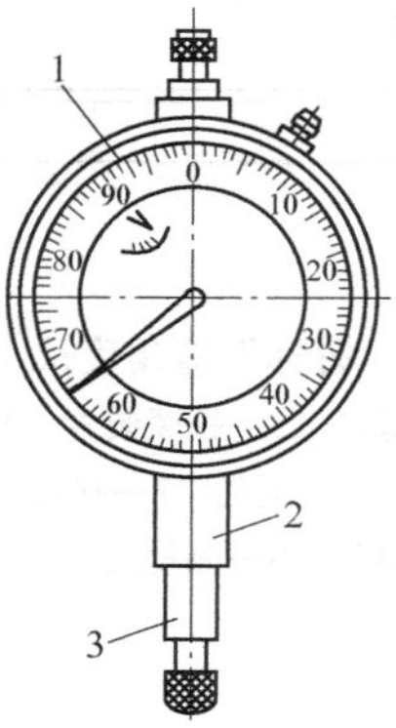

图 3-65　百分表

1—刻度盘　2—装夹处　3—测量杆

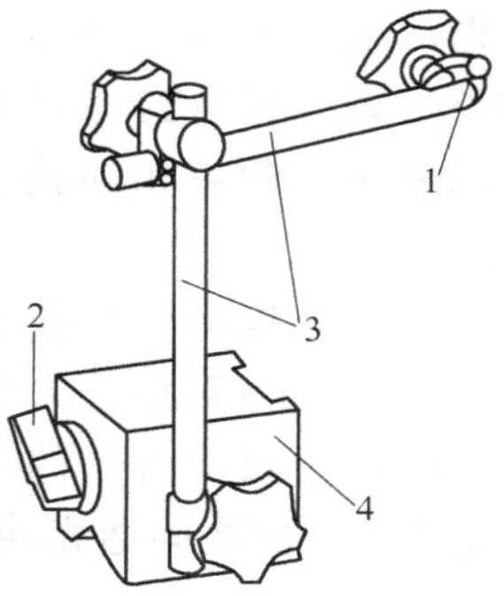

图 3-66　磁性表座

1—装百分表处　2—旋钮　3—支架杆　4—表座

3）装上百分表，旋紧。夹紧力要合适，若夹紧力过小，测量时百分表会动，引起测量误差；夹紧力过大，会使百分表装夹处变形，使测量杆移动不灵活。

4）测量时，应使百分表的测量杆垂直于零件被测表面。测量头与工件表面接触时，测量杆应预压缩0.3～1mm，以保持一定的初始测量力。

（3）使用百分表的注意事项

1）使用时，不可对测力杆侧向用力，否则百分表极易损坏。

2）提压测量杆的次数不要过多，距离不要过大，以免造成内部结构的损坏。

3）测量时，测量杆的行程不可超出百分表的示值范围。

4）应避免剧烈的振动和碰撞，不要使测量头突然撞击到被测表面，不能敲击表的任何部位。

5）严防水、油、灰尘等进入表内，不要随意拆卸表的后盖。

6）百分表使用完毕后，要擦拭干净放回盒内，使测量杆处于自由状态，以免表内弹簧失效。

5. 游标万能角度尺

游标万能角度尺是用来测量工件内外角度的量具，常用游标万能角度尺的游标刻度为2′，形状为扇形。

（1）游标万能角度尺的结构　如图3-67所示，由主尺、直角尺、游标尺、锁紧装置、扇形板、基尺、直尺、卡块等组成。根据所测角度的需要，直角尺和直尺进行重新组合。锁紧装置可将扇形板和主尺身锁紧，便于读数。

（2）游标万能角度尺的刻线原理

主尺刻线每格1°，游标尺刻线是将主尺上29°所对应的弧长等分为30格，即每格所对的角度为29°/30，因此游标尺上1格与尺身上1格相差1°－29°/30＝1°/30＝2′，即游标万能角度尺的测量精度为2′。

（3）游标万能角度尺的读数方法

游标万能角度尺的读数方法和游标卡尺相似，先从主尺上读出游标零线前被测角的整度数，再从游标尺上读出角度中分的数值，两者相加就是被测角的数值。

测量时，应先把基尺靠在被测角度的一个面上，边调整直角尺的角度边对光检查，使直角尺或直尺的一条边与被测角度的另一面之间透光均匀，此时即可读数。

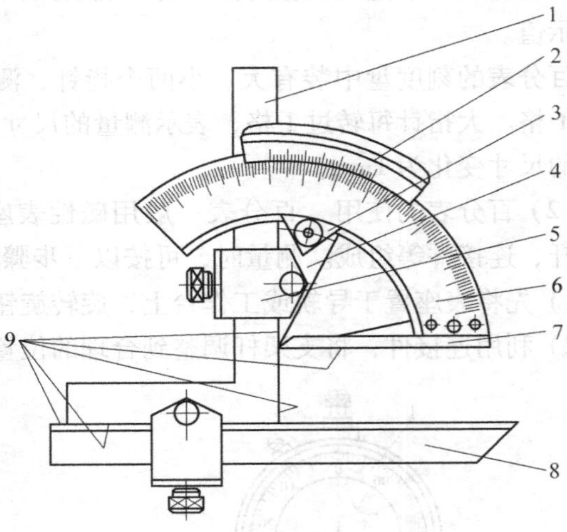

图3-67　游标万能角度尺
1—直角尺　2—游标尺　3—锁紧装置　4—扇形板
5—卡块　6—主尺　7—基尺
8—直尺　9—测量面

由于直角尺与直尺可以移动和拆换，因而游标万能角度尺可以测量0°～320°间任意大小的角度。

3.8.3 量具的选择

在选择测量工具时，应既保证测量的精度又符合经济的原则。在综合考虑这两方面时，需要满足以下几点要求：

1）应按照被测零件的尺寸与精度选择量具、量仪的测量范围。

2）能严格地控制被测零件的实际尺寸在极限尺寸范围内。

3）尽可能地减少测量工具和检验工作的成本。

3.8.4 量具的维护和保养

为了保持量具的精度，延长其使用寿命，对量具的维护和保养应注意以下几点：

1）测量前应将量具的测量面和工件被测量面擦净，以免脏物影响测量精度，或加快量具磨损。

2）量具在使用过程中，不要和工具、刀具放在一起，以免碰坏。

3）机床开动时，不要用量具测量工件，否则会加快量具磨损，而且容易发生事故。

4）量具不应放在热源（电炉、暖气片等）附近，以免受热变形。

5）量具用完后，应及时擦净、涂油，放在专用盒中，保存在干燥处，以免生锈。

6）精密量具应进行定期检定和保养，发现精密量具有不正常现象时，应及时送交计量室检修。

习　题

3-1 刀具材料应具备哪些性能？

3-2 试述常用刀具材料的种类和用途。

3-3 试述刀具切削部分的组成。

3-4 刀具的辅助平面有哪些？它们是如何定义的？

3-5 刀具的主要角度有哪些？它们对切削加工有何影响？

3-6 试述常用刀具的种类和用途。

3-7 刀具的磨损形式有哪些？它们是如何形成的？

3-8 刀具磨损的原因有哪些？

3-9 刀具的磨损过程分为哪三个阶段？

3-10 什么叫机床夹具？它分为哪几类？由哪几部分组成？

3-11 简述机床夹具的作用。

3-12 工件定位与夹紧的区别是什么？

3-13 什么是六点定位？试举例说明。

3-14 什么是完全定位和不完全定位？

3-15 什么是欠定位？欠定位对加工有何影响？

3-16 什么是过定位？过定位对加工有何影响？

3-17 用几个支承钉或支承板支承工件时，如何保证它们在同一个平面内？

3-18 可调支承与辅助支承的区别是什么？它们各有何作用？浮动支承有何特点？

3-19 夹紧装置由哪几部分组成？其作用是什么？

3-20 对夹紧装置有哪些基本要求？选择夹紧力指向和作用点时应注意遵守哪些原则？

3-21 设计螺旋压板机构应注意哪些问题？

3-22　铣床和刨床上的对刀装置如何使用？

3-23　简述钻套的作用及钻套常见形式。

3-24　夹具在机床工作台或机床主轴上如何安装？

3-25　简述量具的类型。

3-26　简述游标卡尺的刻线原理及其读数方法。

3-27　简述外径千分尺的刻线原理及其读数方法。

第 4 章　机械加工工艺规程

机械加工工艺规程是指规定产品或零部件机械加工工艺过程和操作方法等的工艺文件。按机械加工工艺规程有关内容编写成的文件和表格，经审批后用来指导生产。因此要求机械加工工艺规程设计者必须具备丰富的生产经验和扎实的机械制造工艺基础理论知识。

4.1　工艺规程概述

4.1.1　机械加工工艺规程的作用

生产中使用的工艺规程是长期生产实践经验的总结。合理的工艺规程，是在总结工人、工程技术人员实践经验的基础上，依据科学理论和必要的工艺试验而制订的。它对组织生产、保证产品质量、提高生产率、降低成本、改善劳动条件等都有重要意义。

1）工艺规程文件是生产中必要的规章制度。实践表明，只有按照工艺文件的规定进行生产，才能使生产井然有序，保证产品质量和较高的生产率与经济性。

2）工艺规程文件是生产管理和组织工作的依据。有了工艺文件，在产品投入生产以前，就可以根据它进行一系列的准备工作，如原材料和毛坯的供应、机床的准备和调整、专用工艺装备的设计和制造、作业计划的编排、劳动力的组织以及生产成本的核算等，使生产得以均衡顺利地进行。

3）工艺规程文件是新建或扩建工厂（车间）的技术基础。在新建或扩建工厂（车间）时，只有根据工艺文件和生产纲领才能正确地确定生产所需机床的种类和数量，工厂和车间的面积，机床的布置，生产工人的工种、等级、数量以及各辅助部门的安排等。

4.1.2　机械加工工艺规程制订的原则

机械加工工艺规程制订的原则是优质、高产、低成本，即在保证产品质量的前提下，争取最好的经济效益。制订工艺规程时，应注意以下问题：

1. 技术上的先进性

在制订工艺规程时，要了解国内外本行业的工艺技术进展，通过必要的工艺试验，积极采取适用的先进工艺和工艺装备。

2. 经济上的合理性

在一定的生产条件下，可能会有几种能够保证零件技术要求的工艺方案，此时应通过成本核算或评比，选择经济上最合理的方案，使产品的能源消耗、材料消耗和生产成本最低。

3. 有良好的劳动条件，避免环境污染

在制订工艺规程时，要注意保证工人操作时有良好而安全的劳动条件，因此，在工艺方案上要注意采取机械化或自动化措施，以减轻工人的劳动强度。同时要符合国家环境保护法的有关规定，避免环境污染。

4.1.3　机械加工工艺规程的格式

1. 工艺过程卡

工艺过程卡简称过程卡。它是以工序为单位，简要表明一个零件全部加工过程的卡片。其内容包括零件各个工序的名称，经过的车间、工段、工种，所用的刀具、夹具、量具等，即加工过程中的工艺路线，因此又称为路线单。可以看出，它是指导加工一批零件的综合卡片。工艺过程卡是生产技术准备工作的依据，可以按它来编制作业计划，组织生产，见表4-1。

表 4-1　工艺过程卡

××厂		工艺过程卡				零件图号		零件名称		
材料及牌号			毛坯种类		毛坯外形尺寸		每台件数			
车间名称	工序号	工序内容	设备或工种	夹具名称及图号	切削工具名称及图号	量具名称及图号	辅助工具名称	技术等级	单件时间/min	准备结束时间/min
更改内容										
编制		校对		审核			批准			

2. 工艺卡

工艺卡以工序为单位，详细说明零件的加工过程。其内容包括零件的工艺特性（材料、重要加工表面及其精度和表面粗糙度等）、毛坯性质、生产纲领、各道工序的具体内容及要求等。它是指导操作工人进行生产和管理人员组织生产的一种主要文件，广泛用于成批生产中比较重要的零件，见表4-2。

3. 工序卡

工序卡是根据工艺卡为每一道工序编制的，主要用来具体指导操作工人进行生产。因此，其内容更为详细，主要包括工序简图、定位基准、装夹方法、工序尺寸及公差，所用机床、刀具、量具、切削用量和时间定额等，见表4-3。

表 4-2　工艺卡

（零件图）	厂名		机械加工工艺卡	
	车间			
	产品名称		零件号	零件名
	材料牌号		零件毛重	
	毛坯种类		零件净重	
	形状与尺寸		材料定额/kg	
			每台产品零件数	

工序号	装夹号	工步号	工序内容	机床名称及编号	工艺装备名称及编号				技术等级	时间定额/min	
					夹具	刀具	量具	辅具		单件时间	准备结束时间
更改内容											
编制		校对		审核		批准					

表 4-3　工序卡

××厂	工序卡片	产品名称及型号	零件名称	图号	工序名称	工序号	共　页
							第　页
（工序简图）			车间	工段	材料名称	材料牌号	力学性能
			同时加工件数	技术等级		单件时间/min	准备结束时间/min
			设备名称	设备编号	夹具名称	夹具编号	切削液
			更改内容				

装夹号	工步号	装夹和工步内容	切削工具名称及编号		量具名称及编号		辅助工具名称及编号
编制			校对		审核		会签

4. 技术检查卡

技术检查卡是检查人员用的工艺文件。在卡片中详细填写检验项目、允许的偏差、检验方法和检具等，并附有零件检验简图。检查卡在大批量生产中普遍采用，而在中小批生产中，只对少数重要工序才编制检查卡，见表4-4。

表4-4　技术检查卡

<table>
<tr><td rowspan="2">××车间</td><td>检查图表</td><td>型别</td><td>件号</td><td>件名</td><td>材料</td><td>硬度</td><td>工序名称</td><td>工序号</td><td>共　页</td></tr>
<tr><td></td><td></td><td></td><td></td><td></td><td></td><td></td><td></td><td>第　页</td></tr>
<tr><td colspan="5" rowspan="6">（检验图）</td><td>项目</td><td colspan="2">检验内容</td><td>量具</td><td>备注</td></tr>
<tr><td></td><td colspan="2"></td><td></td><td></td></tr>
<tr><td>索引号</td><td colspan="4"></td></tr>
<tr><td>更改单号</td><td colspan="4"></td></tr>
<tr><td>签名日期</td><td colspan="4"></td></tr>
<tr><td>编 制</td><td></td><td>校 对</td><td></td><td>审 核</td></tr>
</table>

4.1.4　制订工艺规程的原始资料

制订工艺规程，必须具备以下原始资料：

1）产品全套装配图和零件图。

2）产品验收的质量标准。

3）产品的生产纲领（年产量）。

4）毛坯资料。毛坯资料包括各种毛坯制造方法的技术经济特征，各种型材的品种和规格、毛坯图等。在无毛坯图的情况下，需实地了解毛坯的形状、尺寸及力学性能。

5）现场的生产条件。为了使制订的工艺规程切实可行，一定要考虑现场的生产条件，如毛坯的生产能力及水平，现场加工设备、工艺装备及其使用状况，专用设备、工装的制造能力及工人的技术水平等。

6）有关手册、标准及指导性文件。

7）国内外先进工艺及生产技术发展的情况。

4.1.5　制订工艺规程的步骤

1）计算年生产纲领，确定生产类型。

2）分析研究产品的装配图和零件图，对零件进行工艺分析。

3）确定毛坯，包括选择毛坯类型及制造方法，绘制毛坯图，计算总余量、毛坯尺寸和材料利用率等。

4）拟定工艺路线。其主要工作是：选择定位基准，确定各表面的加工方法，安排加工顺序，确定工序分散与集中的程度，安排热处理以及检验等辅助工序。

5）确定各工序的加工余量，计算工序尺寸及公差。

6）确定各工序所采用的设备及刀具、夹具、量具和辅助工具。

7）确定切削用量及时间定额。

8）确定各主要工序的技术要求及检验方法。

9）评价各种工艺方案，确定最佳工艺路线。

4.2　零件分析

在制订零件的机械加工工艺规程时，首先要对照产品装配图分析零件图，明确零件在产品中的位置、作用及与相关零件的位置关系，然后着重对零件进行结构分析和技术要求的分析。

4.2.1　零件的结构及其工艺性分析

机械零件的结构，由于使用要求不同而具有各种形状和尺寸，但是各种零件都是由基本表面和特形表面组成的。基本表面有内外圆柱、圆锥面和平面等；特形表面主要有螺旋面、渐开线齿面及其他一些成形表面等。机械零件不同表面的组合形成零件结构的特点。在机械制造中，通常按零件结构和工艺过程的相似性，将各类零件大致分为轴类、套类、箱体类、齿轮类和叉架类等。在分析零件结构时，应根据组成该零件各种表面的尺寸、精度、组合情况，选择适当的加工方法和加工路线。

在研究零件的结构时，还应注意审查零件的结构工艺性。零件的结构工艺性是指在保证使用要求的前提下，能否以较高的生产率和较低的成本将零件制造出来的特性，表 4-5 列出了一些零件机械加工工艺性的实例。

表 4-5　零件机械加工工艺性的实例

序号	零件结构			
	工艺性不好		工艺性好	
1	孔离箱壁太近：①钻头在圆角处易引偏；②箱壁高度尺寸大，需加长钻头才能钻孔	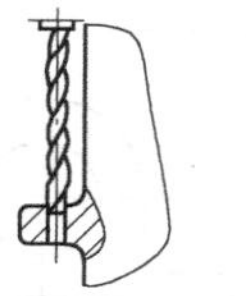	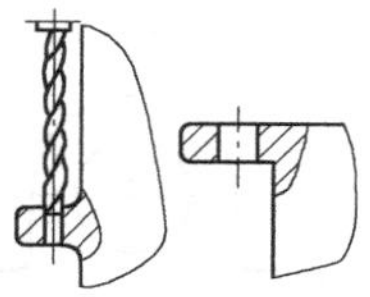	①加长箱耳，不需加长钻头即可钻孔；②只要使用上允许，将箱耳设计在某一端，则不需加长箱耳，也可方便加工
2	车螺纹时，螺纹根部易打刀；工人操作紧张，且不能清根	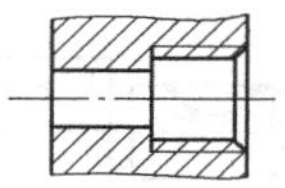	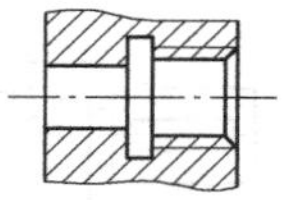	留有退刀槽，可使螺纹清根，操作相对容易，可避免打刀
3	插键槽时，底部无退刀空间，易打刀	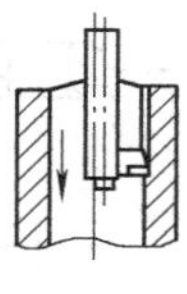	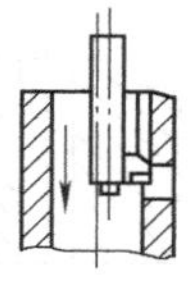	留出退刀空间，避免打刀

（续）

序号	零件结构			
	工艺性不好		工艺性好	
4	无退刀空间，小齿轮无法加工	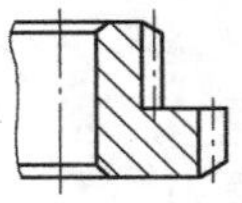	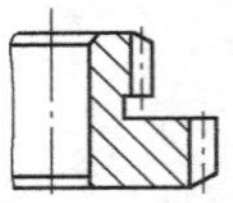	大齿轮可滚齿或插齿加工，小齿轮可以插齿加工
5	斜面钻孔，钻头易引偏	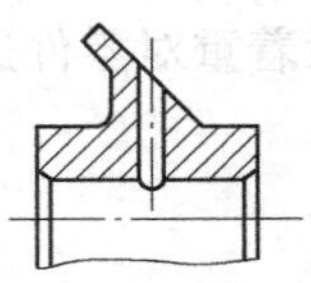	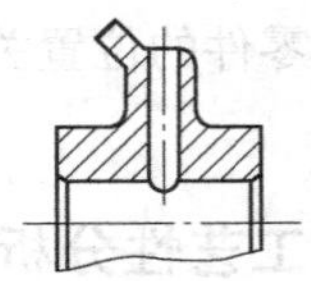	只要结构允许，留出平台，可直接钻孔
6	加工面设计在箱体内，加工时调整刀具不方便，观察也困难	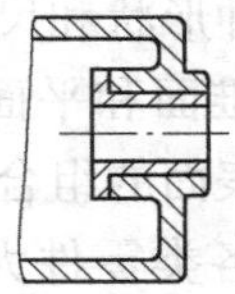	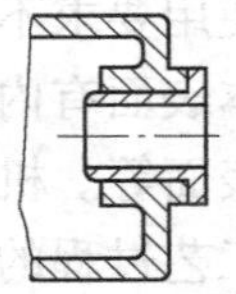	加工面设计在箱体外部，加工方便
7	加工面高度不同，加工时需两次调整刀具，影响生产率	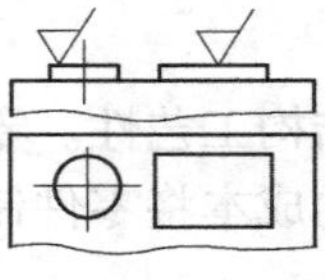	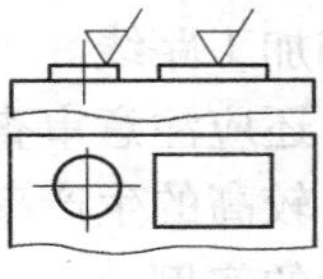	加工面在同一高度，一次调整刀具，可加工两个凸台面
8	三个空刀槽的宽度有三种尺寸，需用三把不同尺寸的刀具加工	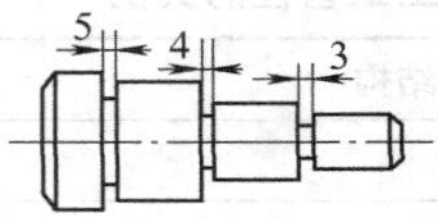	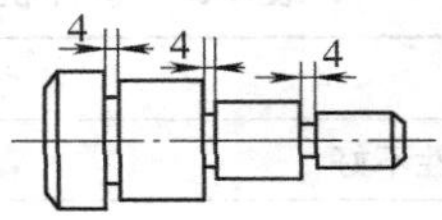	同一个宽度尺寸的空刀槽，使用一把刀具即可加工
9	加工面大，加工时间长，并且零件尺寸越大，平面度误差越大	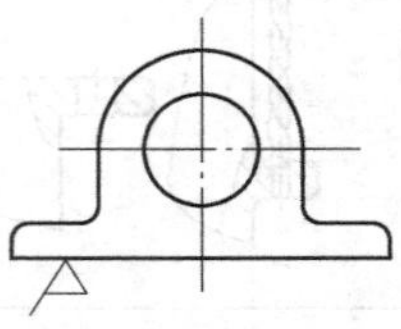	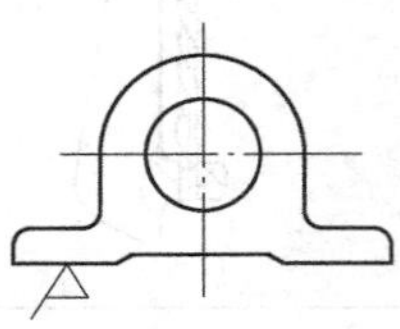	加工面减小，节省工时，减少刀具损耗，并且容易保证平面度要求
10	两键槽在轴上的位置相差90°，加工时需两次装夹	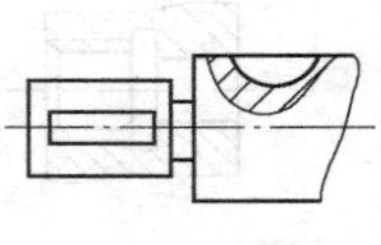	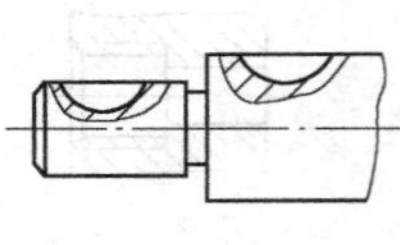	将阶梯轴的两个键槽设计在同一方向上，一次装夹即可对两个键槽加工
11	钻孔过深，加工时间长，钻头损耗大，并且钻头易偏斜	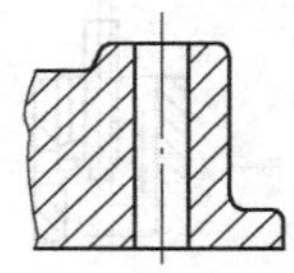	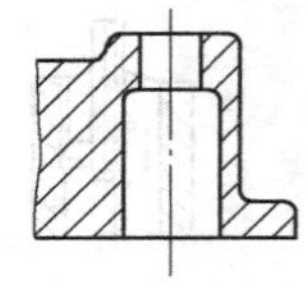	钻孔的一端留空刀，钻孔时间短，钻头寿命长，钻头不易偏斜

4.2.2　零件技术要求分析

零件技术要求分析是制订工艺规程的重要环节，通过认真仔细地分析零件的技术要求来确定零件的主要加工表面和次要加工表面，从而确定整个零件的加工方案。零件技术要求分析包括以下几个方面：

1）精度分析：包括被加工表面的尺寸精度、形状精度和相互位置精度的分析。

2）表面粗糙度及其他表面质量要求的分析。

3）热处理要求和其他方面要求（如动平衡、去磁等）的分析。

在认真分析了零件的技术要求后，结合零件的结构特点，对制订零件加工工艺规程有一个初步的轮廓。分析零件的技术要求时，还要结合零件在产品中的作用，审查技术要求是否合理，有无遗漏和错误，如发现不妥之处，及时与设计人员协商解决。

4.3　毛坯选择

选择毛坯的基本任务是选择毛坯的种类和制造方法，了解毛坯的制造误差及其可能产生的缺陷。正确选择毛坯具有重要的技术经济意义，因为毛坯不同的种类及其制造方法，对零件的质量、加工方法、材料利用率、机械加工劳动量和制造成本等都有很大的影响。

4.3.1　毛坯的种类

1. 铸件

通过铸造方式获得的毛坯称为铸件。铸造方法有砂型铸造和特种铸造，特种铸造又可分为金属型铸造、熔模铸造、压力铸造等。铸造用于形状较复杂的零件毛坯。

2. 锻件

通过锻造方式获得的毛坯称为锻件。锻件方法主要有自由锻、模锻、热轧及冷挤压等，适用于形状简单、要求强度高的零件毛坯。

3. 焊接件

用焊接的方法获得的结合件称为焊接件。焊接主要采用气焊、电弧焊、电渣焊等方法。对于大件来讲，焊接件简单方便，特别是单件小批生产，可以大大缩短生产周期，但焊接的零件变形大，需经时效处理才能进行加工。

4. 型材

型材按截面可分为圆钢、方钢、六角钢、扁钢、角钢、槽钢及其他特殊截面的型材等，型材分为热轧和冷拉两种。普通精度热轧钢采用一般机器加工，冷拉钢材采用自动机床或转塔机床加工。

5. 其他毛坯

其他毛坯类型包括冲压、粉末冶金、冷挤、塑料压制等毛坯。

4.3.2　毛坯的选择

选用毛坯时应主要考虑以下因素：

1. 零件的材料及其力学性能

零件的材料大致确定了毛坯的种类。例如，铸铁和青铜零件选用铸造毛坯；钢质零件当形状不复杂、力学性能要求不太高时可选型材；重要的钢质零件，为保证其力学性能，应选择锻件毛坯。

2. 零件的结构、形状和尺寸

形状复杂的毛坯，一般用铸造方法制造：薄壁零件不宜用砂型铸造；中小型零件可考虑用先进的铸造方法；大型零件可用砂型铸造。一般用途的阶梯轴，如各台阶直径相差不大时可用棒料，如相差较大时宜用锻件。外形尺寸大的零件一般用自由锻或砂型铸造毛坯，中小型零件可用模锻件或特种铸造毛坯。

3. 生产类型

大量生产应采用精度和生产率都比较高的毛坯制造方法，铸件应采用金属模机器造型或精密铸造，锻件应采用模锻或精密锻件；单件小批生产则应采用木模手工造型铸件或自由锻造锻件。

4. 毛坯车间的生产条件

在选择毛坯时应尽量结合本厂毛坯车间生产条件来选择，也可由专业化工厂提供毛坯。

5. 充分考虑利用新工艺、新技术、新材料的可能性

如采用精密铸造、精锻、冷轧、冷挤压、粉末冶金、异型钢材及工程塑料等，可大大减少机械加工量，有时甚至可以不再进行机械加工，其经济效果非常显著。

4.3.3　毛坯的形状与尺寸

毛坯的形状和尺寸，基本上取决于零件的形状和尺寸。在零件图的相应表面加上机械加工余量即为毛坯尺寸。毛坯制造的尺寸公差称为毛坯公差。毛坯加工余量及公差大小，直接影响加工的劳动量和原材料消耗，所以要尽量减少加工余量，力求作到少切屑、无切屑加工。毛坯加工余量及公差可参照有关工艺手册选取。

确定了毛坯的加工余量后，还要考虑毛坯制造、机械加工和热处理等多方面工艺因素影响。下面仅从机械加工工艺的角度，分析确定毛坯的形状和尺寸时应注意的问题。

1. 工艺凸台的设计

为使加工时工件安装稳定，有些铸件毛坯需要铸出工艺凸台，如图 4-1 所示。工艺凸台在零件加工后一般情况下应切除。

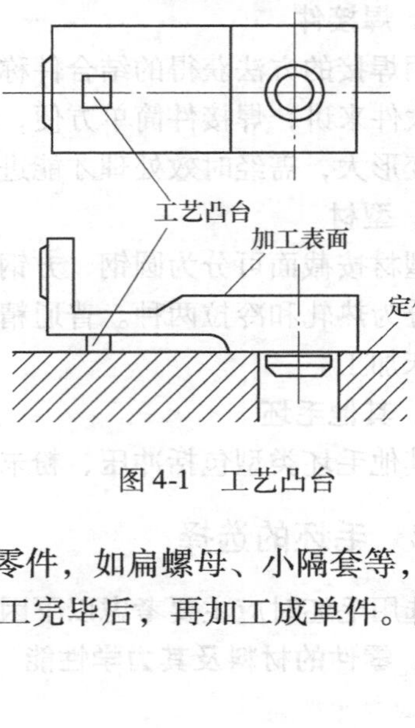

图 4-1　工艺凸台

2. 整体毛坯的采用

在机械加工中，有时会遇到像磨床主轴部件中的三块瓦动压滑动轴承、连杆和车床的开合螺母等类零件。为保证加工质量和加工方便，常做成整体毛坯，加工到一定阶段后再切开，如图 4-2 所示为连杆整体毛坯。

3. 合件毛坯的采用

为便于装夹和提高生产率，对于一些形状较规则的小零件，如扁螺母、小隔套等，应将多件合成一个毛坯，待加工到一定阶段后或大多数表面加工完毕后，再加工成单件。图 4-3 所示为扁螺母整体毛坯及其加工示意图。

对于铸件和锻件，在确定了毛坯种类、形状和尺寸后，应绘制毛坯图，作为毛坯生产单位的产品图样，在绘制时要考虑毛坯的具体制造条件，如铸、锻件铸出和锻出最小孔的条件，铸、锻件表面的拔模斜度和圆角，分型面和分模面的位置等，并用双点画线在毛坯图中表示出零件的表面，如图4-4所示。除了图中表示的尺寸、公差外，还应在图上写明具体的技术要求，如未注圆角、拔模斜度、热处理要求及硬度要求等。

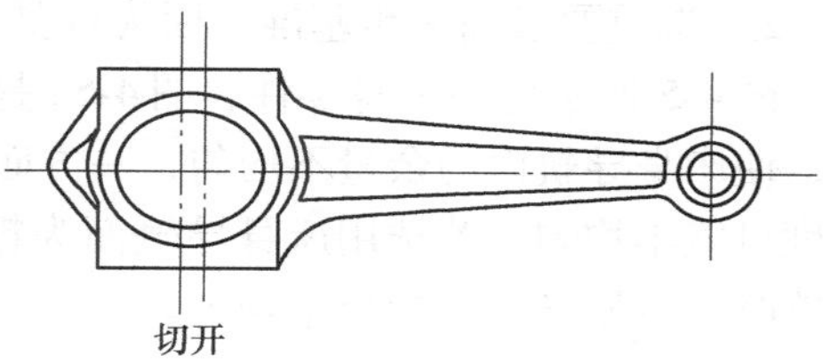

图4-2　连杆整体毛坯

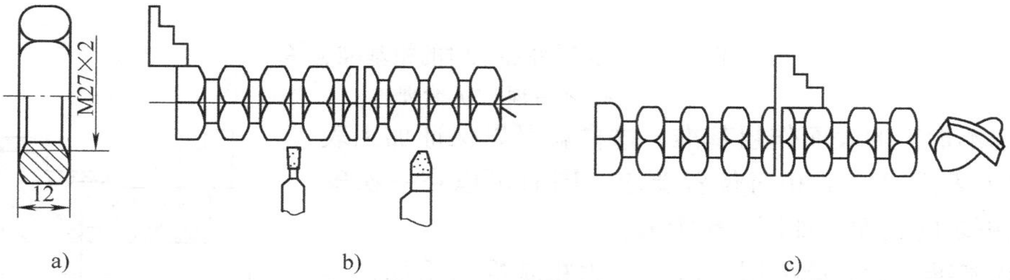

图4-3　扁螺母整体毛坯及其加工示意图

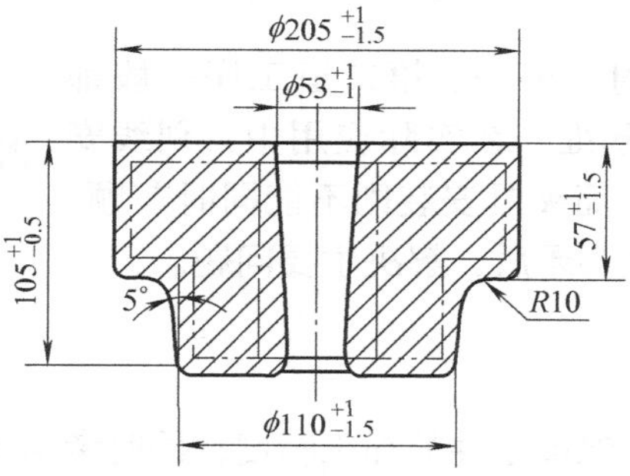

图4-4　锻件毛坯图

4.4　定位基准的选择

制订工艺规程时，能否正确且合理地选择定位基准，将直接影响到被加工零件的位置精度、各表面加工的先后顺序，有时还会影响到所采用工艺装备的复杂程度，因此，必须重视定位基准的选择。

4.4.1　粗基准的选择

在起始工序中，工件定位只能选择未加工的毛坯表面，这种定位表面称为粗基准。选择粗基准时，主要考虑两个问题：一是合理地分配加工面的加工余量；二是保证加工面与不加工面之间的相互位置关系。粗基准选择的原则如下：

1）选加工余量小、较准确的、光洁的、面积较大的毛面作粗基准。避免选有毛刺的分型面等作粗基准。

2）选重要表面为粗基准，因为重要表面一般都要求余量均匀。

图 4-5 所示为一床身零件，图 4-5a 是选床腿面为粗基准，可以看出，由于毛坯尺寸有误差，使床身导轨面的余量不均匀，一方面增加了整个的加工余量，同时加工后导轨面各处的硬度可能不均匀。若选用床身导轨面为粗基准，如图 4-5b 所示，则以床腿面为精基准加工导轨时，将使导轨面的余量均匀。

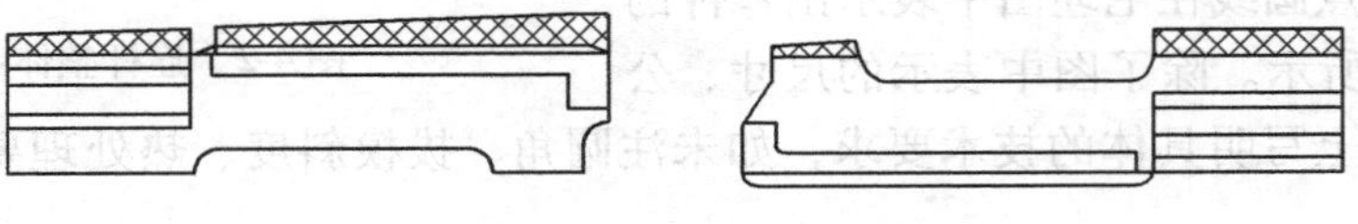

a)　　b)

图 4-5　床身零件加工时的粗基准选择

a）不合理　b）合理

3）选不加工的表面作粗基准，这样就可以保证加工表面和不加工表面之间的相对位置要求，同时可以在一次安装下加工更多的表面，如图 4-6 所示。

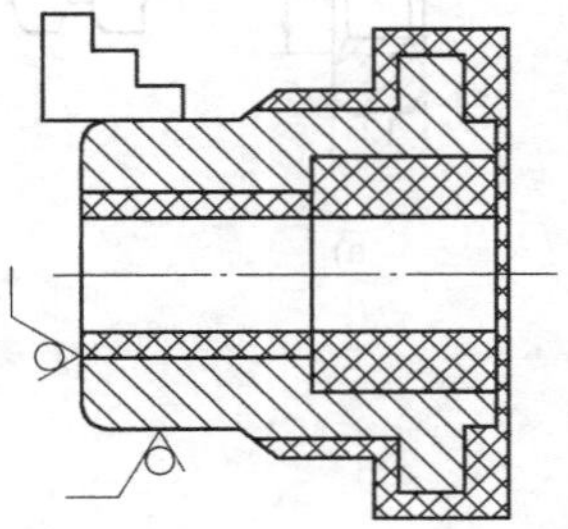

图 4-6　选不加工的表面为粗基准

4）粗基准一般只能使用一次。因为粗基准为毛面，定位基准位移误差较大，若重复使用，将造成较大的定位误差，不能保证加工要求。

因此，在制订工艺规程时，第一、第二道工序一般都是为了加工出后面工序的精基准。在实际应用中，划线安装有时可以兼顾这四条原则，而夹具安装则不能同时兼顾，这就应根据具体情况，抓住主要矛盾，解决主要问题。

4.4.2　精基准的选择

选择精基准的总原则是：保证零件的加工精度，同时考虑装夹方便可靠，使零件的制造较为经济、简单。

1. 基准重合原则

在工件的加工过程中，以设计基准作为定位基准从而避免产生基准不重合误差的原则称为基准重合原则。图 4-7 所示为在一个平面上钻孔的工序图，工序基准为 A、B 端面。此时，宜选 A、B 端面为其定位基准，避免基准不重合误差的产生。

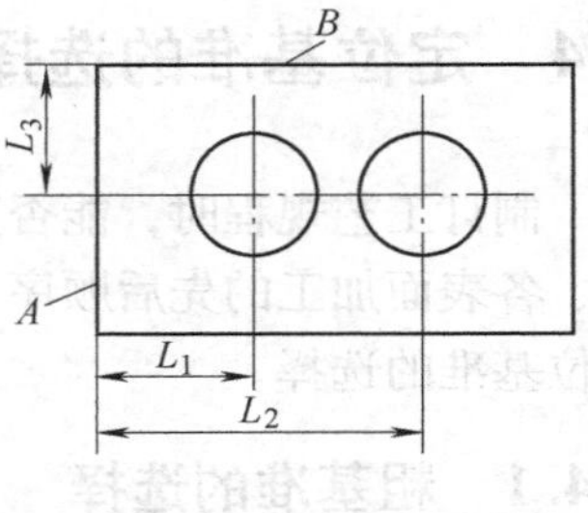

图 4-7　基准重合原则

2. 基准统一原则

在工件的加工过程中，尽可能地采用统一的一组定位基准的原则称为基准统一原则。采用这一原则可以有效地保证各表面间的相互位置精度，同时可以简化夹具的设计和制造。例如轴类零件，常采用顶尖孔作为统一基准；箱体常用一面双孔作为精基准；盘类零件常用一端面和一短孔为精基准。

3. 互为基准原则

对于相互位置精度要求高的表面，可以采用加工面间互为基准、反复加工的方法。例如要保证精密齿轮齿圈跳动精度，在齿面淬硬后，先以齿面定位磨内孔，再以内孔定位磨齿面，从而保证位置精度。

4. 自为基准原则

当精加工或光整加工工序要求余量小而均匀时，应选择加工表面本身作为定位基准。如图 4-8 所示，导轨面的磨削就是以导轨面自身为基准找正定位的。此外，拉孔、浮动铰孔、浮动镗孔、无心磨外圆及珩磨等都是自为基准的例子。

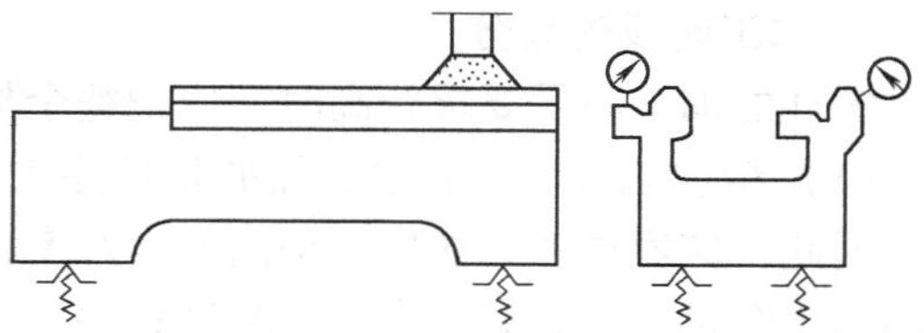

图 4-8　自为基准原则

5. 装夹方便原则

工件要定位稳定，夹紧可靠，操作方便，夹具结构简单。

以上定位基准选择的原则，在实际生产中要根据具体情况，灵活运用。

4.5　拟订加工路线

机械加工工艺规程的制订可分为两部分：拟定零件加工的工艺路线；确定各道工序尺寸及公差、所用设备、切削用量和时间定额等。拟定零件加工路线，是制订工艺规程的关键。其主要任务是选择各个表面的加工方法、加工方案，确定各个表面的加工先后顺序及整个工艺过程中工序数目的多少等。

4.5.1　加工方法的选择

拟订工艺路线时，首先要确定各表面的加工方法。零件由不同表面组成，每一种几何表面都有一系列加工方法与之相对应，可供选择。各种加工方法所能达到的精度和表面粗糙度，可从有关工艺手册中查到。所以应充分了解各种加工方法所能达到的经济精度，以便于选择最佳方案，降低零件的制造成本。选择加工方法时，还应综合考虑以下因素：

1. 选择相应能获得经济精度的加工方法

例如，加工公差为 IT7、表面粗糙度为 $Ra = 0.4\mu m$ 的外圆柱表面，通过精车可以达到要求，但不如磨削经济。

2. 工件材料的性质

例如，淬硬钢的精加工要用磨削，非铁金属零件的精加工为避免磨削时堵塞砂轮，则要用高速精细车或精细镗（金刚镗）等加工方法。

3. 工件的结构和尺寸

例如，对于 IT7 级公差的孔，常采用拉削、铰削、镗削和磨削等加工方法，但箱体上的孔，一般不宜采用拉或磨，而常常选择镗孔（大孔）或铰孔（小孔）。

4. 结合生产类型考虑生产率和经济性

大批量生产时，应采用生产率高和质量稳定的加工方法，例如平面和孔可采用拉削，同时加工几个表面可采用组合铣削和磨削等；单件小批量生产则采用刨削、铣削平面和钻、扩、铰孔的方法。避免盲目地采用高效加工方法和专用设备而造成经济损失。

5. 本厂的现有设备和技术条件

应充分利用现有设备，挖掘潜力，发挥人的积极性和创造性。

4.5.2 加工阶段的划分

1. 加工阶段的划分

零件的加工质量要求较高时，应把整个加工过程划分为以下几个阶段：

（1）粗加工阶段　其主要任务是切除大部分余量，使毛坯在形状和尺寸上接近零件成品。因此，应着重考虑如何获得高的生产率，同时要为半精加工提供精基准，并留有充分均匀的加工余量，为后续工序创造有利条件。

（2）半精加工阶段　半精加工应达到一定的精度要求，并保证留有一定的加工余量，为主要表面的精加工作好准备，同时完成一些次要表面的加工（如钻削紧固孔、攻螺纹、铣键槽等）。

（3）精加工阶段　精加工应使各主要表面达到图样规定的质量要求。

（4）光整加工阶段　对于公差等级在IT6级以下、表面粗糙度值 $Ra<0.2\mu m$ 的零件，需安排光整加工阶段，光整加工可进一步提高尺寸精度并降低表面粗糙度值。

2. 划分加工阶段的主要原因

（1）保证加工质量　工件加工阶段划分后，粗加工因余量大、切削力大等因素造成的加工误差，可通过半精加工和精加工逐步纠正，从而可保证加工质量。

（2）有利于合理使用设备　粗加工要求功率大、刚性好、生产率高的设备，精加工则要求精度高的设备。划分加工阶段后，就可充分发挥粗、精加工设备的特点，避免以精加工设备进行粗加工，使设备利用更合理。

（3）便于安排热处理工序，使冷热加工工序配合得更好　如粗加工后残余应力大，可安排时效处理，消除残余应力；热处理引起的变形又可在精加工中消除。

（4）便于及时发现毛坯缺陷　粗加工时切除大部分余量，能及早发现毛坯缺陷（如气孔、砂眼、夹渣等），以便及时报废或进行修补，避免浪费精加工工时。

（5）保护加工表面　精加工、光整加工安排在后，可保护精加工和光整加工过的表面少受磕碰损坏。

应指出的是，上述阶段划分不是一成不变的，当加工质量要求不高、工件刚性足够、毛坯质量高、加工余量小时，可不划分加工阶段。例如在自动机床上加工的零件，尤其是重型零件，由于安装、运输费时费力，常不划分加工阶段，而在一次安装时完成大部分甚至全部粗、精加工。

4.5.3 工序的集中与分散

为了便于组织生产，常将工艺路线划分为若干工序，划分时可采用工序的集中或分散的原则。

1. 工序集中原则

工序集中原则是指零件的加工集中在少数工序内完成，而每道工序的加工内容较多。工序集中的特点如下：

1）工序数目少，缩短了工艺路线，从而简化了生产计划和生产组织工作，降低了生产成本。

2）减少了设备数量，相应地减少了操作工人和生产面积。

3）减少了零件的安装次数，不仅缩短了辅助时间，而且在一次安装下能加工较多的表面，也易于保证这些表面的相对位置精度。

4）有利于采用高生产率的专用设备和工艺装备，如采用多刀多刃、多轴机床以及数控机床和加工中心等，从而大大提高生产率。

5）辅助时间长，操作调整和维修费时费事。

2. 工序分散原则

工序分散指的是整个工艺过程的工序数目多，而每道工序的加工内容却较少。工序分散的特点如下：

1）设备和工艺装备结构都比较简单，调整、维修方便。

2）容易适应生产产品的变换。

3）可采用最有利的切削用量，减少机动时间。

4）设备数量多，操作工人多，占用生产面积大。

在确定工序集中或分散问题时，应考虑零件的结构和技术要求、零件的生产纲领、工厂实际生产条件等因素，综合考虑后再确定。在一般情况下，单件小批生产时，多将工序集中；大批量生产时，既可采用多刀、多轴等高效率机床将工序集中，也可将工序分散后组织流水线生产。目前的发展趋势是倾向于工序集中。

4.5.4　加工顺序的安排

加工顺序就是指工序的排列次序。它对保证加工质量、降低生产成本有着重要的作用。一般考虑以下几个原则：

1. 基面先行

选作精基准的表面一般应先加工，以便为其他表面的加工提供基准。

2. 先粗后精

零件在切削加工时应先安排各表面的粗加工，中间安排半精加工，最后安排精加工和光整加工。

3. 先主后次

先加工零件上的装配基面和工作表面等主要表面，后加工键槽、紧固用的光孔和螺纹孔等次要表面。由于次要表面加工面积小，又常与主要表面有位置精度要求，所以一般安排在主要表面半精加工后加工。

4. 先面后孔

对于箱体、支架、连杆等类零件，由于平面的轮廓尺寸较大，用它定位比较稳定可靠，因此应选平面作精基准来加工孔，所以应该先加工平面，然后以平面定位加工孔，这样有利于保证孔的加工精度。

5. 进给路线短

数控加工中，应尽量缩短刀具移动距离，减少空行程时间。

6. 减少换刀次数

使用加工中心，每换一把刀具后，应将所能加工的表面全部加工，以减少换刀次数，缩短辅助时间。

7. 工件刚性好

数控铣削中，先铣加强肋，后铣腹板，有利于提高工件刚性，防止振动。

4.5.5　热处理工序及辅助工序的安排

常用的热处理方法有退火、正火、时效处理和调质处理等。热处理的目的主要是提高材料的力学性能，改善材料的加工性能和消除内应力。

1. 退火和正火

退火和正火是为了改善切削加工性能和消除毛坯的内应力，一般安排在毛坯制造之后、粗加工之前。

2. 时效处理

时效处理主要用于消除毛坯制造和机械加工中产生的内应力，一般安排在粗加工前后，对于精密零件应进行多次时效处理。目前一般采用人工时效处理，以保证彻底清除毛坯应力，缩短生产周期。

3. 调质处理

调质处理即淬火后的高温回火，能获得均匀细致的索氏体组织，改善材料力学性能，一般安排在粗加工后进行。

4. 淬火

淬火处理的目的主要是提高零件材料的硬度和耐磨性，一般安排在半精加工与精加工之间进行。淬火后，需进行磨削或研磨，以修正淬火后的变形。在淬火前，需将铣键槽、钻螺纹底孔、车螺纹、攻螺纹等次要表面的加工进行完毕，以防止淬硬后不能加工。

5. 渗碳淬火

渗碳淬火适合于低碳钢和低碳合金钢，其目的是使零件表层含碳量增加，从而提高零件表面的硬度和耐磨性。由于渗碳淬火变形大，一般放在精加工之前进行。

6. 渗氮、碳氮共渗等热处理工序

它们可根据零件的加工要求安排在粗、精磨之间或精磨之后进行。

7. 辅助工序的安排

（1）检验工序的安排　检验工序是主要的辅助工序，是保证产品质量的重要措施。除了各工序操作者自检外，在粗加工之后、重要工序前后、送往其他车间加工前后以及零件全部加工结束之后，一般均应安排检验工序。

（2）表面装饰工序的安排　表面装饰镀层以及发蓝、发黑处理等，一般都安排在机械加工完毕后进行。

此外，去毛刺、倒钝锐边、去磁、动平衡及清洗等都是不可缺少的辅助工序，在拟订工艺规程时切不可轻视。

4.5.6　数控加工工艺的安排

零件从毛坯到成品的整个工艺流程中，可根据零件的加工精度要求及加工内容，穿插数控加工工艺，因此，在进行零件工艺分析的同时，就可确定采用数控加工的内容，编制数控加工工艺过程。所谓数控加工工艺过程，实质上就是几道数控加工工序的概括，由于数控加工的控制方式、加工方法的特殊性，其加工工艺也具有一定的特殊性。

1. 工序的划分

为适应数控加工编程、操作和管理的要求，数控加工一般均采用工序集中的原则，可按下列方法划分工序：

1）以一次安装的加工内容作为一道工序，适用于加工内容不多的工件。

2）以同一把刀具的加工内容划分工序，适用于一次装夹的加工内容较多、程序较长的工件。

3）以加工部位划分工序，适用于加工内容很多的工件。

4）以粗、精加工划分工序，对易发生变形的工件，应把粗、精加工分在不同的工序中进行。

2. 数控加工顺序安排

一般遵循以下原则：

1）上道工序的加工不影响下道工序的装夹（特别是定位）。

2）先内型内腔的加工工序，后外形的加工工序。

3）以相同装夹方式或一把刀具加工的工序尽可能采用集中的连续加工，减少重复定位误差，减少重复装夹、更换刀具等辅助时间。

4）在一次装夹进行多道工序加工时，应先安排对工件刚性破坏较小的工序，以减少工件的加工变形。

3. 进给路线的选择

进给路线是指在数控加工中刀具刀位点相对工件运动的轨迹与方向。进给路线反映了工步加工内容及工序安排的顺序，是编写程序的重要依据，因此要合理选择进给路线。影响进给路线的因素主要有工件材料、余量、表面粗糙度、机床、刀具及工艺系统的刚性等。合理的进给路线是指在保证零件加工精度及表面粗糙度的前提下，尽量使数值计算简单、编程量小、程序段少、进给路线短、空程量最小的高效率路线。

对点位控制数控机床的进给路线，必须保证各定位点间的路线总长度最短。欲使刀具在 Z 向的进给路线最短，就需严格控制刀具相对工件在 Z 向切入时的空程量（加工通孔时存在该问题）。

对轮廓控制数控机床，最短路线是以保证零件加工精度和表面粗糙度要求为前提的，因此应保证零件的最终轮廓是连续加工获得的。同时要合理设计切入、切出的程序段，避免切削过程中的停顿而使轮廓表面留下刀痕。要尽量采用顺铣加工，注意选择加工后变形最小的进给路线。

4.6 加工余量的确定

4.6.1 加工余量的概念

加工余量是指在机械加工过程中从加工表面切除的金属层厚度。加工余量分为工序加工余量和总加工余量。工序加工余量是指相邻两工序的工序尺寸之差；总加工余量是指毛坯尺寸与零件图设计尺寸之差，又称毛坯余量，如图 4-9 所示，总加工余量等于各工序加工余量之和，即

$$Z_0 = \sum_{i=1}^{n} Z_i$$

式中　Z_0——总加工余量；

Z_i——第 i 道工序的加工余量；

n——形成该表面的工序总数。

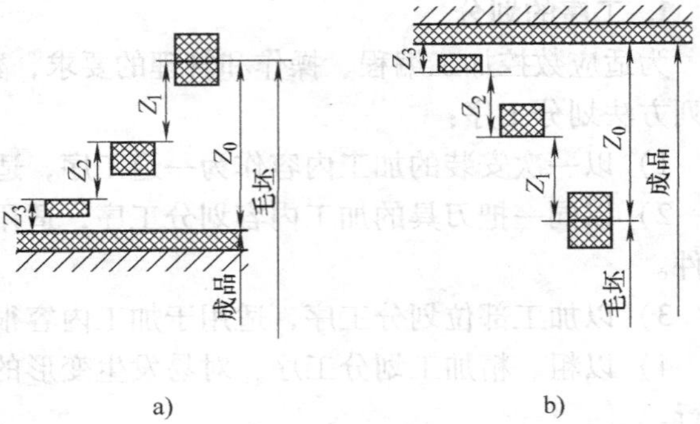

图 4-9　总加工余量与工序余量的关系

a）被包容面（轴）　b）包容面（孔）

由于工序尺寸有公差，故实际切除的余量大小不等，出现最小加工余量和最大加工余量。图 4-10 所示为工序余量与工序尺寸的关系，由图可知，工序余量的基本尺寸（公称余量或基本余量）可按下式计算

对于被包容面（轴）　　$Z = a - b$

对于包容面（孔）　　$Z = b - a$

式中　Z——本工序余量的基本尺寸；

a——前道工序的基本尺寸；

b——本道工序的基本尺寸。

为了便于加工，工序尺寸都按“入体原则”标注极限偏差，即被包容面的工序尺寸取上偏差为零，包容面的工序尺寸取下偏差为零。毛坯尺寸则按双向布置上、下偏差。工序余量和工序尺寸公差按下式计算

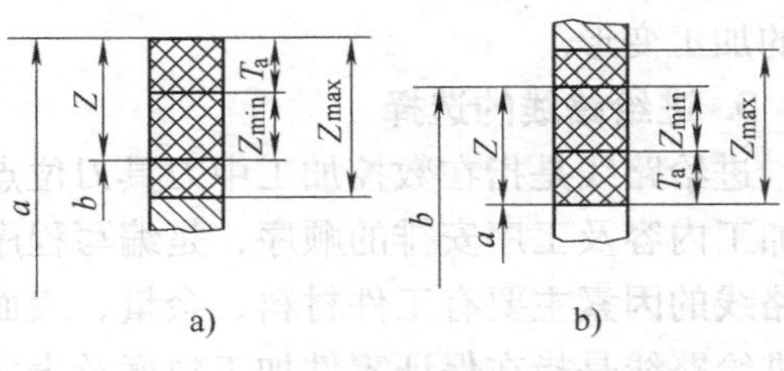

图 4-10　工序余量与工序尺寸的关系

a）被包容面（轴）　b）包容面（孔）

$$Z = Z_{\min} + T_a$$

$$Z_{\max} = Z + T_b = Z_{\min} + T_a + T_b$$

式中　$Z_{\min}$——最小工序余量；

$Z_{\max}$——最大工序余量；

T_a——前道工序尺寸的公差；

T_b——本道工序尺寸的公差。

加工余量有单边余量和双边余量之分。平面的加工余量是单边余量，它等于实际切削的金属层厚度。对于回转表面（如外圆和孔等），加工余量指双边余量，即以直径方向计算，实际切削的金属为加工余量数值的一半。

4.6.2　影响加工余量的因素

加工余量的大小对工件的加工质量和生产率有较大影响。加工余量过大，会浪费工时，增加刀具、金属材料及电力的消耗；加工余量过小，既不能消除前道工序留下的各种缺陷和误差，也不能补偿本工序的装夹误差，造成废品。因此，应合理地确定加工余量。确定加工余量的基本原则是在保证加工质量的前提下，越小越好，影响加工余量的因素如下：

1. 前道工序的尺寸公差

由于工序尺寸有公差，前道工序的实际工序尺寸有可能出现最大或最小极限尺寸。为了使前道工序的实际工序尺寸在极限尺寸的情况下，本工序也能将前道工序留下的表面粗糙度

和缺陷层切除，本工序的加工余量应包括前道工序的尺寸公差。

2. 前道工序的形位误差

当工件上有些形状和位置偏差不包括在尺寸公差的范围内时，这些误差又必须在本工序加工纠正，则在本工序的加工余量中必须包括它。

3. 工序的表面粗糙度和缺陷层

为了保证加工质量，本工序必须将前道工序留下的表面粗糙度和缺陷层切除。

4. 本工序的装夹误差

安装误差包括工件的定位误差和夹紧误差，若用夹具装夹，还应有夹具在机床上的装夹误差。这些误差会使工件在加工时的位置发生偏移，所以加工余量还必须考虑安装误差的影响。例如图 4-11 所示用三爪自定心卡盘夹持工件外圆加工孔时，若工件轴线偏离主轴旋转轴线，则造成孔的切削余量不均匀，为了确保前后工序各项误差和缺陷的切除，孔的直径余量应增加 $2e$。

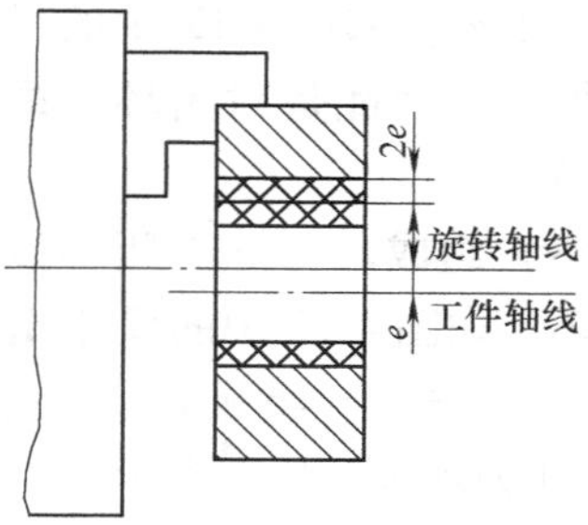

图 4-11 三爪自定心卡盘装夹误差对加工质量的影响

4.6.3 确定加工余量的方法

确定加工余量的方法有三种：分析计算法、查表修正法和经验估算法。

1. 分析计算法

本方法是根据有关加工余量计算公式和一定的试验资料，对影响加工余量的各项因素进行分析和综合计算来确定加工余量的。用这种方法确定加工余量比较经济合理，但必须有比较全面和可靠的试验资料。目前，只在材料十分贵重，以及军工生产或少数大量生产的工厂中采用。

2. 查表修正法

根据工艺手册或工厂中的统计经验资料查表，并结合具体情况加以修正来确定加工余量。此法在实际生产中广泛应用。

3. 经验估算法

依靠实际经验来确定加工余量。为防止因余量过小而产生废品，所估余量一般偏大。此法只可用于单件小批生产。

4.7 工艺尺寸链

4.7.1 工艺尺寸链的概念

1. 尺寸链的定义

在机器装配或零件加工过程中，由相互联系的尺寸形成封闭尺寸组，称为尺寸链。如图 4-12a 所示，用零件的表面 1 来定位加工表面 2，得尺寸 A_1。仍以表面 1 定位加工表面 3，保证尺寸 A_2，于是 A_1、A_2、A_0 连接成一个封闭的尺寸组，如图 4-12b 所示，形成尺寸链。

在机械加工过程中，同一个工件的各有关工艺尺寸组成的尺寸链，称为工艺尺寸链。

2. 工艺尺寸链的组成

（1）环　组成工艺尺寸链的各个尺寸都称为工艺尺寸链的环。如图 4-12 中的尺寸 A_1、A_2、A_0，都是工艺尺寸链的环。

（2）封闭环　工艺尺寸链中，间接得到的环称为封闭环。如图 4-12 中的尺寸 A_0，是加工后间接获得的，因此是封闭环，每个尺寸链只有一个封闭环。

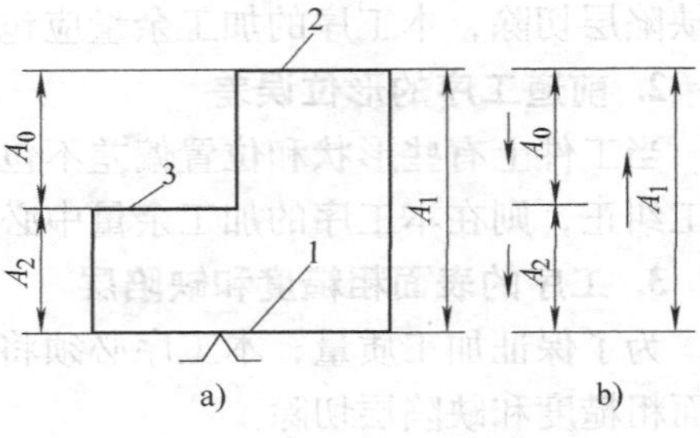

图 4-12　加工尺寸链示例

（3）组成环　除封闭环以外的其他环都称为组成环。如图 4-12 中的尺寸 A_1、A_2 都是组成环。组成环分增环和减环两种。

1）增环。在组成环中，自身增大会使封闭环也随之增大的称为增环，如图 4-12 中的尺寸 A_1 即为增环，用$\overrightarrow{A_1}$表示。

2）减环。在组成环中，自身增大会使封闭环随之减小的称为减环，如图 4-12 中的尺寸 A_2 即为减环，用$\overleftarrow{A_2}$表示。

3. 增、减环的判定方法

为了正确地判断增环与减环，可在尺寸链图上，先给封闭环任意定出方向并画出箭头，然后沿此方向环绕尺寸链回路，依次给每一个组成环画出箭头。凡箭头方向与封闭环相反的为增环，相同的则为减环，如图 4-13 所示。

4. 工艺尺寸链的特性

（1）关联性　组成工艺尺寸链的各尺寸之间必然存在着一定关系，工艺尺寸链中的每一个组成环不是增环就是减环，其尺寸发生变化都要引起封闭环尺寸变化。

（2）封闭性　尺寸链必须是一组首尾相接并构成一个封闭图形的尺寸组合，其中应包含一个间接得到的尺寸。不构成封闭图形的尺寸组合就不是尺寸链。

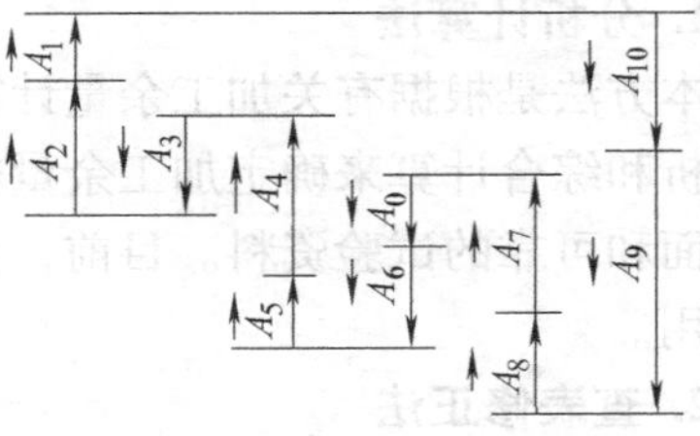

图 4-13　增、减环的简易判断图

5. 建立工艺尺寸链的步骤

（1）确定封闭环　即加工后间接得到的尺寸。

（2）查找组成环　从封闭环一端开始，按照尺寸之间的联系，首尾相连，依次画出对封闭环有影响的尺寸，直到封闭环的另一端，形成一个封闭图形，即构成一个工艺尺寸链，如图 4-12 所示。

（3）判断增减环　按照各组成环对封闭环的影响确定增环或减环。

4.7.2　工艺尺寸链计算的基本公式

尺寸链的计算方法有两种：极值法与概率法。目前生产中多采用极值法计算，下面仅介绍极值法计算的基本公式。极值法是按误差综合的两个不利情况（即各增环皆为最大极限尺寸而各减环皆为最小极限尺寸，以及各增环皆为最小极限尺寸而各减环皆为最大极限尺寸）来计算封闭环极限尺寸的方法。这种方法简便、可靠，但对组成环的公差要求过于严格。一般工艺尺寸链多用极值法计算。

用极值法计算尺寸链的基本公式如下：

1）封闭环的基本尺寸等于各增环尺寸之和减去各减环尺寸之和。

$$A_0 = \sum_{i=1}^{n} \overrightarrow{A_i} - \sum_{i=n+1}^{m} \overleftarrow{A_i}$$

式中　A_0——封闭环基本尺寸；

$\overrightarrow{A_i}$——增环的基本尺寸；

$\overleftarrow{A_i}$——减环的基本尺寸；

n——增环的环数；

m——组成环的环数。

2）封闭环的最大值等于各增环最大值之和减去各减环最小值之和，封闭环的最小值等于各增环最小值之和减去各减环最大值之和。

$$A_{0\max} = \sum_{i=1}^{n} \overrightarrow{A_{i\max}} - \sum_{i=n+1}^{m} \overleftarrow{A_{i\min}}$$

$$A_{0\min} = \sum_{i=1}^{n} \overrightarrow{A_{i\min}} - \sum_{i=n+1}^{m} \overleftarrow{A_{i\max}}$$

3）封闭环的上偏差等于各增环上偏差之和减去各减环下偏差之和，封闭环的下偏差等于各增环下偏差之和减去各减环上偏差之和。

$$\mathrm{ES}_0 = \sum_{i=1}^{n} \overrightarrow{\mathrm{ES}_i} - \sum_{i=n+1}^{m} \overleftarrow{\mathrm{EI}_i}$$

$$\mathrm{EI}_0 = \sum_{i=1}^{n} \overrightarrow{\mathrm{EI}_i} - \sum_{i=n+1}^{m} \overleftarrow{\mathrm{ES}_i}$$

4）封闭环的公差等于各组成环公差之和。

$$T_0 = \sum_{i=1}^{n} T_i$$

4.7.3　计算工艺尺寸链的步骤

工艺尺寸链的计算一般有下面两种情况：已知全部组成环的尺寸，求封闭环的尺寸，称为正计算，多用于验算、校核设计的正确性；已知封闭环的尺寸，求组成环的尺寸，称为反计算，多用于工序设计。计算工艺尺寸链问题的步骤如下：

1）根据题意，按照零件各表面间的相互联系，绘出尺寸链简图。

2）确定封闭环。

3）判断增、减环。

4）按上述公式计算。

5）按入体尺寸标注尺寸公差。即轴的工序尺寸，其上偏差为零；孔的工序尺寸，其下偏差为零；长度尺寸，可按轴也可按孔标注。

4.7.4　工艺尺寸链的应用

1. 基准不重合时工序尺寸及公差的确定

在零件加工中，有时会遇到一些表面加工之后，按设计尺寸不便（或无法）直接测量的情况。因此需要在零件上另选一个易于测量的表面作测量基准进行加工，以间接保证设计尺寸要求。此时，即需要进行工艺换算。另外当加工表面的定位基准与设计基准不重合时，也要进行一定的尺寸换算。

例 4-1　如图 4-14 所示零件，C、B 面均加工完，现需加工 D 面。D 面的设计基准是 C 面（保证尺寸 A_1），但采用 C 面定位时加工不便，若采用调整法加工，以 B 面为定位基准，则需控制 A_3 尺寸，而控制 A_3 尺寸需要通过尺寸链计算。已知 $A_1 =$ （15 ± 0.12） mm，$A_2 = 30_{-0.2}^{\ 0}$mm，求 A_3 尺寸。

解： 采用调整法加工时，定位基准 B 面需控制尺寸为 A_3，A_2 尺寸在前一道工序中已保证，所以 A_1 为封闭环。

1）画尺寸链简图，如图 4-15 所示。

2）判断增、减环：

A_1——封闭环；

A_2——增环；

A_3——减环。

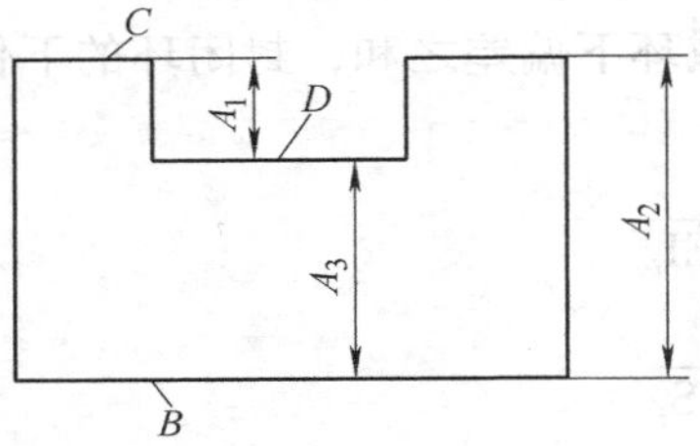

图 4-14　基准不重合时的尺寸换算

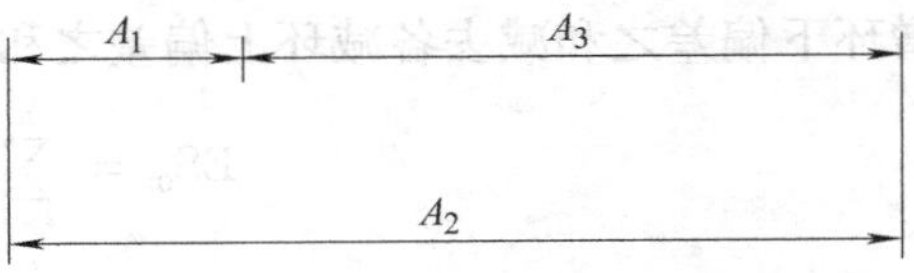

图 4-15　尺寸链简图

3）根据公式计算。

因为 $$A_0 = \sum_{i=1}^{n} \overrightarrow{A_i} - \sum_{i=n+1}^{m} \overleftarrow{A_i}$$

所以 $$A_3 = A_2 - A_1 = (30 - 15)\text{mm} = 15\text{mm}$$

又因为 $$ES_0 = \sum_{i=1}^{n} \overrightarrow{ES_i} - \sum_{i=n+1}^{m} \overleftarrow{EI_i}$$

所以 $$EI_3 = ES_2 - ES_1 = (0 - 0.12)\text{mm} = -0.12\text{ mm}$$

又因为 $$EI_0 = \sum_{i=1}^{n} \overrightarrow{EI_i} - \sum_{i=n+1}^{m} \overleftarrow{ES_i}$$

所以 $$ES_3 = EI_2 - EI_1 = [-0.2 - (-0.12)]\text{mm} = -0.08\text{ mm}$$

由此可得 $$A_3 = 15_{-0.12}^{-0.08}\text{mm} = 14.92_{-0.04}^{\ 0}\text{mm}(\text{入体分布})$$

如果基准不转换，只要保证加工尺寸精度为 0.24mm 即可，但转换基准后，要保证加工尺寸精度为 0.04mm，提高了本工序的加工精度，因此运用极值法计算工序尺寸和公差应注意可能有假废品出现。为避免假废品的出现，对换算后工序尺寸超差的零件，应按设计尺寸再进行复量和核算。

2. 多环尺寸链的工序尺寸及公差的确定

（1）尚需继续加工表面的工序尺寸及公差的确定　在零件加工中，有些加工表面的测量基准或定位基准是一些还需要继续加工的表面，造成这些表面在最后一道加工工序中出现需要同时控制两个尺寸的要求，其中一个尺寸是直接控制，由测量获得，而另一个尺寸变成间接获得，形成了尺寸链系统中的封闭环。

例4-2　如图4-16a所示为齿轮内孔简图，其加工工艺过程如下：

工序Ⅰ　镗内孔至 $A_1=\phi39.6^{+0.10}_{0}$mm。

工序Ⅱ　插键槽至尺寸 A_2。

工序Ⅲ　淬火。

工序Ⅳ　磨内孔至 $A_3=\phi40^{+0.025}_{0}$mm，同时间接保证键槽深度 $A_4=46^{+0.3}_{0}$mm。求插键槽深度 A_2。

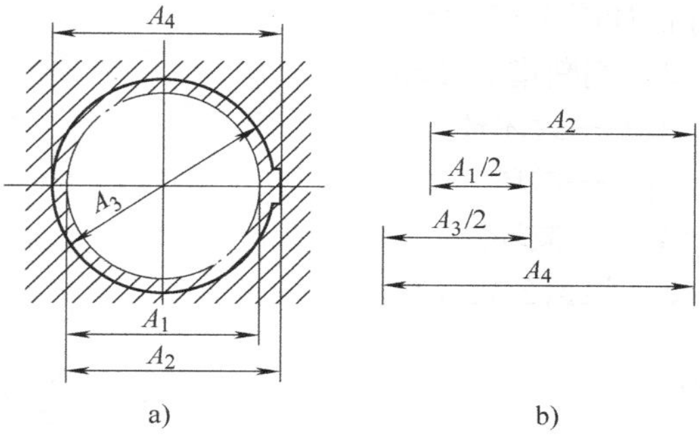

图4-16　内孔键槽加工尺寸换算

解：1）画尺寸链简图。根据工艺过程可知，磨削内孔时保证 A_3 尺寸的同时也间接保证了 A_4 尺寸，且 A_4 尺寸随其他尺寸变化而变化，所以 A_4 是封闭环。由于孔和磨孔尺寸及公差的一半对封闭环有影响，所以作出如图4-16b所示尺寸链简图。

2）判断增、减环：

A_4——封闭环；

A_2、$\dfrac{A_3}{2}$——增环；

$\dfrac{A_1}{2}$—减环。

3）根据公式计算。

因为
$$A_0=\sum_{i=1}^{n}\overrightarrow{A_i}-\sum_{i=n+1}^{m}\overleftarrow{A_i}$$

所以
$$A_2=A_4-\frac{A_3}{2}+\frac{A_1}{2}=(46-20+19.8)\text{mm}=45.8\text{mm}$$

又因为
$$ES_0=\sum_{i=1}^{n}\overrightarrow{ES_i}-\sum_{i=n+1}^{m}\overleftarrow{EI_i}$$

所以
$$ES_2=ES_4-\frac{ES_3}{2}+\frac{EI_1}{2}=(0.3-0.0125+0)\text{mm}=0.2875\text{ mm}$$

又因为
$$EI_0=\sum_{i=1}^{n}\overrightarrow{EI_i}-\sum_{i=n+1}^{m}\overleftarrow{ES_i}$$

所以
$$EI_2=EI_4-\frac{EI_3}{2}+\frac{ES_1}{2}=(0-0+0.05)\text{mm}=0.05\text{mm}$$

由此可得　$A_2=45.8^{+0.2875}_{+0.05}\text{mm}=45.85^{+0.2375}_{0}\text{mm}$（入体分布）

（2）零件进行表面处理时的工序尺寸计算　当某些零件表面需要进行渗碳、渗氮或表面镀铬等工序，且在精加工后还需保持其一定的厚度时，也涉及到尺寸链的计算问题。

例4-3　如图4-17a所示零件的 ϕF 表面要求镀银，镀银层厚为 $0.2^{+0.1}_{0}$mm，ϕF 的最终尺寸为 $\phi63^{+0.03}_{0}$mm。该表面的加工顺序为：磨内孔至尺寸 A_1；镀银；磨内孔至尺寸 A_2，并保

证镀银层厚度 $0.2^{+0.1}_{0}$ mm，问镀层尺寸 A_1 为多少才能保证要求？

解： 1）画尺寸链简图。因镀层是单边的，因此应把 $\phi63^{+0.03}_{0}$ mm 换成半径方向，为 $\phi31.5^{+0.015}_{0}$ mm，尺寸链如图 4-17b 所示。

2）判断增、减环：

A_0——封闭环；

A_1——增环；

A_2——减环。

3）根据公式计算。

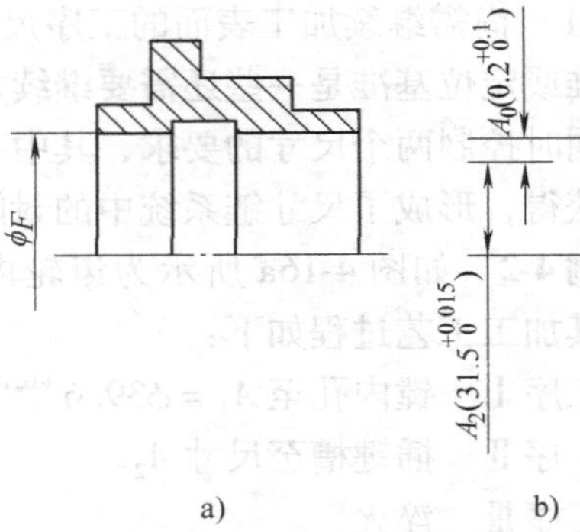

图 4-17　表面处理层尺寸换算

因为　$$A_0 = \sum_{i=1}^{n} \overrightarrow{A_i} - \sum_{i=n+1}^{m} \overleftarrow{A_i}$$

所以　$$A_1 = A_0 + A_2 = (0.2 + 31.5)\text{mm} = 31.7\text{mm}$$

又因为　$$ES_0 = \sum_{i=1}^{n} \overrightarrow{ES_i} - \sum_{i=n+1}^{m} \overleftarrow{EI_i}$$

所以　$$ES_1 = ES_0 + EI_2 = (0.1 + 0)\text{mm} = 0.1\text{ mm}$$

又因为　$$EI_0 = \sum_{i=1}^{n} \overrightarrow{EI_i} - \sum_{i=n+1}^{m} \overleftarrow{ES_i}$$

所以　$$EI_1 = EI_0 + ES_2 = (0 + 0.015)\text{mm} = 0.015\text{mm}$$

由此可得　$$A_1 = 31.7^{+0.1}_{+0.015}\text{mm} = 31.715^{+0.085}_{0}\text{mm}$$

换算成直径方向上的尺寸为 $\phi63.43^{+0.17}_{0}$ mm。

4.8　机床及工艺装备的选择

4.8.1　机床的选择

选择机床时应注意以下几点：

1）所选机床的主要规格尺寸应与加工工件的尺寸相适应。即小零件应选小的机床，大零件应选大的机床，做到设备合理使用。

2）所选机床的精度应与要求的工件加工精度相适应。对于高精度的工件，在缺乏精密设备时，可通过设备改造，以粗加工设备进行精加工。

3）所选机床的生产率应与加工工件的生产类型相适应。单件小批生产一般选择通用设备，大批量生产宜选高生产率的专用设备。

4）机床的选择应结合现场实际情况。例如设备的类型、规格及精度状况，设备负荷的平衡情况以及设备分布排列情况等。

5）合理选用数控机床。在通用机床无法加工、难加工、质量难以保证的情况下，可考虑选用数控机床；当加工效率要求高、工人劳动强度大时，也可选用数控机床。

4.8.2　工艺装备的选择

工艺装备的选择包括夹具、刀具和量具的选择。

1. 夹具的选择

单件小批生产，应尽量选择通用夹具。例如各种卡盘、台虎钳、回转台等。如果条件具备，为了提高生产率和加工精度，可选用组合夹具。大批大量生产，应选择生产率和自动化程度高的专用夹具。多品种中、小批生产可选用可调夹具或成组夹具。夹具的精度应与加工精度相适应。

2. 刀具的选择

选择刀具时，优先选择通用刀具，以缩短刀具制造周期，降低成本。必要时可采用各种高生产率的专用刀具和复合刀具。刀具的类型、规格及精度等应符合加工要求，如铰孔时，应根据被加工孔不同精度，选择相应精度等级的铰刀。

3. 量具的选择

单件小批量生产应采用通用量具，如游标卡尺、百分表等。大批量生产应采用各种量规和高效的专用检具，量具的精度必须与加工精度相适应。

总之，确定了加工设备与工装之后，就需要合理选择切削用量，正确选择切削用量，对满足加工精度、提高生产率、降低刀具的消耗意义很大。在一般工厂中，由于工件材料、毛坯状况、刀具材料与几何角度及机床刚度等工艺因素的变化较大，故在工艺文件上不规定切削用量，而由操作者根据实际情况自己确定。但是在大批量生产中，特别是在流水线或自动化生产线上，必须合理地确定每一道工序的切削用量。切削用量的确定可查阅有关的工艺手册，或按经验估算而定。

习　题

4-1　试述工艺规程的作用及制订工艺规程的基本原则。

4-2　简述制订工艺规程的步骤。

4-3　零件的技术要求分析包括哪几个方面？

4-4　选择毛坯时应考虑哪些因素？

4-5　粗基准和精基准选择的原则是什么？

4-6　选择加工方法时应综合考虑哪些因素？

4-7　何谓工序集中和工序分散？各自的特点是什么？

4-8　加工顺序的安排一般考虑哪几个方面？

4-9　简述退火、正火、时效、调质、淬火、渗碳等热处理工序在工艺过程中的位置和各自的作用。

4-10　数控加工顺序安排一般遵循哪些原则？点位控制和轮廓控制的数控机床进给路线的选择应注意哪些问题？

4-11　什么是加工余量？影响加工余量的因素有哪些？

4-12　简述尺寸链、封闭环、组成环、增环和减环的概念。

4-13　图 4-18 所示零件在车床上加工阶梯孔时，尺寸 $10_{-0.04}^{\ 0}$ mm 不便测量，需要通过测量尺寸 x 来保证设计要求。试换算该测量尺寸。

4-14　如图 4-19 所示，加工主轴时，要保证键槽深度 $4_{\ 0}^{+0.15}$ mm，其工艺过程如下：

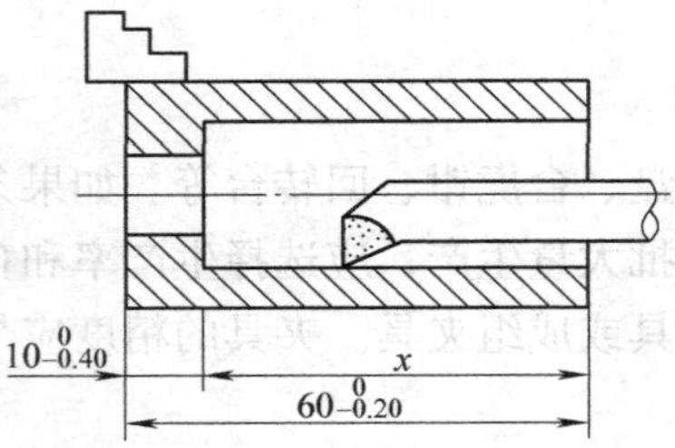

图 4-18　阶梯孔加工

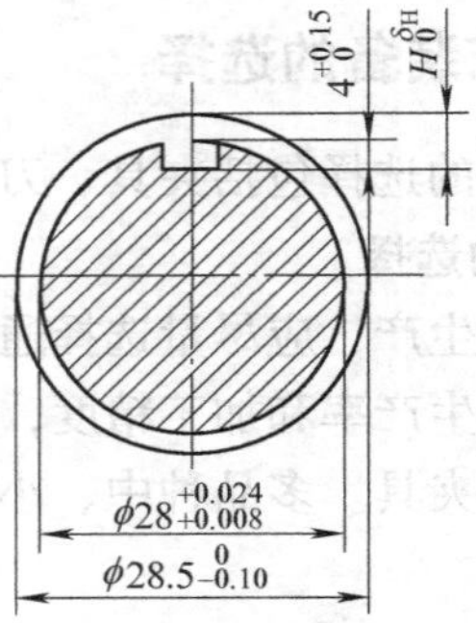

图 4-19　键槽工序尺寸的计算

1）车外圆至尺寸 $\phi 28.5_{-0.1}^{\ 0}$mm。

2）铣键槽尺寸至 $H_0^{\delta H}$。

3）热处理。

4）磨外圆尺寸至 $\phi 28_{+0.008}^{+0.024}$mm。

设磨外圆的同轴度误差为 $\phi 0.04$mm，试用极值法计算铣键槽工序尺寸 $H_0^{\delta H}$。

4-15　如图 4-20 所示的销轴，要求电镀。工艺过程为车-粗磨-精磨-电镀。成批生产时镀层厚度为 0.025 ~0.015mm，由电镀工艺保证。试确定精磨工序的工序尺寸及其允许偏差。

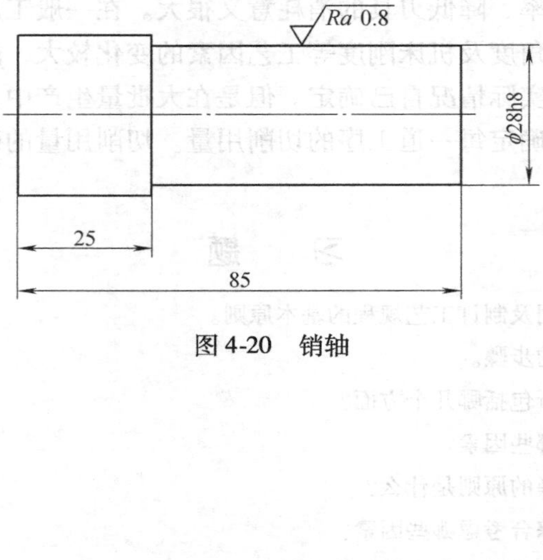

图 4-20　销轴

下　篇

机械加工实训

第 5 章　车 削 加 工

车削加工技术有很强的实践性，教学中常实施项目教学法，强调做中学、学中做的教学理念。教师在教学中要按照项目教学的要求，模拟企业生产中的零件加工过程，让学生置身其中，亲身体验工厂的实际生产状况。

项目一　认识车削加工

主要内容	安全知识、认识车床、车床调整	重点、难点	操作时的安全
学习方法	通过教师的讲解、演示，结合录像学习	考核方式	一对一理论考核

车削加工是机械加工中最常见的工种之一，它所用的设备是车床。车床是利用工件的回转运动和刀具的直线移动来加工工件的，常用于加工回转体表面。

课题一　安 全 知 识

由于车床操作时工件是旋转的，有一定的危险性，因此在操作过程中必须严格遵守工厂、车间规定的各项安全操作规章制度。

1. 人身安全

1）工作时要穿工作服，并扣好每一个扣子，袖口要扎紧，以防工作服衣角或袖口被旋转物体卷进，或铁屑从领口飞入。操作者应戴上工作帽，长头发必须塞进工作帽里，方可进入车间。

2）在车床上工作时，不得戴手套。

3）工作时，头不能离工件太近，以防切屑飞入眼睛。如果切屑细而飞散，则必须戴上防护眼镜。

4）手和身体不能靠近正在旋转的机件，更不能在这些地方及附近嬉戏打闹等。

5）在装工件或换卡盘时，导轨应垫木板加以保护。若质量太大，不能一人单干，可用起重设备，或请人帮忙配合，并注意相互安全。

6）工件和车刀必须装夹牢固，以防飞出伤人。装夹完毕后，工具要拿下放好，绝不能将工具遗忘在卡盘或刀架上，否则极易导致工具飞出伤人的事故。

7）工件旋转时，不允许测量工件，不可用手触摸工件。

8）清除铁屑应用专用的钩子，不可直接用手。

9）不可直接或间接地用手去刹住转动的卡盘。

10）不可任意拆装电气设备。

11）机床运转时，听到异常声音应及时停机检查。

12）遇故障而需检修时，应拉闸停电，并挂牌示警。

13）严格遵守各单位根据自身的具体情况而制定的规章制度。

2. 设备安全

1）车床开机前应先检查设备各部分机构是否完好，并按要求加好润滑油。

2）车床使用前，应低速运转3～5min，观察运转情况，低速运转可使车床内需润滑部位得到充分润滑。

3）必须爱护机床，注意保护各导轨、光杠、丝杠等重要零件的表面，不可敲击重要零件表面，也不可在重要零件表面上堆放杂物。

4）要变速时，必须先停机。工作时人不可随意离开机床。

5）自动进给时，要注意机床的极限位置，并做到眼不离工件、手不离操作手柄。

6）为了保持丝杠精度，除车螺纹外，不得用丝杠进行自动进给。

7）刀具用钝后，应及时刃磨，不能用钝刀继续切削，否则会增加车床负载，损坏车床。

8）按工具自身的用途，正确选择和使用工具，不可混用。

9）爱护量具，保持清洁，使它不受撞击和摔落。

10）每个班次工作结束后，应及时清理车床，收拾工具、量具。清理车床时，先用刷子刷去切屑，再用棉纱擦净油污，并按规定在需加油处加注润滑油，将车床溜板部分摇到床尾一端，变速手柄置于空挡，关闭电源。将用过的物件擦拭干净，按各工具、量具自身的要求进行保养，放回原位。

3. 工作地点布置

工作地点布置与生产效率、产品质量、劳动强度和安全生产密切相关。正确地布置工作地点，应做到：

1）待加工工件和已加工工件应分开并排放整齐，要便于取放和质量检查。

2）工具箱应分类布置，并保持清洁、整齐。要求小心使用的物件要放置稳妥，质量小的放在上面，质量大的放在下面。

3）图样、工艺卡片等工艺文件应放在便于阅读之处，并保持清洁、完整。

4）所用的工具、夹具、量具及工件应尽可能靠近和集中在操作者周围的适当位置，并尽量避免操作者取放物件时经常弯腰；应将常用的放得近些，不常用的放得远些；用右手拿的放在右边，用左手拿的放在左边；每种物件应放在固定位置，用后放回原位，切不可乱放。

5）工作地点应经常保持清洁、整齐。

4. 组织纪律性

1）实习前学生站好排，有组织地进入实习场地，接受实习指导教师的安排。

2）实习结束也必须站成排，有秩序地离开实习场地。

3）实习期间在自己的工作岗位操作，不许串岗。

4）实习期间要合理布置自己的工作场地，养成良好的工作习惯。

5）学生实习期间严禁打闹。

6）遵守学校的作息时间，服从实习教师的安排。

课题二 认识车床

车床有许多种类，按结构和用途的不同，可分为卧式车床、转塔车床、立式车床、单轴自动车床、多轴自动/半自动车床、多刀车床、仿形车床、专门车床等。在工厂中，卧式车床用得最多，现以卧式车床（CA6140A 型）为例进行介绍。

CA6140A 为机床型号。其中字母 C 为车床代号；前一个大写字母 A 为性能代号；6 为组代号，1 为系代号，表示卧式车床；40 表示被加工工件的最大回转直径为 400mm；后一个大写字母 A 表示改进次数。

各种卧式车床的外形基本相似，车床外形如图 5-1 所示。CA6140A 型车床各组成部分的名称和作用介绍如下：

1. 主轴变速箱

主轴变速箱简称主轴箱，内装变速机构和主轴。主轴变速箱的正面有变速操作手柄。电动机的运动经带轮传递到主轴变速箱，通过变速手柄的操作，可改变变速机构的传动路线，使主轴获得加工时所需的不同转速。

2. 交换齿轮箱

交换齿轮箱在主轴箱的左侧，内有交换齿轮架和交换齿轮，主轴箱的运动通过交换齿轮箱传递到进给变速箱。

3. 进给变速箱

它内装进给变速机构，通过改变进给箱上手柄的位置，可使丝杠、光杠得到不同的转速，从而使车刀的移动获得不同的进给量或螺距。

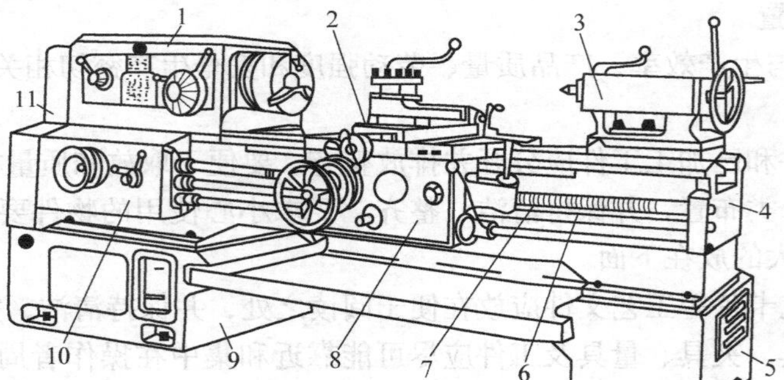

图 5-1　CA6140A 型车床外形

1—主轴变速箱　2—刀架　3—尾座　4—床身　5—床腿　6—光杠
7—丝杠　8—溜板箱　9—床腿　10—进给变速箱　11—交换齿轮箱

4. 光杠、丝杠

它们可将进给箱的运动传给溜板箱。光杠用于自动走刀，丝杠用于车螺纹。

5. 操纵杠

操纵杠上的手柄用来操作车床主轴的正转、反转和停机。

6. 溜板箱

溜板箱可把光杠或丝杠的运动传给刀架。合上横向或纵向自动进给手柄，可将光杠的运动传到进给丝杠上，实现横向或纵向的自动进给；合上开合螺母手柄，可接通丝杠，实现螺纹车削运动。自动进给手柄和开合螺母手柄是互锁的，不能同时合上。溜板箱上装有手轮，转动手轮，可带动床鞍沿导轨移动。

7. 床鞍

床鞍与溜板箱相连接，可带动车刀沿床身上的导轨作纵向移动。

8. 中滑板

中滑板与床鞍相连接，可带动车刀沿床鞍上的导轨作横向移动。

9. 转盘

转盘与中滑板相连接，松开前后的两个锁紧螺母，可将小滑板扳转一定角度，转盘上有指示扳转角度大小的刻度。

10. 小滑板

小滑板通过转盘与中滑板相连接，可沿转盘上的导轨作短距离的移动。当转盘扳有角度时，转动小滑板上的刻度盘手柄，可带动车刀作斜向移动。小滑板常用于纵向微量进给和车削锥度。

11. 刀架

刀架用于安装车刀。它有四个装刀位置，松开方刀架上的锁紧手柄后，可调整方刀架的装刀位置与角度。

12. 卡盘

卡盘用于夹持工件，并带动工件一起转动。

13. 尾座

尾座安装在车床导轨上。松开尾座上的锁紧螺母或锁紧机构后，可推动尾座沿导轨纵向移动；旋转尾座体上的调节螺钉，可使尾座相对于导轨作横向偏置移动，移动距离很短，用于调整尾座的横向位置。尾座套筒内孔有锥度，可安装顶尖、钻夹头或用锥套安装钻头、铰刀等。

14. 床身

床身用于连接车床上的各个主要部件，床身上表面有两组平行的导轨，用来引导床鞍和尾座的移动。

15. 床腿

床腿用于支承床身，并与地基相连。

课题三　车床的手柄操作

1. 主轴变速手柄的操作

主轴的变速机构安装在主轴箱内，变速手柄在主轴箱的前表面上。操作时通过扳动变速手柄，可拨动主轴箱内的滑移齿轮，以改变传动路线，使主轴得到不同的转速。

在进行变速操作之前，首先要了解主轴箱上的速度标记方式。有些车床的转速是用表格形式标出的，有些车床则是在其中一个手柄边上标出速度，用颜色来确定其他手柄的位置。表格形式的变速方法比较简单，只需在表格上查到所需的转速，把变速手柄扳到表中提示的位置即可。

图5-2所示为CA6140A型车床的变速手柄示意图，手柄甲与速度值相对应，手柄乙与色块相对应。变速时，先找到所需的转速，将手柄甲转到需要的转速处，对准箭头，根据转速数字的颜色，将手柄乙拨到对应颜色处。

操作变速手柄时，应注意以下几点：

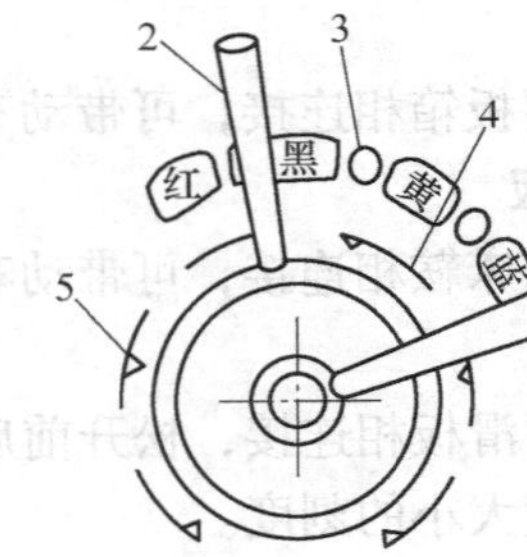

图 5-2　CA6140A 型车床的变速手柄示意图

1—手柄甲　2—手柄乙　3—空挡

4—写有速度值　5—手柄甲对准处

1）变速时要求先停机，若车床转动时变速，容易将齿轮轮齿打坏。

2）变速时，手柄要扳到位，否则会出现“空挡”现象，或由于齿轮在齿宽方向上没有全部进入啮合，降低了齿轮的强度，容易导致齿轮损坏。

3）变速时若齿轮的啮合位置不正确，手柄会难以扳到位，此时，可边用手转动车床卡盘边扳动手柄，直到手柄扳动到位。

2. 进给箱手柄的操作

通过操作进给箱手柄，可改变车削时的进给量或螺距。进给箱手柄在进给箱的前表面上，进给箱的上表面有一个标有进给量及螺距的表格。调节进给量时，可先在表格中查到所需的数值，再根据表中的提示，配换交换轮，并将手柄逐一扳动到位即可。手柄的操作方法与主轴变速手柄操作方法相似。

配换交换齿轮时要注意调整齿轮的间隙。间隙过小，会使交换齿轮转动时噪声过大，并会加大其磨损；间隙过大，则传动不稳定。实践中通常用垫纸法来控制间隙，即在相啮合的齿轮之间垫一层普通的白纸，再将齿轮轻轻推上压实、固定，旋转齿轮，取出白纸即可。

3. 溜板箱手柄的操作

溜板箱上一般有纵向、横向自动进给手柄，开合螺母手柄和床鞍移动手轮。

合上纵向自动进给手柄，可接通光杠的运动，在光杠带动下，可使车刀沿纵向（平行于导轨方向）自动走刀，走刀方向由光杠的转动方向决定，可往左或往右走刀。合上横向自动进给手柄，可使车刀沿横向（垂直于导轨方向）自动向前或向后走刀。对于 CA6140A 型机床，纵向、横向自动进给手柄合成一个手柄（见图 5-3），安装于溜板箱的右侧。操作时，只要把手柄扳到相应的进给方向即可，操作十分方便。

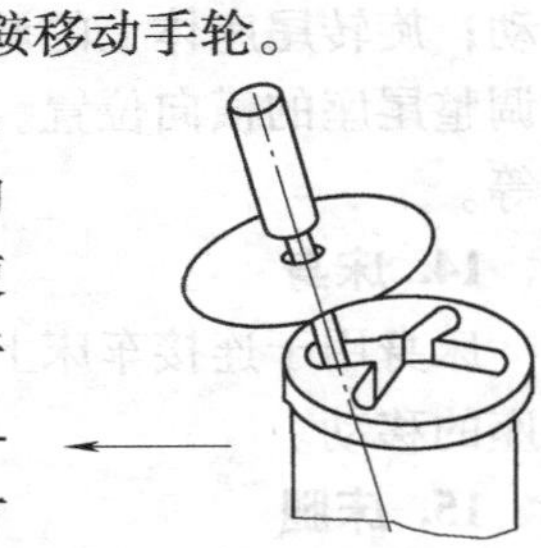

图 5-3　CA6140A 型车床进给手柄示意图

扳动手柄合上开合螺母，车刀就在丝杠带动下自动移动，进行螺纹车削运动。开合螺母手柄与自动进给手柄是相互联锁的，两者不能同时合上。操作溜板箱手柄时，有时也会出现手柄“合不上”的现象，这时，可先检查开合螺母与自动进给手柄的位置。有时手柄的微小掉落，就可能导致手柄相互锁住；若还不能解决问题，纵向进给时可转动一下溜板箱上的手轮，横向进给时可转动一下中滑板刻度盘手柄，改变内部齿轮的啮合位置即可。

4. 刻度盘手柄的操作

在车床的中滑板、小滑板上有刻度盘手柄，刻度盘安装在进给丝杠的轴头上，转动刻度盘手柄可带动车刀移动。中滑板刻度盘手柄用于调整背吃刀量，小滑板刻度盘手柄用于调整轴向尺寸和车锥度。中滑板刻度盘上一般标有每格尺寸，如图 5-4 所示，刻度盘每转过一格，车刀移动的距离为 0. 05mm，即每进一格，轴的半径减小 0. 05mm，直径则减小 0. 10mm。在习惯上，外圆、

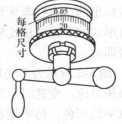

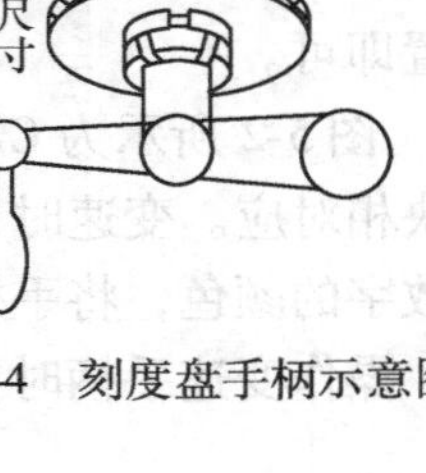

图 5-4　刻度盘手柄示意图

内孔车削时尺寸是以直径大小为依据的，所以用中滑板刻度盘手柄进刀时，通常将图5-4中的刻度读为每格0.10mm。

小滑板刻度盘上一般不标每格尺寸，它每格对应的车刀移动量与中滑板的相同。与中滑板不同的是，小滑板手柄转过的刻度值，即为轴向实际改变的尺寸大小。

车削外圆时，手柄向顺时针方向转动、车刀向中心移动为进刀；手柄向逆时针方向转动、车刀远离中心为退刀。加工内孔时正好相反。

进刀时，当刻度盘手柄转过头，或试切后发现尺寸不合适需要退车刀时，由于传动丝杠与螺母之间有间隙，刻度盘手柄不能直接退回到所需的刻度上，而应退回半圈以上，再进到所需的刻度。

课题四　车床的润滑与保养

1. 车床的润滑

要使车床正常运转并减少磨损，必须对车床所有摩擦部分进行润滑。车床的润滑主要有以下几种方式：

（1）浇油润滑　对于外露滑动表面，如车床的导轨、中滑板导轨、小滑板导轨等，擦净后可用油壶浇油润滑。

（2）飞溅润滑　对于齿轮箱内零件，如车床主轴箱内的零件，一般利用齿轮的转动，使润滑油飞溅到各处进行润滑。

（3）油绳润滑　如图5-5a所示，把油绳浸在油槽内，利用毛细管作用把油引到所需润滑处进行润滑，如车床的进给箱就是利用油绳润滑的。

（4）弹子油杯润滑　车床的尾座、中滑板丝杠、小滑板丝杠转动处的轴承，一般均用弹子油杯润滑。润滑时用油枪的油嘴把弹子压下，注入润滑油，如图5-5b所示。

（5）黄油杯润滑　车床交换齿轮箱的中间齿轮、溜板箱等部位，一般用黄油杯润滑。先在黄油杯内注满润滑脂，当拧进油杯时，润滑脂就被挤到轴承内，如图5-5c所示。

（6）涂脂润滑　车床交换齿轮箱内的齿轮，可在齿上涂润滑脂进行润滑。

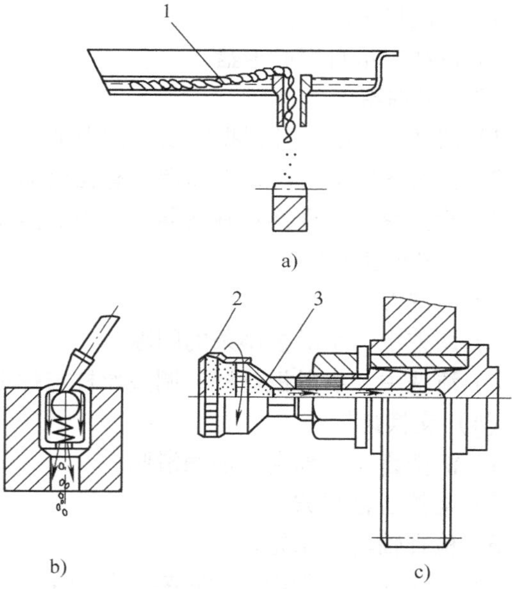

图5-5　润滑的几种方式
1—油绳　2—油杯　3—润滑脂

CA6140A车床采用外接油箱的方式，为主轴箱和进给箱供油润滑。工作时必须经常观看油窗是否有油，看油泵工作是否正常。箱内的润滑油一般三个月更换一次，换油时箱体内应用煤油洗净后再加油。

交换齿轮箱内的齿轮，可在齿上涂润滑脂进行润滑，一般每月涂脂润滑一次。

溜板箱采用油绳润滑。储油槽在溜板箱上部，每班加油一次。

丝杠、光杠的后支承采用的是油绳润滑，必须每班加油润滑，加油润滑处如图 5-6 所示。

车床的各处导轨、中滑板丝杠，在工作前后都应擦净加油。应特别指出，当加工铸铁等脆性材料时，应将导轨面的油擦净后方可加工，以免细小碎屑被油粘在导轨面上而加剧磨损。

在车床的尾座套筒、尾座手柄、刻度盘手柄等相应部位，分布着一些弹子油杯，每班应用油枪加油润滑。

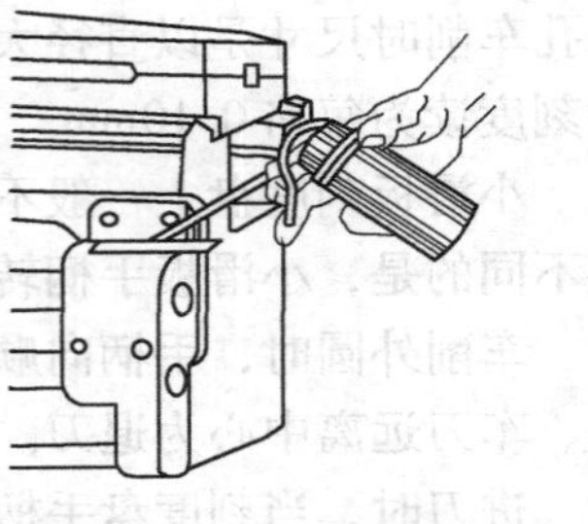

图 5-6　丝杠、光杠的后轴承润滑

2. 车床的一级保养

设备保养工作做得好坏，直接影响到设备精度、设备使用寿命、零件加工质量和生产效率。设备的保养一般采用多级保养制，一级保养主要由操作工进行，维修人员配合。

车床在运转 500h 后要进行一级保养，主要进行清洁、润滑和必要的调整。保养时，先切断电源再进行工作，车床的一级保养有如下内容和要求：

（1）外保养

1）清洁机床外表及各罩盖，做到无锈迹、无油污。

2）用煤油清洗丝杠、光杠和操纵杠。

3）检查并补齐螺钉、螺母、手柄、手柄球。

4）清洗机床附件。

5）拆洗三爪自定心卡盘。

（2）主轴箱

1）清洗过滤器，并根据需要换润滑油。

2）检查各轴上螺母、紧固螺钉有无松动。

3）检查摩擦离合器及制动器，并根据需要进行调整。

（3）滑板及刀架

1）清洗刀架。

2）调整中、小滑板镶条的间隙。

3）清洗中、小滑板丝杠，调整丝杠与螺母间的间隙。

（4）交换齿轮箱

1）清洗齿轮、轴套，加润滑脂。

2）调整齿轮间隙。

3）检查轴套有无晃动。

（5）尾座　清洗尾座，保持内外清洁。

（6）冷却与润滑系统

1）清洗冷却泵、盛液箱，更换切削液。

2）清洗各个过滤器。

3）清洗油绳、油毡，保证油孔、油路畅通。

4）检查油质是否良好，油杯要齐全，油窗要明亮。

（7）电器部分

1）清扫电动机，检查带的松紧程度。

2）电器箱除尘。

［技能训练］

1. 训练内容

（1） 车床外形

1）观察车床外形，说出车床各部分的名称和主要作用。

2）说出车床各手柄的名称和作用。

（2） 手柄操作

1）主轴箱变速手柄操作练习。

2）进给箱手柄操作练习。

3）溜板箱手柄操作练习。

4）手动横向、纵向进给练习。

5）小滑板转角及直线移动练习。

6）尾座移动、锁紧，套筒移动、锁紧练习。

（3） 拆装三爪自定心卡盘

（4） 开机操作

1）熟悉电器按钮，弄清相互关系。

2）起动车床，用操纵杠手柄进行主轴正转、停止、反转练习。

3）主轴由低速到高速逐级进行变速练习。

4）横向、纵向自动进给练习。

（5） 车床的保养

1）熟悉机床各润滑部位。

2）检查各润滑处的油位或油量。

3）熟悉工、量具的放置位置。

4）工作后做好结束工作。

2. 训练要求

1） 了解机床型号含义及主要部件的名称。

2） 掌握车床各手柄的作用及操作方法。

3） 熟悉车床的润滑部位、润滑方法、润滑周期。

4） 了解车床的维护和保养的有关知识。

5） 掌握三爪自定心卡盘的拆装方法。

3. 注意事项

1） 要注意车床进给的极限位置。

2） 起动车床时，应选择中低速。

3） 拆装三爪自定心卡盘时要注意防止卡爪坠落。

4） 主轴变速时一定要停机。

5） 主轴正、反转变换时不能太快。

6） 注意安全，文明操作。

项目二　车削加工的准备知识

主要内容	车削用量、车刀知识、工件装夹	重点、难点	车刀刃磨方法
学习方法	教师讲解、演示，学生模仿练习	考核方式	实际操作考核

课题一　车 削 用 量

1. 车削用量的概念

车削用量的选择就是要合理选用车削三要素。车削三要素是指背吃刀量（又称切削深度、切深）a_p、进给量 f 和切削速度 v_c，如图 5-7 所示。

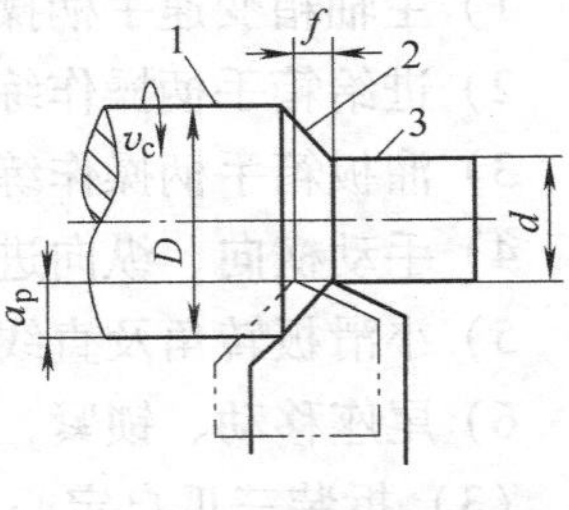

图 5-7　切削三要素

1—待加工表面　2—切削表面　3—已加工表面

1）背吃刀量 a_p：是待加工表面与已加工表面之间的垂直距离，车外圆时 $a_p = (D-d)/2$。

2）进给量 f：指工件每转一周，车刀沿进给方向所移动的距离，单位为 mm/r（毫米/转）。

3）切削速度 v_c：是指待加工表面的最大直径为 D 处的线速度，$v_c = \pi Dn/1000$，单位为 m/min，n 为主轴转速，单位为 r/min。

2. 粗车与精车

车削工件时，车削过程一般可分为粗车、半精车、精车三个阶段。粗车时，主要目的是快速切除工件的大部分加工余量，使工件接近所需的形状和尺寸。半精车与精车主要是为了保证工件的尺寸精度和较低的表面粗糙度值。加工时，一般采取粗、精分开的原则，即先对所需加工的表面全部进行粗车，然后再进行半精车、精车。

3. 车削用量的选择

车削用量的选择就是要在选择好刀具材料、刀具几何角度的基础上，确定背吃刀量 a_p、进给量 f、切削速度 v_c。在车削用量中，对刀具的寿命来说，v_c 的影响最大，f 的影响次之，a_p 的影响最小；对切削力来说，a_p 的影响最大，f 的影响次之，v_c 的影响最小；对表面粗糙度和精度来说，f 的影响最大，a_p 和 v_c 的影响较小。切削用量要根据这些规律合理选择。

（1）背吃刀量 a_p 的选择　背吃刀量应根据加工余量来确定。粗车时，除留下精加工的余量外，应尽可能一次走刀切除大部分加工余量，以减少走刀次数，提高生产率。在中等功率的车床上，粗车时背吃刀量最深可达 8 ~ 10mm；半精车（表面粗糙度 $Ra = 6.4 \sim 3.2\mu m$）时，背吃刀量可取 0.5 ~ 2mm；精车（表面粗糙度 $Ra = 1.6 \sim 0.8\mu m$）时，背吃刀量可取 0.1 ~ 0.4mm。

如图 5-8 所示，工件材料为 45 钢，车削 ϕ58mm 外圆时，根据 $Ra = 3.2\mu m$，可安排最终加工为半精车。粗车时可取 a_p = 5mm，半精车时可取 a_p = 1mm。

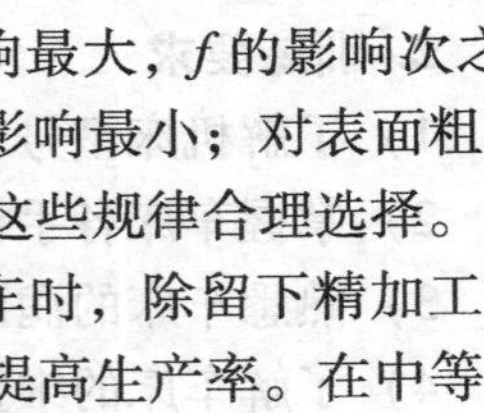

图 5-8　加工实例

在工艺系统刚度不足、车刀强度较弱、加工余量过大或加工余量较不均匀时，粗车时应分两次以上走刀，第一次背吃刀

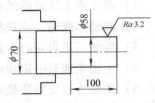

量取大些，第二次背吃刀量取小些，使精加工时能获得更好的加工精度。

还应注意：在切削表层有硬皮的铸件、锻件等工件时，应使背吃刀量超过硬层，如图5-9所示，避免直接在硬皮上切削，以免引起振动和车刀的损坏。

（2）进给量f的选择　背吃刀量确定后，应该进一步按工艺条件选择最大的进给量。对进给量的限制有两方面的因素：一方面是切削力不能过大，另一方面是表面粗糙度值不致过大。

粗车时对进给量的限制主要是切削力不能过大，为了提高生产效率，粗车时进给量应选择大些。一般来说，工件材料强度越大，背吃刀量越深，则切削力越大，允许的进给量就越小。进给量还应根据工艺条件来确定，车床越小，刀杆尺寸、工件尺寸越小，允许的进给量就越小。

精车和半精车时，限制进给量的主要因素是表面粗糙度。工件与刀具相对运动时，中间会有一小部分材料未被切除，即残余面积，如图5-10所示。在刀具几何角度相同时，进给量越大，所加工表面的残余面积就越大，表面粗糙度值就越大。为了得到较低的表面粗糙度值，精车和半精车时，进给量应取小些。

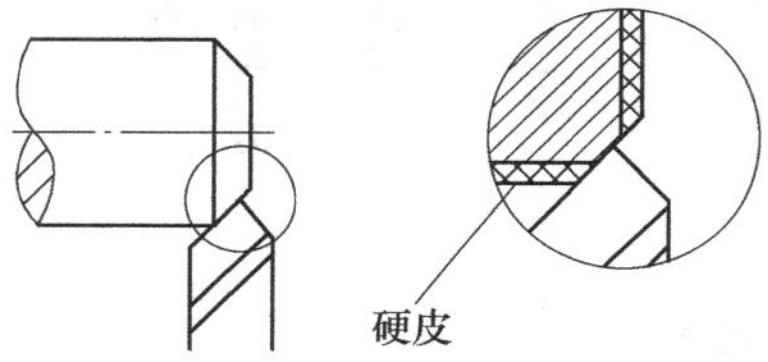

图5-9　粗车铸铁深度

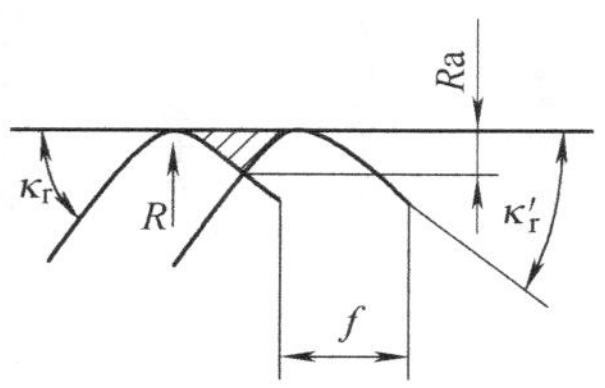

图5-10　残余面积

在实践中，粗车时进给量一般取0.3 ~1.5mm/r，精车时进给量一般取0.05 ~0.2mm/r。

（3）切削速度v_c的选择　当背吃刀量与进给量选定以后，应根据刀具的寿命，确定最大的切削速度。刀具的寿命是由刀具的材料所决定。

常用的刀具材料主要有高速钢和硬质合金两大类。

高速钢又称锋钢或白钢，最常用的高速钢牌号是W18Cr4V和W6Mo5Cr4V2，高速钢刀具切削时能承受540 ~600℃以下的温度，它可达到的最高切削速度为30m/min左右。

硬质合金有钨钴类（K）和钨钛钴类（P），K类适于加工铸铁等脆性材料，P类适于加工钢和其他韧性较好的塑性材料。硬质合金刀具切削时能承受800 ~1000℃的温度，它可达到的最高切削速度在100 m/min以上。可见硬质合金刀具可采用的切削速度比高速钢刀具要高得多，但它的抗弯强度、冲击韧性要比高速钢低，制造工艺性也差一些。

在实践中，粗车时，高速钢车刀切削速度一般取25m/min左右，硬质合金车刀切削速度在50m/min左右；精车时，为了降低表面粗糙度值，切削速度一般选择在0.5 ~4m/min的低速区或60 ~100m/min的高速区内。

选择切削速度时还应注意：车削硬钢比车削软钢时切削速度要低一些，车削铸件比车削钢件时切削速度要低一些，不用切削液时比用切削液时切削速度要低一些。

课题二　车 刀 知 识

车刀是金属切削中应用最为广泛的一种刀具，一般由刀头和刀杆（又称刀体）两部分组成。刀杆起固定作用，刀头部分起切削作用。

1. 常用车刀的种类和用途

车刀的种类很多，按用途可分为外圆车刀、端面车刀、切断刀、成形车刀、螺纹车刀等，如图 5-11 所示，用于车床上加工外圆、内孔、端面、螺纹、台阶、成形面等；按其结构可分为整体车刀、焊接车刀、机夹车刀、可转位车刀和成形车刀等，如图 5-12 所示。

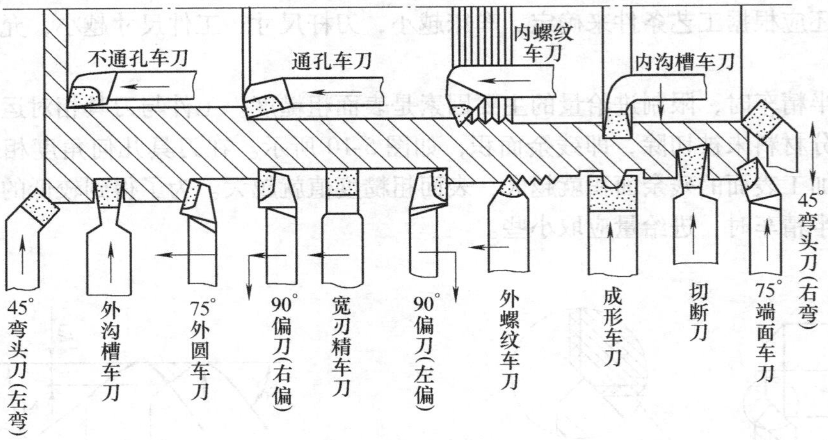

图 5-11　车刀的种类和用途

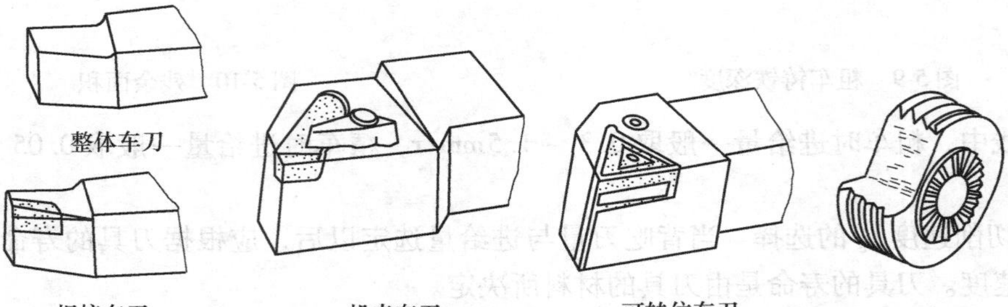

图 5-12　车刀的结构形式

2. 车刀主要角度的选用

合理选择车刀的几何角度是车削加工的关键，应引起足够的重视。

（1）前角

1）前角的作用

① 前角主要影响车刀的锋利程度、切削力的大小与切屑变形的大小。增大前角，则车刀锋利，切削力减小，切屑变形小。

② 影响车刀强度、受力情况和散热条件。前角增大，车刀楔角减小，使刀头强度减小，散热体积减小，从而散热条件变差，易使切削温度升高。

③ 影响加工表面质量。前角增大，刃口锋利，摩擦力小，可避免积屑瘤产生，提高表面质量。

2）前角正负的确定（见图5-13）

① 正前角：当前刀面与切削平面之间的夹角小于90°时为正前角。

② 负前角：当前刀面与切削平面之间的夹角大于90°时为负前角。

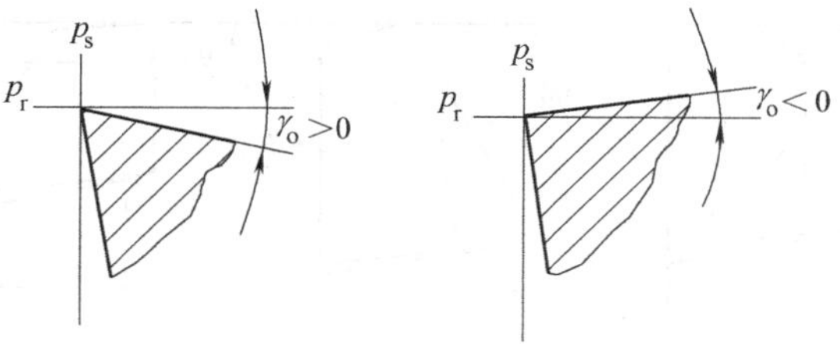

图5-13 前角的正负

3）前角的选择。前角选择的原则是在刀具强度允许的条件下，尽量选取较大的前角。具体选择时，应根据工件的材料、刀具材料、加工性质等因素选取合理的前角。

① 加工脆性材料或硬度较高的材料时应选较小的前角，加工塑性材料或硬度较低的材料时应选较大的前角。

② 高速钢材料的车刀前角一般应大于硬质合金材料的车刀前角。

③ 精加工时应选较大的前角，粗加工时应选较小的前角。

（2）后角

1）后角的作用

① 减小后刀面与过渡表面之间的摩擦力，提高工件的表面质量，延长车刀的使用寿命。

② 增大后角可使车刀刃口锋利，但后角过大会使楔角减小，易造成车刀强度减小、散热条件变差和磨损加快等不良现象。

2）后角正负的确定（见图5-14）

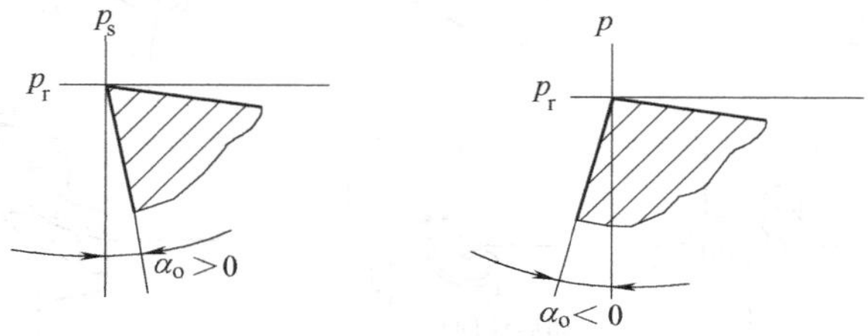

图5-14 后角的正负

① 正后角：当后刀面和基面之间的夹角小于90°时为正后角。

② 负后角：当后刀面和基面之间的夹角大于90°时为负后角。

3）后角的选择

① 粗车时，背吃刀量大，进给快，要求车刀有足够的强度，应选择较小的后角。

② 精车时，为减小后刀面和工件过渡表面之间的摩擦，保持刃口锋利，应选较大的后角。

③ 断续切削或切削力较大时应选取较小的后角。

（3）主偏角与副偏角

1）主偏角的作用。主偏角主要影响车刀的散热条件，影响轴向切削力和径向切削力之比（见图 5-15）及断屑情况。增大主偏角，车刀散热条件变差，径向力减小而轴向力增大，切削厚度增大易断屑。

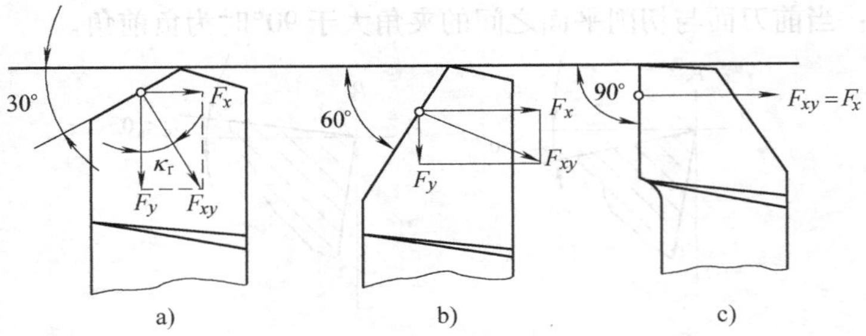

图 5-15　主偏角对切削分力的影响

2）主偏角的选择。当工件刚性较差时应选择较大的主偏角；车削细长轴时，为减小径向力应选较大的主偏角；车削硬度高的工件时应选较小的主偏角。

3）副偏角的作用与选择。副偏角主要影响副切削刃和工件已加工表面之间的摩擦，影响车刀强度和工件的表面粗糙度。粗车时应选稍大一点的副偏角，而精车时一定要选择较小的副偏角。

（4）刃倾角

1）刃倾角的正负。刃倾角有正值、零度和负值三种（见图 5-16）：当刀尖位于主切削刃最高点时为正值刃倾角；当主切削刃和基面平行时为零度刃倾角；当刀尖位于主切削刃最低点时为负值刃倾角。

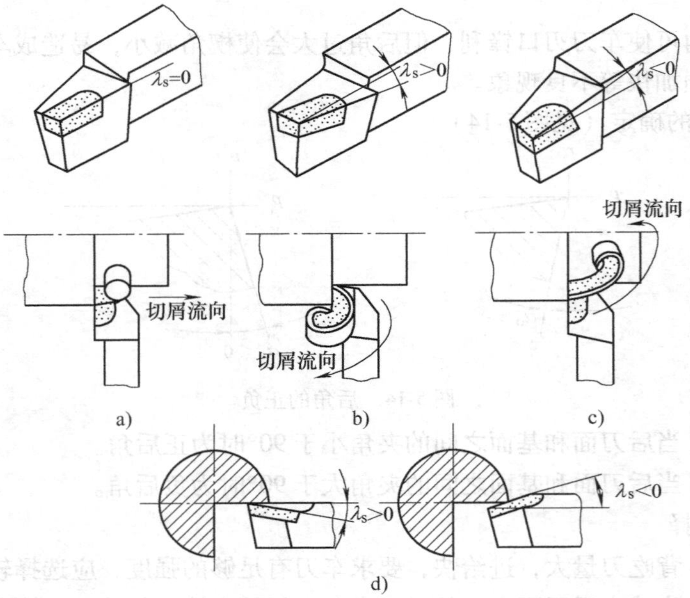

图 5-16　刃倾角与排屑方向

2）刃倾角的作用

①　控制切屑排出的方向（见图 5-16）。当刃倾角为正值时，切屑排向待加工表面：刃倾角为负值时，切屑排向已加工表面；刃倾角为零度时，切屑垂直于主切削刃方向排出。

② 影响刀尖强度和切削的平稳性。刃倾角为正值时，刀尖强度小；刃倾角为负值时，不仅刀尖强度大，并且断续切削时是远离刀尖的切削刃先接触工件，起到保护刀尖作用。刃倾角不等于零度时，主切削刃增长，切削刃逐步接触工件，车刀受的冲击力小，切削平稳。

③ 影响切削前角及刀刃的锋利程度。增大刃倾角使切削刃锋利，能切下很薄的金属层。

3）刃倾角的选择。刃倾角的选择主要由工件材料、刀具材料和加工性质决定。精加工时为避免切屑将工件拉毛，应选择正值刃倾角；断续切削或冲击力较大时，应选择负值刃倾角；许多大前角车刀常配合负值刃倾角来增加车刀的强度；微量进给精车外圆或内孔时可取大的刃倾角。

3. 车刀的刃磨

工厂常用的磨刀砂轮主要有两种：一种是氧化铝砂轮（白色），另一种是碳化硅砂轮（绿色）。高速钢车刀应用氧化铝砂轮刃磨。对于硬质合金钢车刀，刀体部分的碳钢材料可先用氧化铝砂轮粗磨，再用碳化硅砂轮刃磨刀头的硬质合金部分。

（1）车刀刃磨时的注意事项

1）操作者应站在砂轮的侧面，双手握稳刀具，车刀与砂轮接触时用力要均匀，压力不宜过大。

2）应使用砂轮的圆周面磨刀，并要左右移动刀具，以免砂轮被磨出沟槽。不可在砂轮的侧面用力粗磨车刀。

3）刃磨高速钢刀具时，要经常蘸水冷却，以防刀具被退火而变软；磨硬质合金刀具时，不得蘸水冷却，否则刀片会碎裂。

4）刃磨刀具时，要注意刀具温度的变化，不可用布、棉纱等包着刀具去磨，以免手无法正确感觉刀具温度的变化。

（2）车刀的刃磨步骤　车刀刃磨的要求是保持刀具材料的切削性能，磨出理想的几何形状和几何角度。

正确刃磨车刀是车工必须掌握的基本功之一。学习了合理选择车刀材料和车刀角度的知识以后，还应掌握车刀的刃磨，否则合理的切削角度仍然不能在生产实践中发挥作用。

车刀的刃磨一般有机械刃磨和手工刃磨两种。机械刃磨效率高，质量好，操作方便，有条件的工厂应用较多。手工刃磨灵活，对设备的要求低，目前仍普遍采用。对于一个车工来说，手工刃磨是基础，是必须掌握的基本技能。下面以90°右偏刀为例说明车刀的刃磨步骤，如图5-17所示。

1）磨主后刀面。磨出车刀的主偏角和后角。

2）磨副后刀面。磨出车刀的副偏角和副后角。

3）磨前刀面。磨出车刀的前角和刃倾角。

4）磨断屑槽。根据需要在前刀面上磨出相应的断屑槽，并倒棱。

5）进一步精磨各面，直到各面平整光滑。

6）磨出刀尖圆弧。

7）用油石研磨各面。研磨车刀各面，使在切削刃附近的刀面看不出砂轮的磨削痕迹，这样可使车刀的切削刃更锋利、更耐用。

4. 车刀的安装

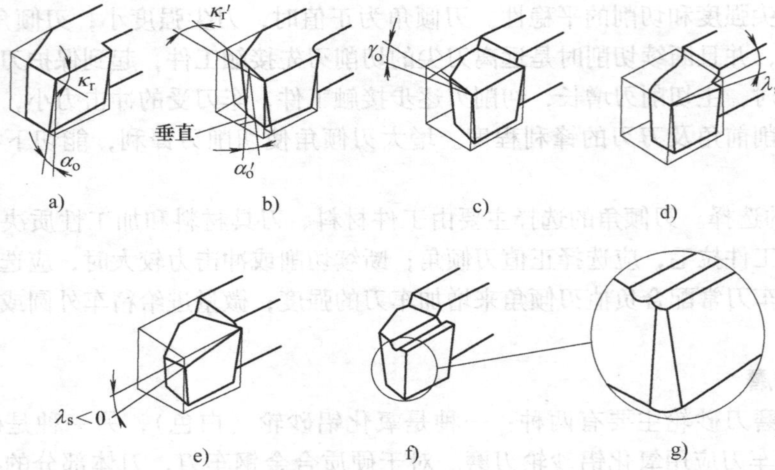

图 5-17　车刀的刃磨步骤

a）磨主后刀面　b）磨副后刀面　c）磨前刀面（$\lambda_s=0$）　d）磨前刀面（$\lambda_s>0$）　e）磨前刀面（$\lambda_s<0$）　f）磨断屑槽　g）磨刀尖圆弧

车刀的安装一般有以下几方面的要求：

1）刀头的伸出长度应小于刀体高度的 2 倍（不包括车内孔），无特殊情况不宜伸出过长，否则会降低车刀的刚度。

2）刀尖与工件的轴线等高。车外圆时，刀尖过高，会造成后刀面刮擦和挤压现象；刀尖过低，因切削力方向的变化，会使刀尖强度降低，容易造成崩刃现象。车端面时，无论刀尖过高还是过低，都会出现车不到中心的现象（见图 5-18），且车刀容易崩刃。

3）车刀垫铁要放置平整。

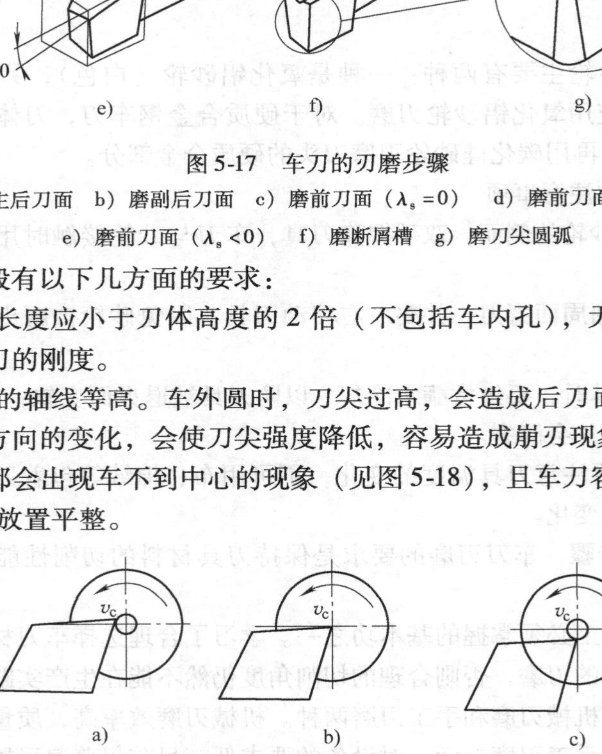

图 5-18　刀尖高度

a）刀尖过高　b）刀尖正确高度　C）刀尖过低

课题三　工件装夹

1. 用三爪自定心卡盘装夹工件

三爪自定心卡盘（见图 5-19）是车床上最常见的附件。其圆周上的方孔可插入卡盘扳手，卡盘扳手的转动可带动三个卡爪同时向中心靠近或退出，因此用三爪自定心卡盘装夹圆形截面工件且夹持长度较长时，具有自动对心作用，其对心精度一般为 0.05 ~0.15mm。装夹直径较大的工件时，还可以把三个“反爪”换到卡盘体上，进行装夹。

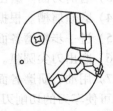

图 5-19　三爪自定心卡盘

当工件夹持部分较短时，三爪自定心卡盘无法自动对心，此时可用划线盘或百分表对工件予以找正。

实践中，通常用铜棒对工件进行找正，如图 5-20 所示。找正时，先将工件基本夹紧，铜棒装在方刀架上，开动车床，使工件低速转动，用手转动小滑板手柄移动铜棒，轻轻地将工件挤正。

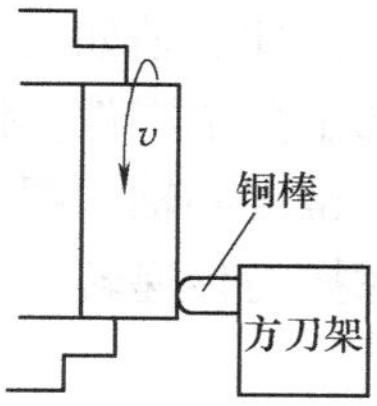

图 5-20 工件的找正

2. 用四爪单动卡盘装夹工件

四爪单动卡盘的外形如图 5-21 所示。四爪单动卡盘与三爪自定心卡盘相比，具有以下特点：

1）四爪单动卡盘的四个卡爪用四根丝杠分别带动，卡爪的移动是相互独立的，因此四爪单动卡盘除了用来装夹圆形截面的工件以外，还可以用来装夹其他形状不规则的工件，如方形、长方形、椭圆形等工件。用四爪单动卡盘装夹工件时，要用划线盘或百分表对工件进行找正，如图 5-22 所示，通过四个卡爪的调节，使工件需加工表面的中心与工件的旋转中心相重合。

2）由于四爪单动卡盘比三爪自定心卡盘的卡爪夹紧力大，所以四爪单动卡盘可以用来装夹质量较大的工件。

3）四爪单动卡盘的四个卡爪各自调头安装，即可形成“反爪”，用来装夹较大工件。

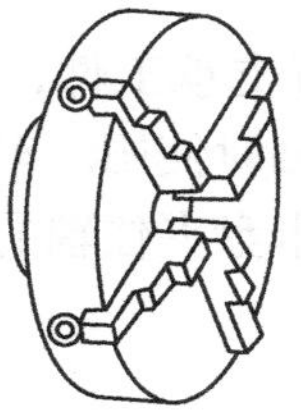

图 5-21 四爪单动卡盘

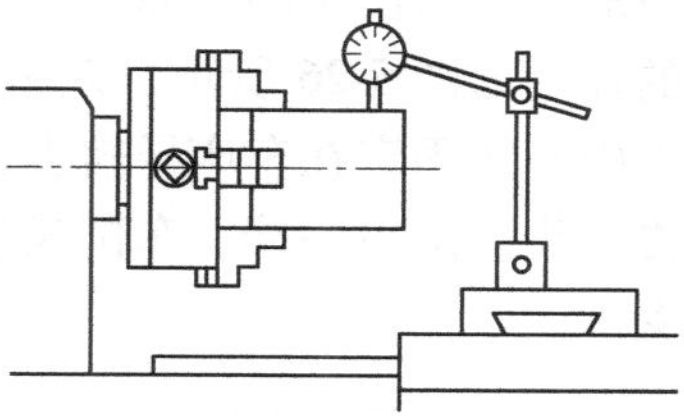

图 5-22 用百分表找正

3. 用顶尖装夹工件

用卡盘夹持工件，工件只有一端被固定，当所车削的工件较细长、刚度较差时，工件往往会被刀具顶弯，出现“让刀”现象，导致车出的工件在靠近卡盘的一端尺寸小、另一端尺寸大。在这种情况下，工件可采用两端用顶尖或一端用卡盘另一端用顶尖的装夹方法（见图 5-23）。用顶尖装夹工件，不需找正，精度高，且多次装夹也不致错位。根据顶尖在车床上装夹位置的不同，可分为前顶尖和后顶尖，它们尾部的莫氏锥度分别与主轴内孔或尾架内孔相配合。前顶尖也常用自制的方法来代替，即在三爪自定心卡盘上装上一小段钢料，车制 60°的尖端来代替前顶尖，用这种方法还可以降低由于前顶尖装夹不当而引起的误差。

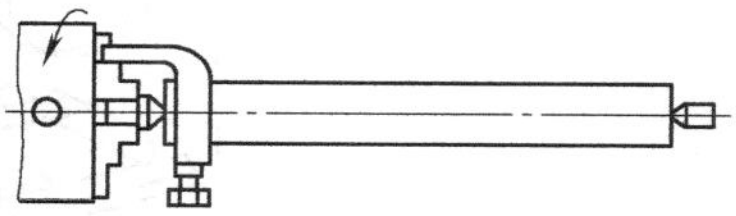

图 5-23 用顶尖装夹工件

4. 用心轴装夹工件

在加工盘套类工件时，为了保证内孔与外圆、端面之间的位置精度，一般用心轴装夹工件。用心轴装夹工件时，先要对工件的内孔进行精加工，用内孔定位，把工件装在心轴上，再把心轴安装到车床上，对工件进行加工。

心轴的种类很多，常用的有圆柱心轴和锥度心轴。

圆柱心轴如图5-24所示，工件用螺母压紧，用该方法装夹工件时夹紧力较大，并可同时加工多个零件，但对中性较差，一般用于加工精度要求较低的工件。

锥度心轴如图5-25所示。其锥度很小（一般为1∶1000至1∶5000），工件压入心轴后，靠摩擦力传递转矩。锥度心轴装卸简便，对中性好，但只能承受较小的切削力，多用于精加工。

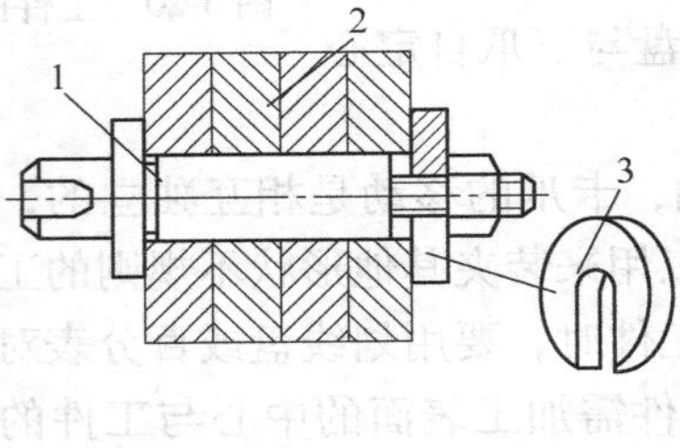

图5-24　圆柱心轴

1—心轴　2—工件　3—快换垫圈

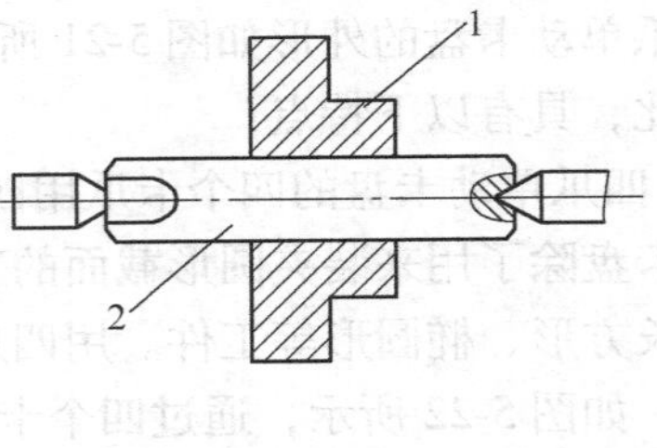

图5-25　锥度心轴

1—工件　2—心轴

5. 用其他附件装夹工件

（1）中心架、跟刀架的使用　在加工细长轴时，使用中心架或跟刀架，可减小或防止轴因受切削力的作用而产生的弯曲变形。

中心架的使用如图5-26所示，调节中心架的三个支承爪，可支承工件，并使工件与主轴同轴。由于中心架固定在车床导轨上，所以一般在加工阶梯长轴时使用。车削时，可先车削好一端，再调头车削另一端。车削长轴的端面或内孔时，可用卡盘夹住轴的一端，另一端用中心架来支承。

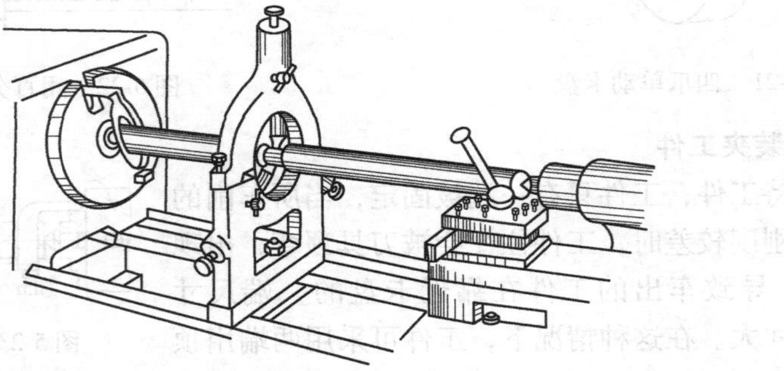

图5-26　中心架的使用

常用的跟刀架分两支承和三支承两种。跟刀架安装在床鞍的左侧，支承在已加工表面上，如图5-27所示。它随床鞍及车刀同时移动，因它的支承爪始终支承在车刀附近，所以能有效地抵消切削力。跟刀架一般在车削等直径的细长光轴、丝杠时使用，并应装上平衡铁予以平衡，以减小加工时的振动。使用中心架和跟刀架时，车床转速不宜过高，且应在支承爪与工件接触处加润滑油或润滑脂进行润滑，以防止支承爪的过快磨损。

（2）用花盘装夹工件　在车床上加工大而平、形状不规则的工件时，可用花盘对其进行装夹。用花盘装夹工件之前，首先要用百分表检查盘面是否平整、是否与主轴轴线垂直。若盘面不平或不垂直，必须先精车花盘，方可装夹工件，否则所车出的工件会有位置误差。用花盘装夹工件时，常用图5-28所示的两种方法。图5-28a中，平面紧靠花盘，可保证孔的

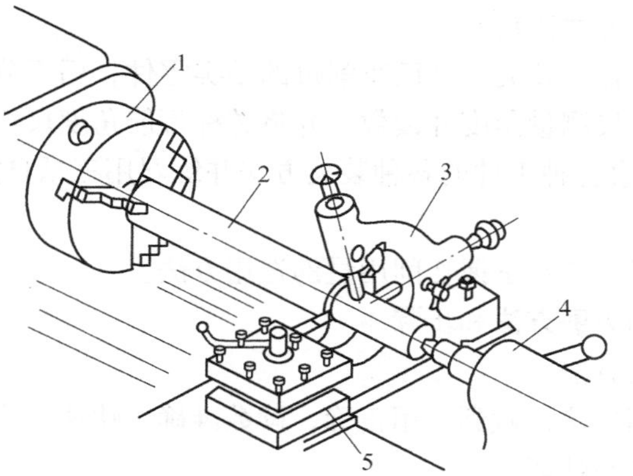

图5-27 跟刀架的使用

1—三爪自定心卡盘 2—工件 3—跟刀架 4—尾座 5—刀架

轴线与装夹面之间的垂直度；图5-28b中，用弯板装夹工件，可保证孔的轴线与装夹面的平行度。用花盘装夹工件时，由于工件重心的偏置，所以应装上平衡铁予以平衡，以减小加工时的振动。

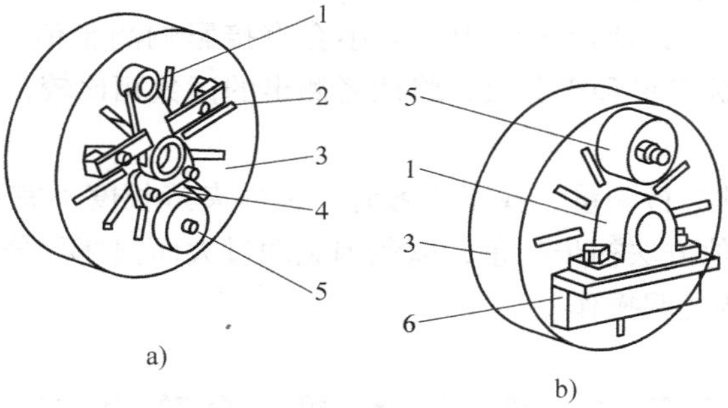

图5-28 在花盘上安装工件

1—工件 2—压板 3—花盘 4—定位块 5—平衡铁 6—弯板

[技能训练]

1. 训练内容

（1）切削用量

1）观察加工过程，说出切削三要素。

2）毛坯为ϕ40mm，零件尺寸为ϕ30mm，针对高速钢车刀、硬质合金车刀，确定切削三要素。

（2）刀具刃磨

1）刃磨90°车刀一把。

2）刃磨45°车刀一把。

（3）车刀安装

1）车刀安装练习。

2）刀架转位练习。

（4）量具使用

1）用游标卡尺测量工件并读数。

2）用千分尺测量工件并读数。

3）在三爪自定心卡盘上装夹一个已车削过的轴类零件，用百分表测量并找正。

4）用游标万能角度尺测量角度并读数，并将游标万能角度尺组合出不同测量范围。

（5）工件装夹　观察各种工件的各种装夹方法并练习用三爪自定心卡盘装夹工件。

2. 训练要求

1）理解切削三要素，初步掌握切削用量的选用方法。

2）初步掌握车刀的刃磨方法和步骤。

3）掌握车刀的安装方法。

4）掌握量具的使用方法，做到使用正确，读数准确、快速，维护保养合理。

5）了解材料的分类与性能。

6）了解工件的各种装夹方法。

3. 注意事项

1）刃磨车刀姿势、站位要正确，用力不能过大。

2）量具使用前应对零，并加以校正。

3）使用量具时要轻拿轻放，放置位置要合理。

4）用游标卡尺测量时，使用者的用力大小会直接影响测量值，用力不当易引起误差。练习时，可同时使用游标卡尺和千分尺，将两者测出的读数相比较，以校准用游标卡尺测量时使用者用力的大小。

5）用百分表对工件进行测量、找正练习时，工件夹持长度不宜过长，测量处不可太粗糙。测量前，应先用其他方法初步找正，以免因晃动过大而损坏百分表。

6）注意安全，坚持文明操作。

项目三　端面、外圆、台阶的车削

主要内容	端面、外圆、台阶的车削	重点、难点	台阶轴的加工
学习方法	教师讲解、演示，学生模仿练习	考核方式	实际操作考核

课题一　图　　样

图样是一种技术语言，是生产、加工和检验的依据。图样中的表达方法和技术要求，国家标准都作了相应的规定。

1. 图样的含义

图 5-29 所示传动轴是机器中最常见的零件之一，由圆柱表面、台阶、端面、退刀槽、倒角、螺纹、圆锥面和圆弧等组成。图中所示的点画线为中心线，表示该零件是一个回转件或相对于中心线是对称的。粗实线构成的线框，表达的是零件外形轮廓。图样按一定的比例绘出，但零件的尺寸由标注的尺寸决定。

圆柱表面一般用于支承传动工件（齿轮、带轮等）和传递转矩。

台阶和端面一般用来确定安装在轴上的工件的轴向位置。

退刀槽的作用是使磨削外圆或车螺纹时退刀方便，并可使工件在装配时有一个正确的轴

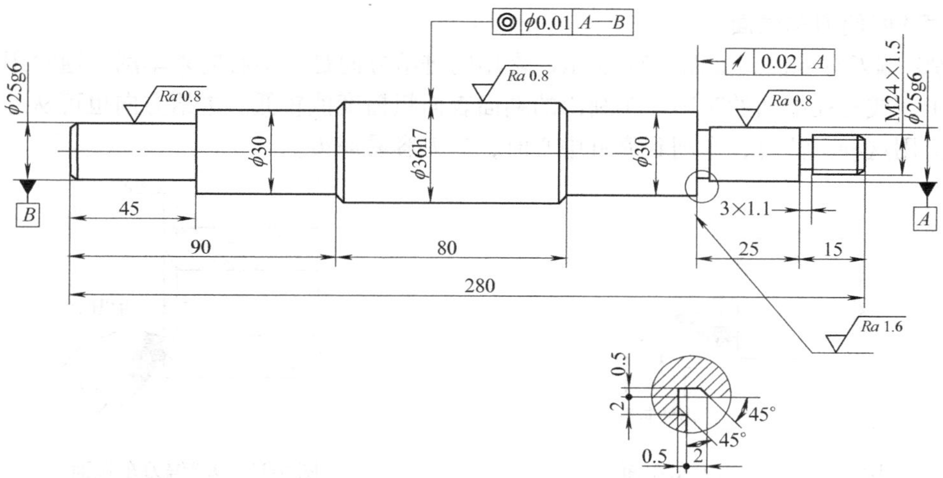

图 5-29　传动轴

向位置。

倒角的作用一方面是防止工件边缘锋利划伤工人，另一方面是便于在轴上安装其他零件，如齿轮、轴套等。

圆弧的作用是提高轴的强度，使轴在受交变应力作用时不致因应力集中而断裂，此外使轴在淬火过程中不容易产生裂纹。

2. 图样分析

1）尺寸精度：主要包括直径和长度尺寸等，如图 5-29 中的 ϕ36h7、ϕ25g6、45 等。ϕ 是指直径，36 为基本尺寸，h7 称为公差。在机械图中，若未作特殊说明，尺寸单位为 mm。45 与 ϕ36h7 相比，尺寸后未标注公差，称为未注公差尺寸。

2）形状精度：包括圆度、圆柱度、直线度、平面度等。

3）位置精度：包括同轴度、径向圆跳动和端面圆跳动等，如图 5-29 中 ϕ36h7 的轴线与 ϕ25g6 的轴线的同轴度公差为 0.01。

4）表面粗糙度：在普通车床上车削金属材料时，表面粗糙度可达 $Ra=1.6\sim0.8\mu m$。表面粗糙度单位为 μm（微米），数值越大，允许的表面粗糙度值越大，越不光滑。生产中表面粗糙度一般不直接测量，而用标准块进行对照。

5）热处理要求：根据工件的材料和实际需要，轴类工件常进行退火或正火、调质、淬火、渗氮等热处理。

课题二　车　端　面

车端面常用弯头刀和 90°偏刀两种车刀。车端面时，刀尖安装高度要求特别严格，以免在端面留下凸台或造成车刀的崩刃。

1. 用弯头车刀车端面

用弯头车刀车端面，如图 5-30 所示，车削时，进给方向是由外向工件中心车削。当背吃刀量较大或因毛坯端面较斜使加工余量较不均匀时，一般用手动进给；当背吃刀量较小且较均匀时，可用自动进给。自动进给时，当车刀离工件中心较近时，应改用手动慢慢进给，以防车刀崩刃。

2. 用90°偏刀车端面

用90°偏刀车端面，如图5-31所示，常用的进给方向是从中心向外车削，通常用于端面的精加工，或有孔端面的车削，车削出的端面表面粗糙度值较低。进给方向也可从外向中心车削，但用这种方法时，车削到靠近中心时，车刀容易崩刃。

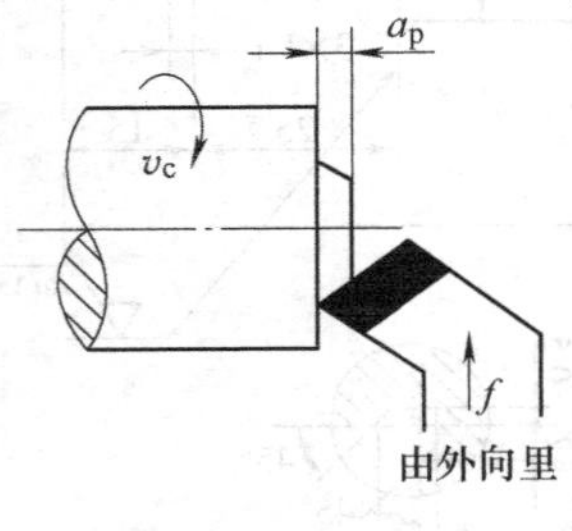

图5-30　弯头车刀车端面

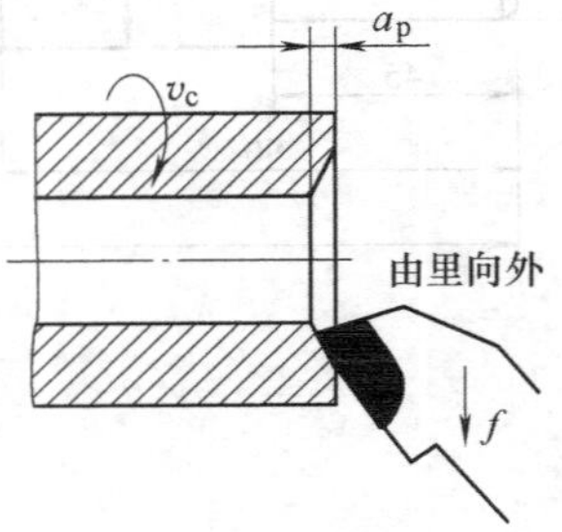

图5-31　90°偏刀车端面

3. 车端面的准备工作

1）做好自身的准备，检查、保养好机床。

2）装夹好工件并安装好车刀。

3）选择好切削用量，根据所需的转速和进给量调节好车床上手柄的位置。

4. 车端面的操作步骤

1）开机：起动机床让主轴正转。

2）对刀：双手转动进给手柄，使车刀与工件端面轻微接触，即完成对刀。注意：对刀时，工件一定要旋转，否则容易出现崩刃现象。

对刀标准：车刀上看见切屑。

对刀位置：刀尖离工件外圆3～5mm。

对刀目的：找出上刀的起点，在床鞍的刻度上。

3）退刀：床鞍不动，用中滑板退回车刀，离开工件即可。

4）上刀：车刀以对刀位置为起点，转动床鞍刻度盘手柄，调整好背吃刀量。

5）试切：由于对刀的准确度和刻度盘的精度问题，按前面所调整的背吃刀量，不一定能车出准确的工件尺寸，一般要进行试切，并对背吃刀量进行进一步调整。

6）车削：试切好以后，记住刻度，作为下一次调整背吃刀量的起点。横向走刀车出全程。车到所需长度后，停止进给。

7）停机：先退回车刀，让主轴停转，再关闭电源。

5. 车端面的注意事项

车端面时，应注意以下几点：

1）由于端面直径从外圆到中心是变化的，在端面的边缘处切削速度较高，在靠近轴线处切削速度较低，切削速度是变化的，不易车出较低的表面粗糙度值，因此车端面时，主轴转速应比车外圆的转速选得高一些。

2）车削较大的端面时，所车出的端面应略有内凹，即中心比外面略低，用刀口形直尺对光测量，可观测到在端面中心处略有间隙。

3）在车削精度要求较高的大端面时，可将床鞍上的锁紧螺栓锁紧，并将中滑板的导轨间隙调小，以减小车刀的纵向窜动。此时，背吃刀量用小滑板刻度盘手柄调整，并用该手柄的进给来控制工件的轴向尺寸。

6. 倒角与锐边倒钝

工件加工后，在端面与回转面相交处，会有锋利的尖角和残余的小毛刺。为了去除尖角等，方便零件的使用与安装，常采用倒角和锐边倒钝的加工工艺。

倒角图样如图5-32a所示，图中*C*2表示倒角宽度为2mm，角度为45°（见图5-32b）。

倒角的方法很多，常用的方法如图5-33所示。图5-33a、b、c所示的三种方法可用中滑板手柄上的刻度来控制尺寸。在加工中，为了减少换刀，常用双手联合控制床鞍和中滑板手柄，使车刀沿图5-33d所示的方向进给，完成倒角。

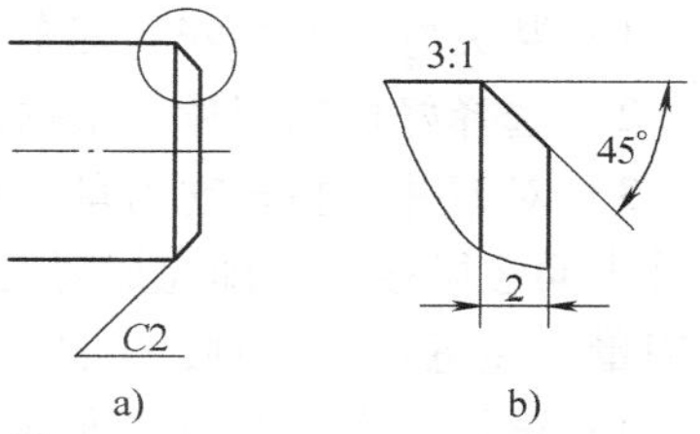

图5-32　倒角图样

若图样上未作特殊的说明，为了去除尖角和毛刺，一般要用很小的倒角（如*C*0.2），或在工件转动时用锉刀修锉来钝化转折处，这一加工工艺称为锐边倒钝。

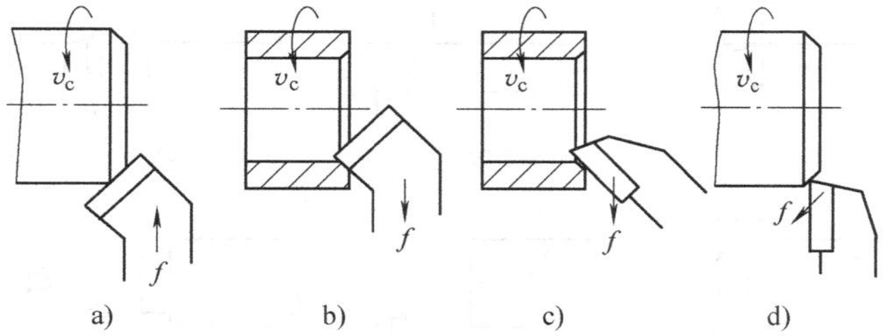

图5-33　倒角的方法

课题三　车　外　圆

1. 常用车刀

车外圆的常用刀具一般有尖刀、弯头刀和90°偏刀三种，如图5-34所示。

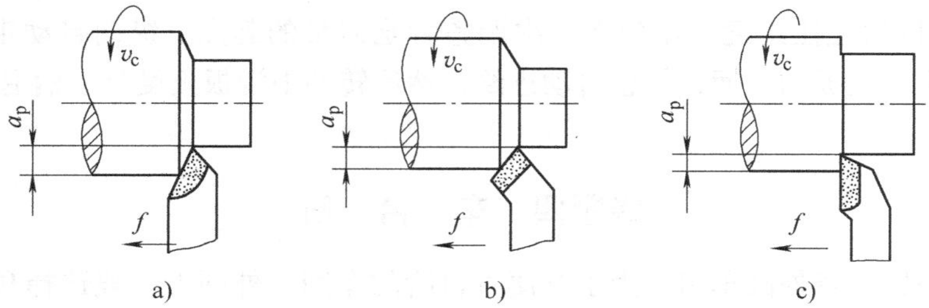

图5-34　车外圆刀具

a）尖刀　b）弯头刀　c）90°偏刀

尖刀中75°偏刀（主偏角为75°）用得较多，主要用于粗车和车削没有台阶或台阶不大的外圆。

弯头刀中45°偏刀（主偏角为45°）用得较多，主要用于车削有45°斜台阶的外圆，还可用来车端面和倒角。

90°偏刀是车外圆时常用的车刀，由于车刀的主偏角是90°，车外圆时背向力很小，可用来车细长轴和工件的直台阶。由于它的刀刃强度较弱，一般适用于半精车和精车。

2. 车外圆的步骤

车外圆时，一般按如下步骤操作：

1）装夹好工件并安装好车刀。

2）选择好切削用量，根据所需的转速和进给量调节好车床上手柄的位置。

3）对刀并调整背吃刀量。对刀方法：开机使工件旋转，转动横向进给手柄，使车刀与工件表面轻微接触，即完成对刀。车刀以此位置为起点，转动中滑板刻度盘手柄，调整好背吃刀量。注意：对刀时，工件一定要旋转，否则容易出现崩刃现象。

4）试切。由于对刀的准确度和刻度盘的精度问题，按前面所调整的背吃刀量，不一定能车出准确的工件尺寸，一般要进行试切，并对背吃刀量进行进一步调整，试切方法和步骤如图5-35所示。

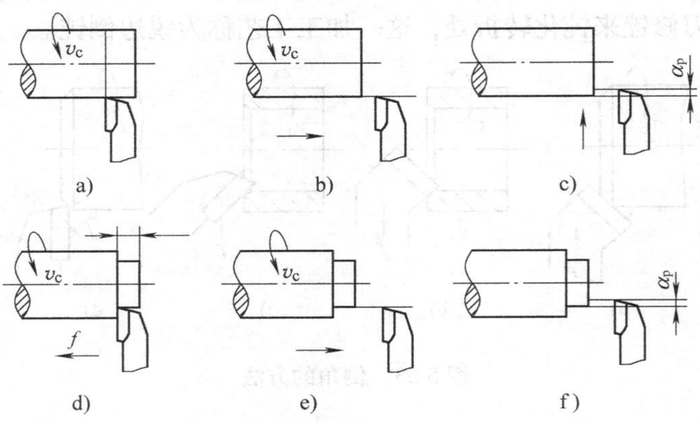

图5-35　试切方法和步骤

a）对刀，刀具与工件表面轻微接触即可　b）按图中方向退出车刀　c）刀具横向进背吃刀量

d）自动进给车削3～5mm　e）按图中方向退出车刀，工件停转后测量尺寸

f）根据测量结果，调整背吃刀量再试车，尺寸合格后车全程

5）试切好以后记住刻度，作为下一次调整背吃刀量的起点。纵向自动走刀车出全程。车到所需长度后，先扳动手柄，停止自动进给，然后转动中滑板刻度盘手柄退出车刀，再停机。

课题四　车　台　阶

直台阶一般紧接着外圆车出。为了方便直台阶的车削，外圆刀一般选择90°偏刀，并在安装车刀时，把主偏角装成95°左右。当外圆车到尺寸后，由里往外车出直台阶，如图5-36所示。

车台阶时，还要控制轴向尺寸，一般先用钢直尺确定台阶的位置，再开机使工件旋转，用刀尖在工件表面划一线痕，作为车削时的粗界线，如图5-37所示。由于这种方法所定位置有一定误差，线痕所确定的长度应比所需长度略短，最终的轴向尺寸可通过小滑板刻度盘手柄的微量进给来控制。

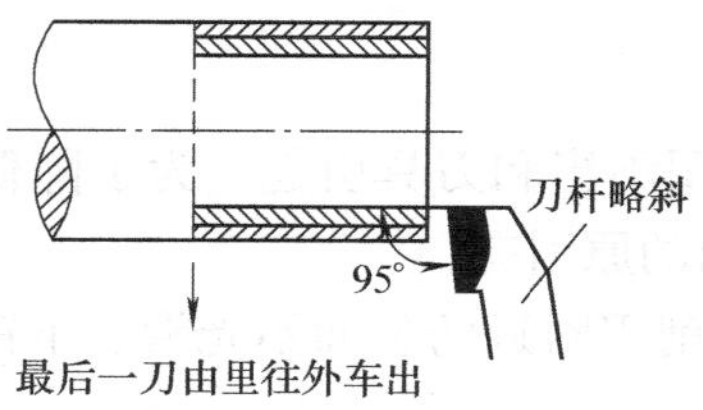

图5-36　直台阶车法

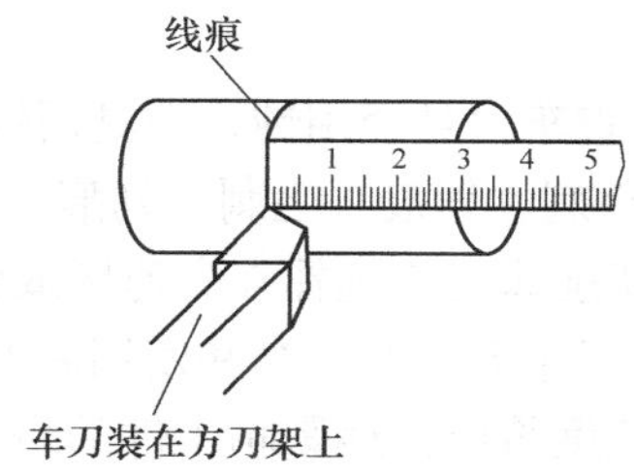

图5-37　用钢直尺粗定台阶位置

课题五　质量分析

1. 尺寸精度超差

在单件生产时，尺寸精度超差的主要原因有：操作者不细心，导致测量不准确或操作失误；量具本身有误差，没有及时检查和调整；由于加工时温度过高，冷却后，尺寸产生变化；毛坯的内应力较大，加工后由于内应力重新分布而变形；另外还有毛坯余量不足，中心孔钻偏等原因。

成批生产时，除了上述原因以外，还有以下原因：多次加工后因车刀磨损，而使加工出的工件尺寸有误差；工件装夹定位不可靠，每次装夹定位不一致；进给时尺寸的限位方法不可靠等。

另外，车床精度对尺寸精度的影响也较大，如主轴、导轨的精度，丝杠、拖板的间隙等。

2. 表面粗糙度超差

工件的表面粗糙度首先是由残余面积造成的，可采用减小进给量、减小车刀的副偏角、磨出刀尖圆弧等方法，减小残余面积，以降低表面粗糙度值。

在车削出的工件表面，除了残余面积以外，还会出现振动波纹、毛刺、划痕和表面挤压发亮等现象，使工件表面纹路不清晰，表面粗糙度值显著增大。

（1）振动波纹　由于加工时的振动，车出的工件表面会出现波浪形纹路，即振动波纹，振动波纹一般呈斜向规则排列。

加工时产生振动的原因有很多，如机床的精度较差，工件的加工余量不均匀，工件及刀具刚度较差，切削用量过大，车刀的几何角度不正确等。当发现车削时有振动，可根据具体原因，采取相应措施，一般有以下方法：

1）检查中、小滑板塞铁的间隙，将间隙调小。

2）用卡盘安装工件时，应尽量减小工件的伸出长度，或采用一卡一顶的办法，增大工件的刚度。

3）减小切削用量。当车床和工件刚度差、刀杆较细而引起振动时，降低主轴的转速、减小背吃刀量对减小振动非常有效。

4）增大车刀主偏角，减小后角。增大主偏角，可减小背向力；采用较小的后角，可以起到把工件托住的作用，使其不易振动。

5）刀尖圆弧半径一般取0.5～1mm，不宜过大，过大的刀尖圆弧半径，也容易引起振动。

6）检查车刀是否用钝，刀具用钝后易引起振动。

（2）毛刺、划痕　毛刺、划痕一般由切削速度选用不当和刀具引起。为了降低表面粗糙度值，切削速度应选择在高速区或低速区，刀具方面的原因有：

1）由于车刀刃磨不当和使用后的磨损，使车刀切削刃附近的各面不光滑、不锋利，它的表面粗糙度将成倍地影响工件的表面粗糙度。

2）车刀刃倾角不正确，导致切屑流向已加工表面，造成工件已加工表面的划伤。精加工时刃倾角应采用正值。

3）在前刀面磨出断屑槽后，增大了实际的副偏角，使刀尖过渡刃的修光作用减弱。可在前刀面主切削刃与断屑槽之间，留下（0.3～0.5）f的刃带，或磨出倒棱。

4）当使用一般车刀车削塑性较好的材料时，若背吃刀量过小（$a_p < 0.1$mm），会出现材料“切不下”的现象，在工件表面形成毛刺。

（3）表面挤压　车削时，有时会出现车削出的工件表面发亮的现象，这是由于车刀的副后刀面挤压工件已加工表面而造成的。这种现象并不说明工件表面粗糙度 *Ra* 值低；相反，其微观不平度较大，即表面粗糙度的 *Ra* 值较大，表面不光滑。

产生表面挤压的原因主要有：车刀副后角过小，车刀的副后刀面已磨损，安装车刀时刀尖高于工件的旋转轴线等。

［技能训练］

1. 训练内容

1）手动、自动进给车端面练习。

2）车外圆与台阶练习。

3）加工工件。

① 图样：工件图样如图5-38所示。

② 材料准备：取 ϕ45mm 棒料一根。

③ 车削步骤：

a. 检查毛坯尺寸：直径 ϕ45mm，长度90mm。

b. 用三爪自定心卡盘夹住一端，留出长度约60mm，用45°车刀车端面，车去余量1mm左右。

c. 用90°车刀车 ϕ40mm 外圆，留2mm余量，长度接近卡盘。

d. 用90°车刀车 ϕ30mm 外圆，留2mm余量，保证台阶长度尺寸30mm。

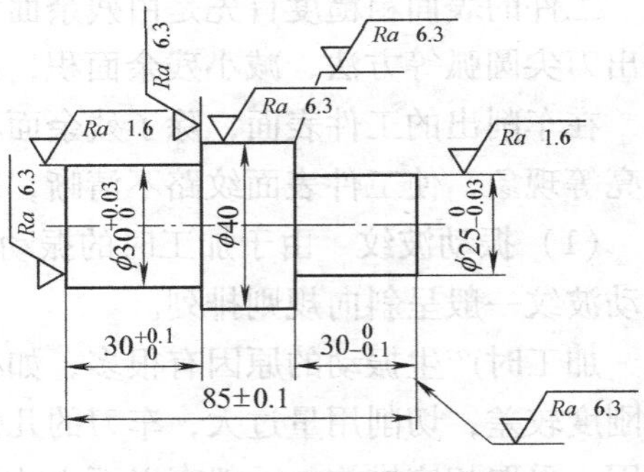

图5-38　轴类零件

e. 换头夹住 ϕ30mm 外圆，用45°车刀车端面，保证总长85mm±0.1mm。

f. 粗车 ϕ25mm 外圆，留2mm余量，保证长度30mm。

g. 精车 ϕ40mm 外圆到尺寸。

h. 精车 ϕ25mm 外圆到尺寸。

i. 换头，用铜皮包住 ϕ25mm 外圆，找正，精车 ϕ30mm 外圆到尺寸。

4）测量所加工的工件，对加工中造成的误差进行分析，并在练习中加以纠正。

2. 训练要求

1）初步读懂工件图样，分析其技术要求。

2）熟悉车外圆、车端面所用车刀及刃磨与装夹方法。

3）掌握外圆、台阶和端面的加工方法。

4）结合工件图样和技术要求，理解加工的步骤。

5）学会误差分析方法，提高加工技能。

6）理解粗、精分开的加工原则。

3. 注意事项

1）刀具装夹要正确，车刀刀尖一定要对准工件轴线。

2）夹持工件必须牢固可靠。

3）用铜皮包住外圆装夹工件时，用力不可太大，以防夹坏已加工表面。

4）车台阶时，台阶面与外圆间不允许有凹坑与凸台。

5）车端面时，若采用自动进给，当车到离工件中心较近时，应改用手动慢慢进给，以防车刀崩刃。

项目四　切断与车槽

主要内容	切断刀与车槽刀、切断工件加工方法	重点、难点	槽的精加工
学习方法	教师讲解、演示，学生模仿练习	考核方式	实际操作考核

课题一　图　样

在轴类零件中，有时需加工槽型或切断，如图5-39a所示为槽的图样。为了更好地表达出槽的结构，可采用图5-39b所示的局部放大图，3∶1表示此图已将图5-39a所示的圆内部分放大了3倍。零件形状如图5-39c所示。

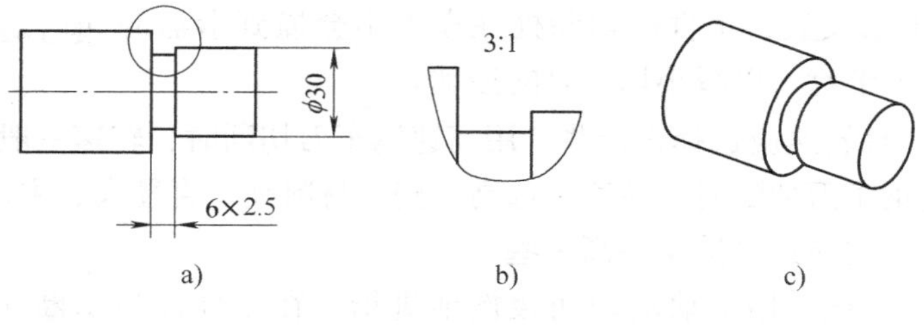

图5-39　槽的图样示例

图5-39a中标注的尺寸6×2.5表示：槽的宽度为6 mm，深度为2.5mm，即槽底直径为25mm。因未标注公差，按自由公差选取。

课题二　切断刀与车槽刀

切断刀如图5-40所示。图5-40a所示为车断刀的三视图，其形状如图5-40b所示。为了提高切断刀的强度，现场中常将切断刀磨成图5-40c所示形状，加大了前角，但切屑不易导出。

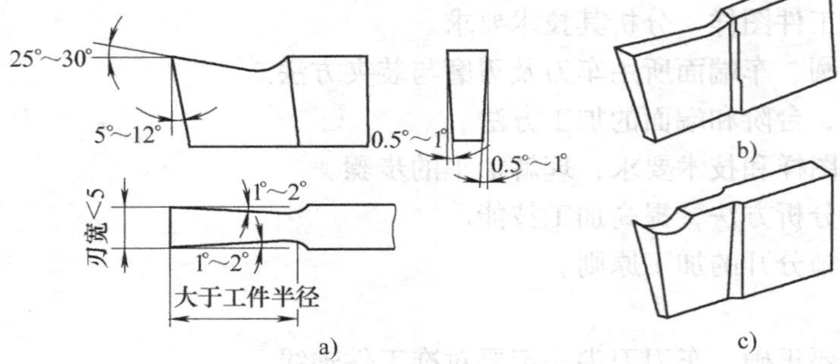

图 5-40　切断刀

切断刀的主切削刃宽度较窄，一般取 2 ~ 5mm，若宽度太大，在切削时容易造成振动；切断刀刀头长度应略大于被切工件的半径。切断刀安装时，要使切断刀中心线垂直于工件轴线，两副切削刃对称，刀尖高度要求与工件轴线等高。

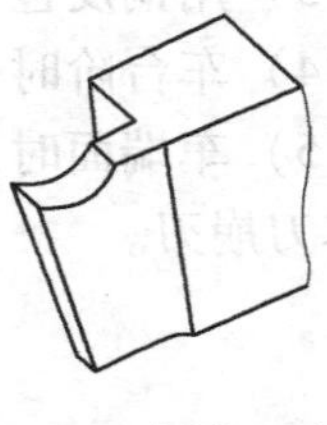

图 5-41　车槽刀示例

车槽刀其刀头部分外形如图 5-41 所示。车槽刀的角度与切断刀基本相似，刀头比切断刀短些，刀具强度较好。

课题三　切断工件加工方法

1. 切断

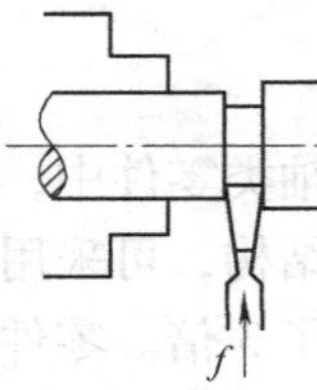

图 5-42　切断的操作方法

在车削时，ϕ50mm 以下的棒料常在车床上进行切断，直径大于 50mm 的材料不易车断。切断的操作方法如图 5-42 所示。由于切断刀刀头窄而长，强度较弱，加上工作时刀头伸进工件的内部，散热条件较差，排屑困难，所以切削时切断刀容易折断。切断操作时，应注意下列事项：

1）工件应用卡盘安装，工件的切断处在车刀不会撞到卡盘的前提下，应尽量靠近卡盘，以减小切削时的振动。

2）切断时，主轴转速应选择得低些。用高速钢车刀切断时，转速一般选择在 250 r/min 左右，用硬质合金钢车刀切断时，转速可选高一些，材料硬、直径大、主切削刃较宽时，转速可选得低一些，反之转速可选得略高一些。

3）切断操作，一般采用手动均匀而缓慢地进给。在工件即将切断时，要放慢进给速度。操作过程中，要注意观察，一有异常情况，要迅速退出车刀。

4）切断时，由于散热困难，一般应加切削液进行冷却。

5）不易切断的工件，可采用分段切断法（又称借刀法），如图 5-43 所示。此时，切断刀减少了一个摩擦面，加大了槽宽，有利于排屑、散热和减小切削时的振动。

实践中，常对切断刀进行改进，如图 5-44 所示。将主切削刃磨成折线，切屑由原来的一条大切屑，分成三条小切屑，有利于排屑；也可将主切削刃磨成斜线，在切断有孔的工件时，可使切断面较为平整；把切断刀的主后角磨得很小（3° ~ 5°），对防止振动及断刀有一定的效果。

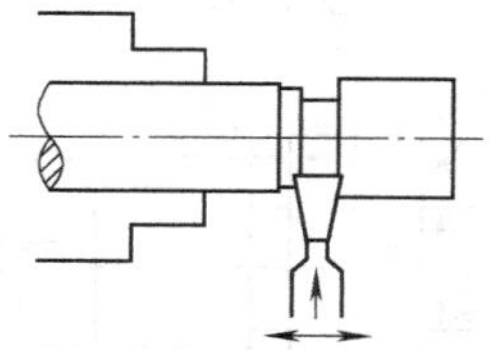

图5-43 分段车断

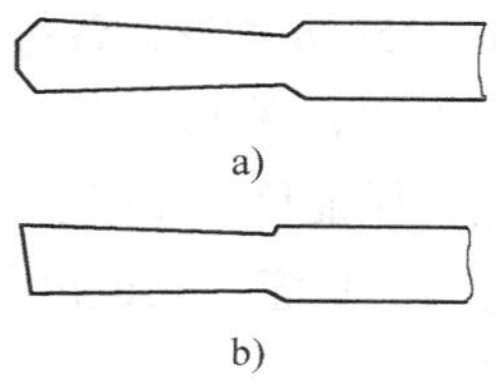

图5-44 车断刀的改进

a）主切削刃磨成折线有利于分屑排屑

b）主切削刃磨倾斜，有利于车断有内孔的工件

2. 车槽

切削5mm以下的窄槽时，可使主切削刃与槽等宽，通过横向手动进刀一次车出。切削宽槽时，可按图5-45所示的方法切削。

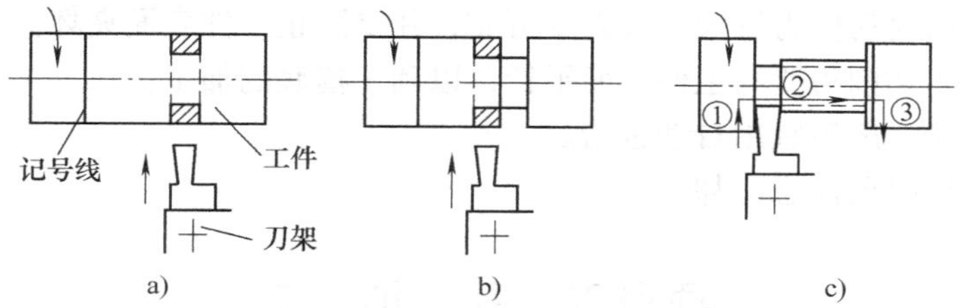

图5-45 切宽槽

a）车槽 b）加宽 c）精车槽底

切削前，按尺寸在相应的位置上用车刀划出线痕，然后用窄刀分次车去槽的大部分加工余量，再根据尺寸对槽的两侧和槽底进行精车。精车的顺序如图5-45c中①、②、③所示。

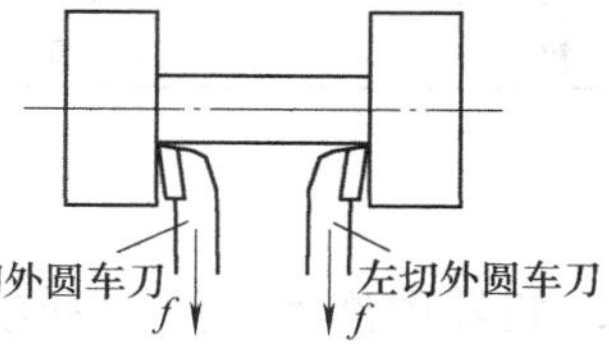

图5-46 槽侧面精车

槽的两侧也可用90°外圆车刀精车，如图5-46所示。注意：两侧面所用车刀分别为右切外圆车刀与左切外圆车刀。

[技能训练]

1. 训练内容

1）切断刀刃磨练习。

2）车槽刀刃磨练习。

3）ϕ40mm圆钢切片练习。

4）加工零件中的槽形。

① 图样：工件图样如图5-47所示。图中有两种槽形，注意尺寸标注方法。

② 材料准备：用项目三加工的小轴作练习。

③ 车削步骤：

a. 磨好车槽刀，根据零件尺寸，车槽刀宽度为3mm，刀头长度应大于11mm，装好刀具。

b. 用三爪自定心卡盘夹住ϕ30mm外圆，用宽度为3mm的车断刀切槽6mm×3mm。

c. 换头用三爪自定心卡盘夹住 ϕ25mm 外圆，分次切出 ϕ18mm × 15mm 槽形，各边留余量 1mm。

d. 精车槽的侧面，保证尺寸 $20^{+0.1}_{0}$ mm。

e. 精车槽底，保证尺寸 $\phi 18^{0}_{-0.1}$ mm。

f. 精车槽的另一侧面，保证尺寸 $15^{+0.1}_{0}$ mm。

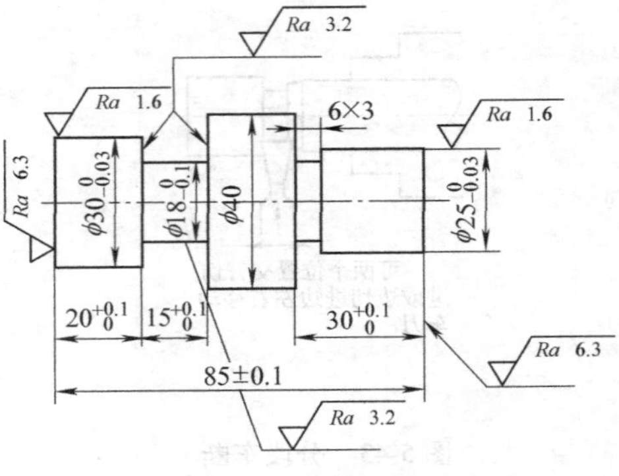

图 5-47　轴类零件

2. 训练要求

1）掌握槽类图样的识读方法。

2）初步掌握切断刀与车槽刀的刃磨方法。

3）掌握切断的操作方法。

4）掌握槽形的加工方法。

5）熟悉槽类尺寸的测量方法和尺寸控制方法。

3. 注意事项

1）刀具刃磨时，冷却方式要正确。

2）切断、车槽时切削力较大，装夹要可靠，并要防止工件表面夹坏。

3）车槽时，主切削刃要与工件表面平行，以利于槽底的加工。

4）切断、车槽一般不宜用自动进给。

5）切断、车槽时要注意冷却。

项目五　孔　加　工

主要内容	钻头的几何角度，钻孔、车孔方法	重点、难点	不通孔加工
教学方法	教师讲解、演示，学生模仿练习	考核方式	实际操作考核

课题一　图　　样

机器中许多零件，因为支承与配合的需要，常做成具有圆柱孔的结构，所以车工常碰到内孔的加工。图 5-48a 所示为一个含有内孔的零件图样，其外形如图 5-48b 所示，为了看清内部结构，图 5-48c 所示为将零件的一部分剖去。

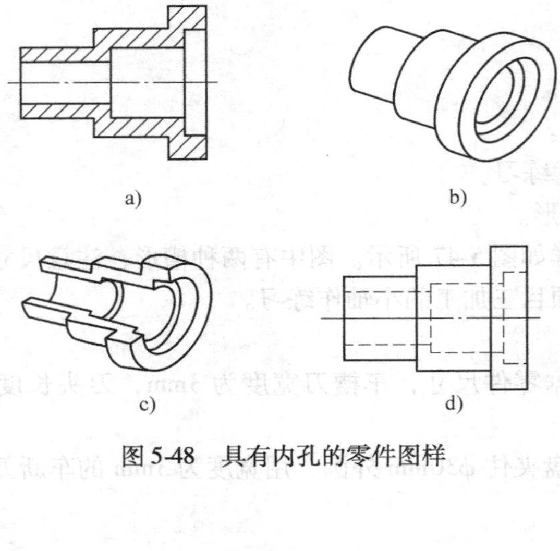

图 5-48　具有内孔的零件图样

图5-48b所示零件，若用正投影法作图，可得到图5-48d。为了更好表达内部形状，去除虚线，使图形更加清晰，方便尺寸标注，常用剖视图的表达方法，即用假想的剖切面将零件剖开，移去观察者与剖切面之间的部分，将其余部分向投影面作投影而形成的视图，如图5-48a所示。

课题二　钻　　头

用钻头在实体材料上加工孔的方法叫钻孔。钻头根据形状与用途的不同，可分成扁钻、麻花钻、中心钻、锪孔钻、深孔钻等，钻头一般用高速钢制成。本书只介绍高速钢麻花钻。

1. 麻花钻

（1）麻花钻的组成部分（见图5-49）

1）柄部：钻头的尾部，起夹持与定心作用。麻花钻的柄部有直柄和锥柄两种，直柄钻头的直径一般为0.3～13mm，锥柄钻头直径一般在6mm以上。

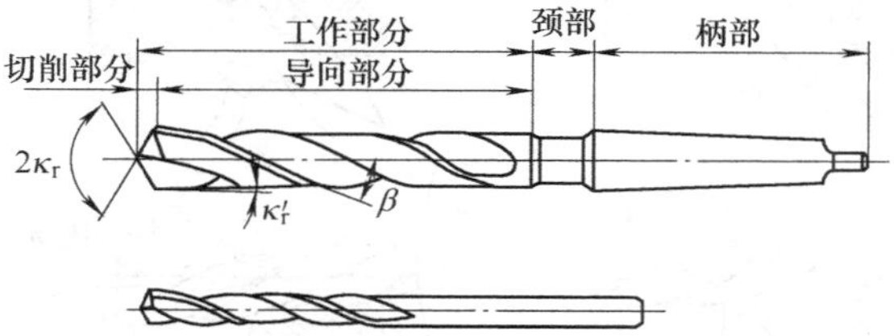

图5-49　麻花钻的组成部分

2）颈部：位于柄部和工作部分之间，供磨柄部时退砂轮之用，也是钻头打标记的地方。

3）工作部分：由螺旋槽与棱边组成，起切削、导向和排屑等作用。棱边还起修光孔壁作用。整个工作部分有倒锥，钻头头部大，靠近尾部小。

（2）麻花钻切削部分的几何要素　麻花钻的切削部分如同正反两把车刀，其几何角度的概念与车刀相似。切削部分的各部分名称如图5-50所示。

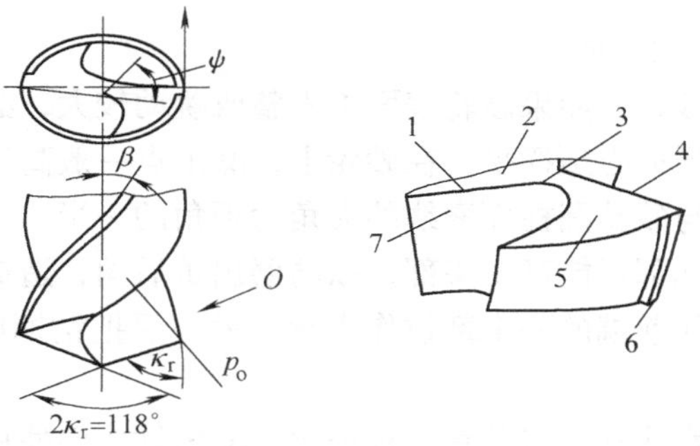

图5-50　麻花钻切削部分

1—主切削刃　2、5—主后刀面　3—横刃　4—主切削刃

6—棱边　7—前刀面

1）顶角（又称锋角）。它是指钻头两主切削刃之间的夹角，一般标准麻花钻的顶角为118°。顶角大，主切削刃短，定心差钻出的孔容易扩大；顶角小，主切削刃长，前角大，钻孔时省力些，但钻头主切削刃易磨损和崩碎。

2）前角。麻花钻的前角是指螺旋面与基面的夹角。切削刃上各点的前角是变化的，自中心到边缘逐渐增大。

3）后角。麻花钻的后角是指后刀面与切削平面之间的夹角。主切削刃上各点的后角也是变化的，自中心到边缘逐渐减小。

4）横刃斜角。横刃斜角是指横刃与主切削刃的夹角，一般标准麻花钻的横刃斜角为55°。

2. 麻花钻钻头的刃磨

麻花钻的刃磨，只需刃磨两个主后刀面，但要同时保证后角、顶角、横刃倾角、两个主切削刃的对称度，刃磨质量直接关系到钻孔质量，所以钻头的刃磨比较困难。麻花钻的刃磨方法如图 5-51 所示。

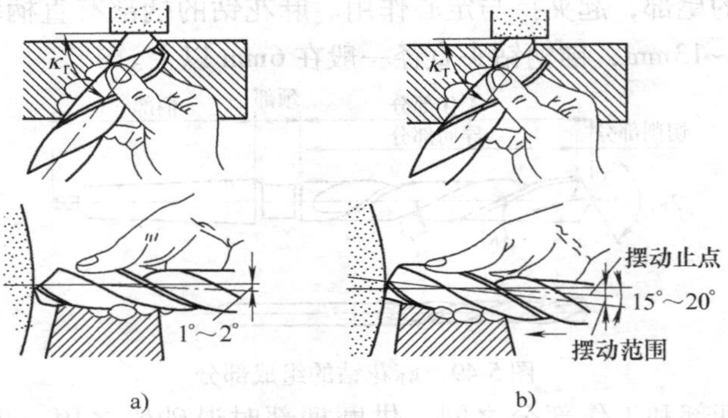

图 5-51　麻花钻的刃磨方法

（1）麻花钻钻头的刃磨要求

1）顶角为 118°，横刃倾角为 55°。

2）钻头的两条主切削刃关于钻头轴线要对称。若不对称会导致钻出的孔扩大和歪斜，并且钻头易磨损。

（2）麻花钻刃磨的注意事项

1）刃磨前应先检查砂轮，如果砂轮表面不平整或跳动较大，必须对砂轮进行修整。

2）刃磨时钻头的切削刃必须摆平，在砂轮上，磨削点一般高于砂轮水平面 5～10mm。

3）刃磨时钻头轴线与砂轮圆柱面素线的夹角为顶角的一半。

4）刃磨时，钻头的柄部不能高于头部，以防磨出负后角，造成钻头钻不进工件。

5）刃磨时，一手握住前端的一个部位作支承，另一手把钻柄向下摆动并绕轴线作微量转动。

6）刃磨时应经常浸水冷却，以防钻头被退火，缩短钻头的使用寿命。

课题三　孔加工操作

1. 钻孔

在车床上进行孔加工时，若毛坯上无孔，需要先用钻头钻出孔来。在车床上钻孔时，主运动是工件的旋转运动，进给运动是钻头的轴向移动。

（1）钻中心孔　钻中心孔一般按如下步骤操作：

1）调整车床转速。车床转速一般可调到500 r/min以上。

2）装夹工件和中心钻。工件用卡盘装夹，在钻削用于安装顶尖的中心孔时，工件的伸出长度应较短。中心钻用钻夹头装夹（见图5-52），安装到尾座套筒上。

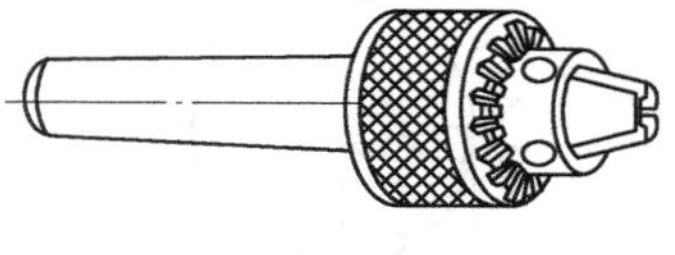

图5-52 钻夹头图

3）调整尾座位置。移动尾座，使中心钻靠近工件的端面，再将尾座固定在车床导轨上。

4）松开尾座套筒的锁紧手柄，转动尾座手轮使中心钻慢慢钻进，由于钻中心孔时排屑困难，操作时，可用手前后摆动尾座手轮，使中心钻反复钻进退出，以便排屑。

5）由于中心孔只有在锥部才有定心、定位作用，钻中心孔时，停钻位置应该在中心钻的锥部，不宜钻得过深或过浅。

（2）钻孔与扩孔　钻孔操作方法如下：

1）调节主轴转速，由于钻孔时散热困难，一般选择较低的转速。转速大小还应根据钻头的大小及工件材料的硬度来选择，钻头越大，工件材料越硬，转速应选得越低。钻直径较小的孔时，应选用较高的转速。

2）用卡盘装夹好工件，车出端面，端面应无凸台。精度要求较高的孔，可在端面上先钻出中心孔来定心引钻。

3）装好钻头，拉近尾座并锁紧，转动尾座手轮，进行钻削。无中心孔而直接钻的孔，当钻头接触工件开始钻孔时，用力要小，并要反复进退，直到钻出较完整的锥坑。钻头抖动较小时，方可继续钻进，以防钻头的引偏。钻较深的孔时，钻头要经常退出，以利排屑。孔即将钻通时，要放慢进给速度，以防窜刀。钢料钻孔时一般要加切削液进行冷却。

4）钻孔时可用钢直尺测量尾座套筒在钻孔前和钻孔时的伸出长度，来控制钻孔深度，如图5-53所示。

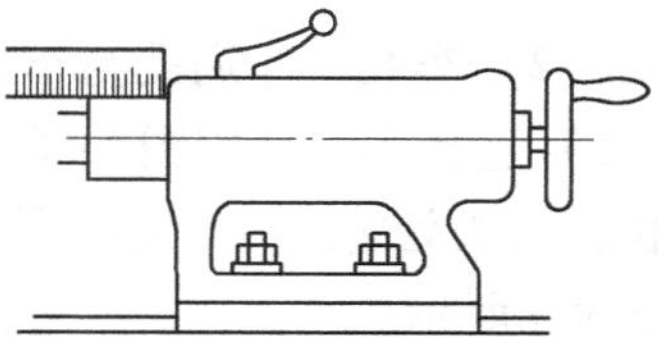

图5-53 孔深控制方法

直径较大（ϕ35mm以上）的孔，不可用大钻头直接钻出，以免损坏车床，应先钻出小孔，再用大钻头扩孔。扩孔可达到的尺寸精度较高，可作为孔的半精加工，扩孔操作与钻孔操作基本相同。

2. 车孔

用车刀车内孔的方法称为车孔，所用的内孔车刀也称为镗刀。车出的孔表面粗糙度值较低，尺寸精度较高，并且能纠正原有孔的轴线的偏斜，应用较广。

（1）车刀　车孔时，车刀要伸进工件孔内。为了车刀便于伸进工件的孔内，车刀杆细长，后刀面修磨出两个后角，以防止与工件的刮擦，如图5-54所示。

车孔刀有通孔车刀和不通孔车刀两种。

车通孔时，采用通孔车刀。通孔车刀的几何形状与外圆车刀相似，为了减少径向切削力，防止振动，主偏角取得大些，一般取60°~75°，副偏角一般取15°~30°，如图5-55所示。

车不通孔时，采用不通孔车刀。不通孔刀是用来车不通孔或台阶孔的，不通孔刀刀尖在车刀的最前端，主偏角一般取100°左右，副偏角一般取20°左右，如图5-56所示。

当内孔尺寸较小时，车刀一般做成整体式，如图5-57a所示。若内孔尺寸允许，为了节省刀具材料，提高刀杆刚度，可把高速钢或硬质合金做成较小的刀头，装在刀杆前端的方孔内，用螺钉固定，如图5-57b所示。

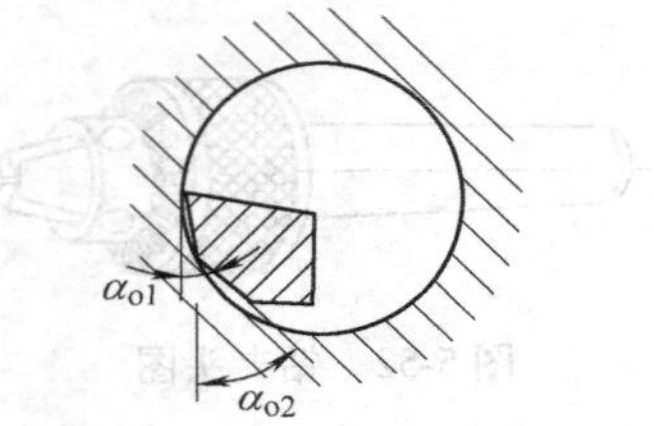

图 5-54　后刀面两个后角

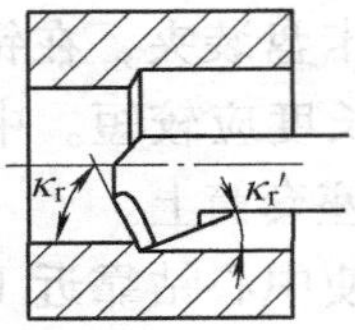

图 5-55　通孔镗刀

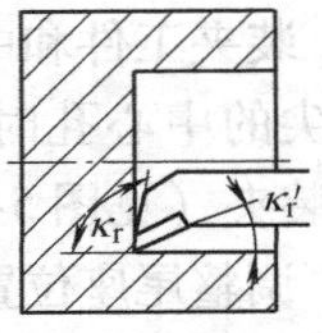

图 5-56　不通孔镗刀

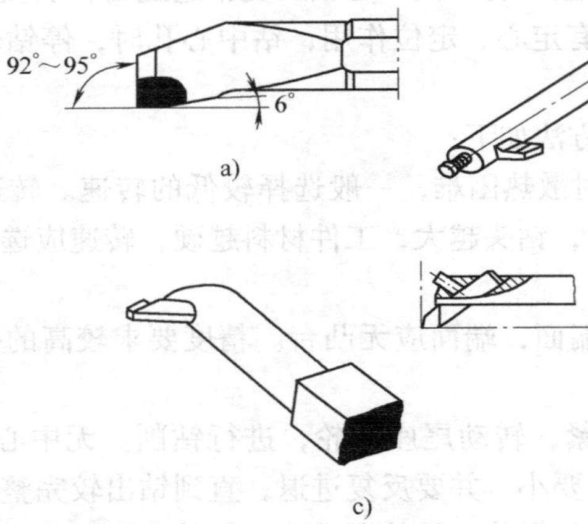

图 5-57　内孔刀结构

a）整体式内孔车刀　b）通孔车刀　c）不通孔车刀

（2）车孔　车通孔与车不通孔操作方法相似，下面以车不通孔为例介绍车孔的方法。

1）选择车刀。用图 5-58a 所示的不通孔车刀，车刀伸出长度 L 应比所要求加工的孔深略长，刀头处宽度 A 应小于孔的半径，主偏角一般取 100°左右，副偏角一般取 20°左右，如图 5-58a 所示。

2）车刀的安装。粗车刀的刀尖高度应略高于工件的轴线，精车刀的刀尖高度与工件的轴线等高。安装好车刀后，将车刀靠近工件内孔表面，转动床鞍手轮，试着将车刀伸进工件孔内，要求车刀与工件内孔表面不能有刮擦现象，刀体伸出长度要足够，但不宜过长。

3）粗车。先通过多次进刀，将孔底的锥形基本车平，如图 5-58b 所示，然后对刀、试车，调整背吃刀量并记住刻度，再自动进给车削出孔的圆柱面。每次车到孔深时，车刀先横向往孔的中心退出，再纵向退出孔外。调整背吃刀量时应注意：车孔时中滑板刻度盘手柄的背吃刀量调整方向，与车外圆时相反。

4）精车。精车时，背吃刀量与进给量应取得更小些。当孔径接近所要求的尺寸时，应以很小的背吃刀量或不加背吃刀量重复车削几次，以消除车刀刚度不足引起的工件表面的锥度。当孔壁较薄时，精车前应将工件放松，再轻轻夹紧，以免工件因夹得过紧而变形。精车时的车削路线如图 5-58d 所示，以利排屑。

车不通孔时，若车刀的伸进长度超过了孔的深度，会造成车刀的损坏，可在刀杆上划线对车刀的伸进深度进行控制。自动走刀快到划线位置时，改用手动缓慢进刀，进到划线位置，并注意听声音，车到孔底时一般会发出较大的振动声。

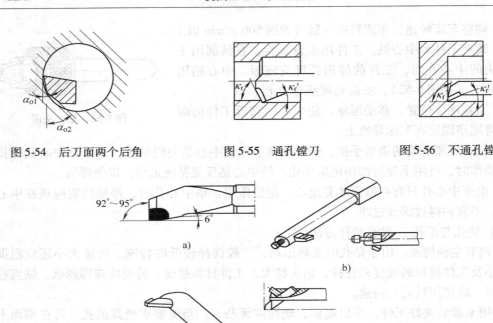

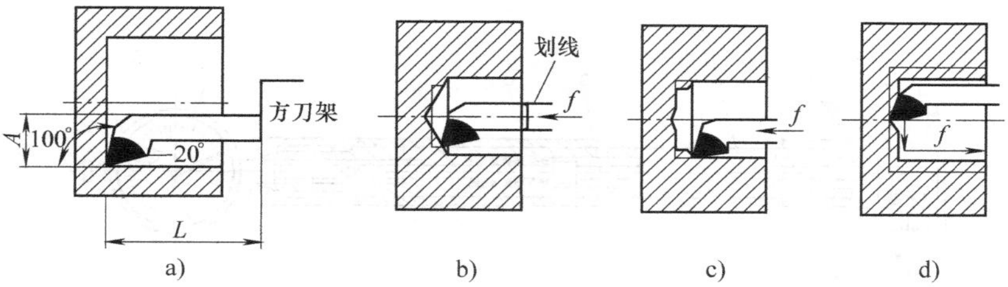

图5-58 不通孔的车削

a）选择车刀 b）车平底面 c）粗车 d）精车

车通孔时，不用对孔底进行加工，比不通孔较为方便。车刀选择通孔车刀，刀尖高度可稍高于工件轴线，操作方法与车不通孔相似。

车孔时，由于车刀刚性较差，排屑困难，因而比外圆难加工。为了增加刚度，可尽量增大刀杆横截面积，根据孔深采用尽量短的刀杆。为了排屑，主要采用控制切屑流向的方法，控制切屑流向主要是精车时要求切屑流向待加工表面。

课题四 孔径尺寸的测量

孔径尺寸常用内卡尺、游标卡尺、内径千分尺、塞规、内径百分表等进行测量。

1. 用内卡尺测量

用内卡尺测量内径如图5-59所示，两卡爪能绕小轴 *A* 转动。测量时，先用卡尺测出孔径，从孔中移出，再用游标卡尺或千分尺测出内卡尺张开的距离，这个尺寸就是所测内径尺寸。用内卡尺测内径误差较大。

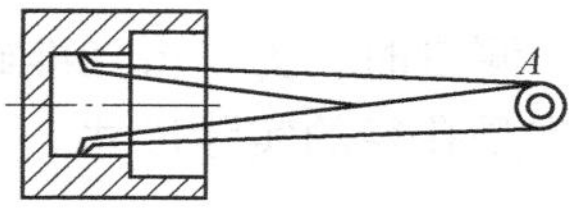

图5-59 用内卡尺测量内径

2. 用内径千分尺测量

用内径千分尺测量内径如图5-60所示，其读数方法与外径千分尺相同。用内径千分尺测量时，内径千分尺应在孔内摆动，使卡爪与内孔靠紧，并使尺寸达到最大值，这时的读数就是被测孔的尺寸。

3. 用塞规测量

用塞规测量内径如图5-61所示，塞规由止端、过端和柄部组成，止端较短，过端较长。止端的尺寸等于孔的最大尺寸，过端的尺寸等于孔的最小尺寸。用塞规不能读出尺寸，当过端能进入孔内，而止端不能进入孔内时，说明工件的孔径是合格的。

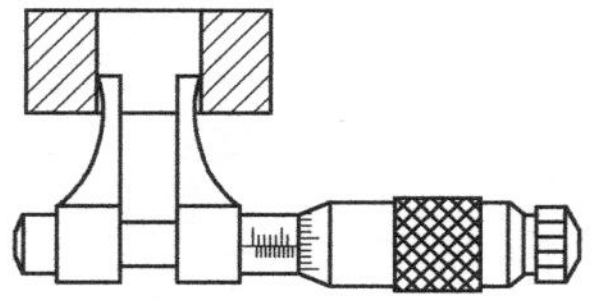

图5-60 用内径千分尺测量内径

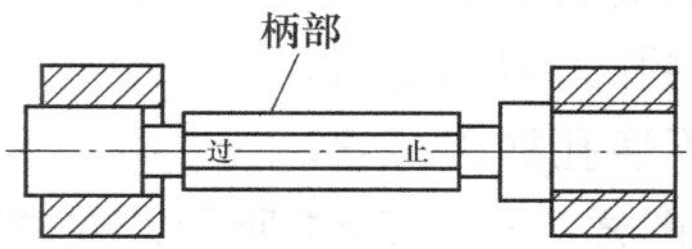

图5-61 用塞规测量内径

4. 用内径百分表测量

内径百分表主要用于测量精度要求较高且较深的孔。

内径百分表由百分表和专用表架组成，结构如图5-62所示。测量时，活动测头的移动可通过内部的杠杆传动到百分表上，使百分表的指针转动，活动测头的移动量可在百分表上读出来。

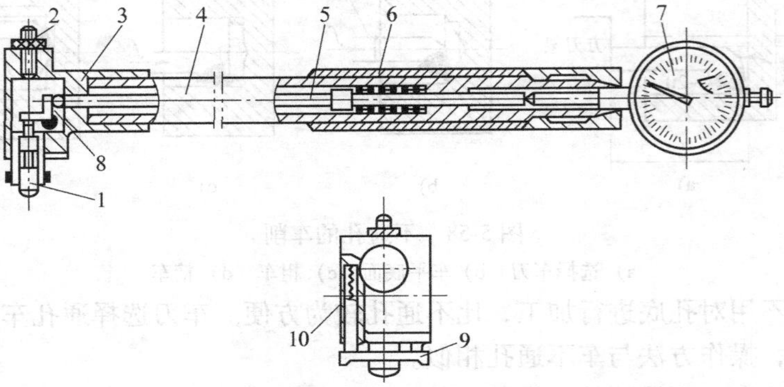

图 5-62　内径百分表的结构

1—活动测头　2—可换测头　3—表架头　4—表架套杆　5—传动杆
6—测力弹簧　7—百分表　8—杠杆　9—定位装置　10—定位弹簧

内径百分表活动测头的移动量很少，它的测量范围是通过更换或调整可换测头的长度来实现的。

用内径百分表测量孔径属于相对测量法，它本身不能读出尺寸值，而是起尺寸的对比作用。测量前应根据被测孔径的大小用千分尺或其他量具将其调整好，然后才能使用。

测量时，为了得到准确的尺寸，必须左右摆动百分表，如图 5-63 所示，测得的最小数值就是孔径的实际尺寸。

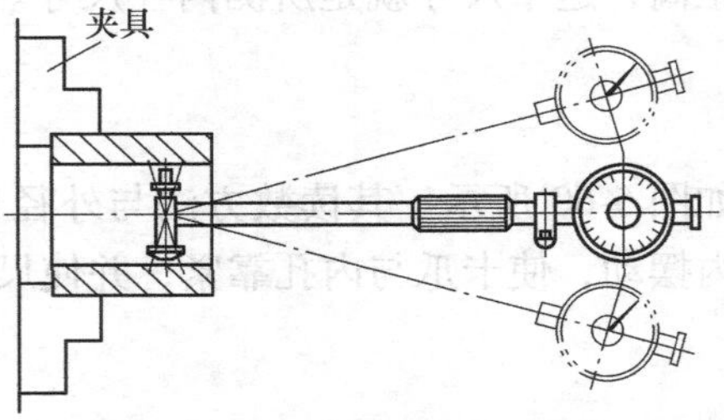

图 5-63　内径百分表的测量方法

［技能训练］

1. 训练内容

1）钻头刃磨练习。

2）内孔刀刃磨练习。

3）不通孔加工练习。

①　图样：如图 5-64 所示，在端部加工不通孔。

②　材料准备：取 ϕ50mm 棒料一根。

③　车削步骤：

a. 取 ϕ50mm 棒料，夹住一端，留长约 45mm。

b. 车平端面，外圆车去材料表面黑皮。

c. 钻中心孔。

d. 钻 ϕ23mm 孔，孔中心深度不超过 29. 5mm。

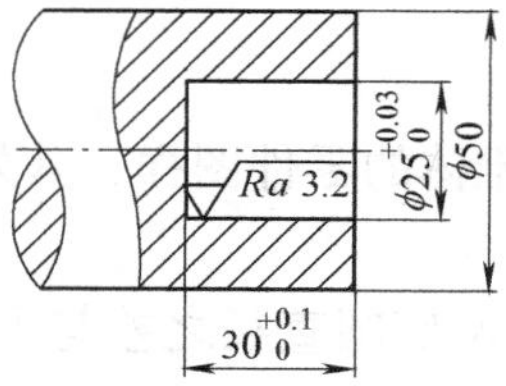

图5-64 不通孔加工

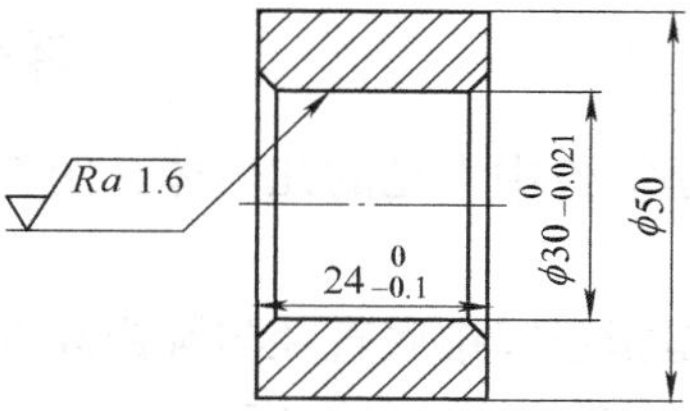

图5-65 通孔加工

e. 粗车、精车 ϕ25mm 孔（深30mm）到尺寸。

4）通孔加工练习。

① 图样：工件图样如图5-65所示。

② 材料准备：取前面的不通孔加工练习件，用切断刀切断，切下的一段长约26mm，进行车通孔练习。

③ 车削步骤：

a. 夹住一端，找正，车端面。

b. 粗车、精车内孔到尺寸。

c. 倒角。

d. 换头夹住另一端，找正。

e. 车端面，保证尺寸24mm。

f. 倒角。

5）内孔测量练习：分别用内卡尺、游标卡尺、内径千分尺、塞规、内径百分表进行测量。

2. 训练要求

1）初步掌握钻头刃磨方法。

2）掌握内孔刀的刃磨方法。

3）掌握钻孔、扩孔、车孔的方法。

4）掌握内孔的测量方法。

3. 注意事项

1）刀具刃磨时，要注意安全。高速钢刀具刃磨时应经常浸水冷却，以防钻头被退火；硬质合金刀具刃磨时刀头不得浸水，以防碎裂。

2）钻中心孔前，端面一定要先车平。

3）钻中心孔时，一般不加切削液，而钻孔、扩孔时应加切削液。

4）钻中心孔时主轴转速用高速，钻孔时一般用低速，加工时应注意变速。

5）充分应用小滑板刻度盘手柄控制轴向尺寸。

项目六 车圆锥面

主要内容	圆锥面的车削、圆锥面的测量	重点、难点	锥面的表面质量
学习方法	教师讲解、演示，学生模仿练习	考核方式	实际操作考核

课题一　图　　样

锥体是零件中常见的几何体，图 5-66a 所示为一个含有锥体的零件图样，其外形如图 5-66b 所示。

锥度是指正圆锥底直径与圆锥高的比，对于圆台，则为两底圆直径之差与锥台高之比。如图 5-66a 中的 $1:n$，可看作 $(D-d)/L=1$，$n=2\tan\theta$，也可通俗地理解为，当长度增加了 $n$mm 时，直径增大 1mm，如图 5-66c 所示。

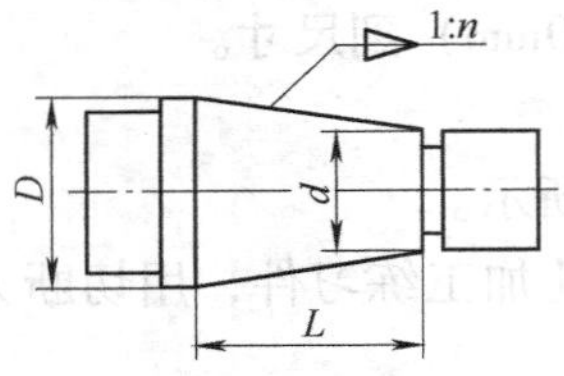

a)

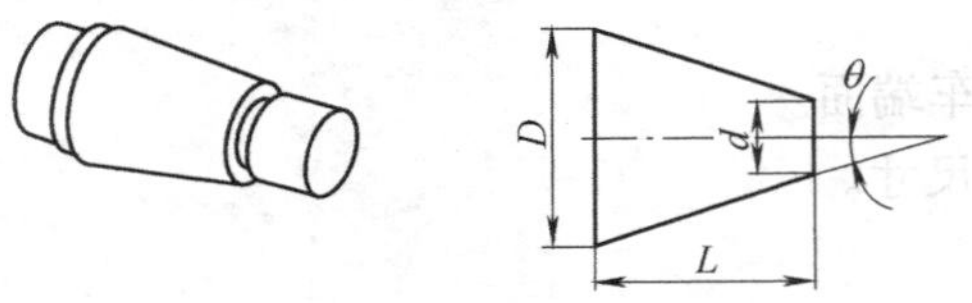

b)　　　　c)

图 5-66　锥度图样示例

课题二　圆锥面的车削

车圆锥面的方法较多，有尾座偏置法、小刀架转位法和宽刀车削法等。

1. 小刀架转位法

小刀架转位法主要用于车锥度较大、长度较短的圆锥面，如图 5-67 所示，由于用该方法车削锥度时，需用手转动小滑板刻度盘手柄进行进给，所以表面粗糙度较难控制。小刀架转位法能车削的圆锥面的长度，由小滑板的行程决定，不宜加工较长的锥度。操作方法如下：

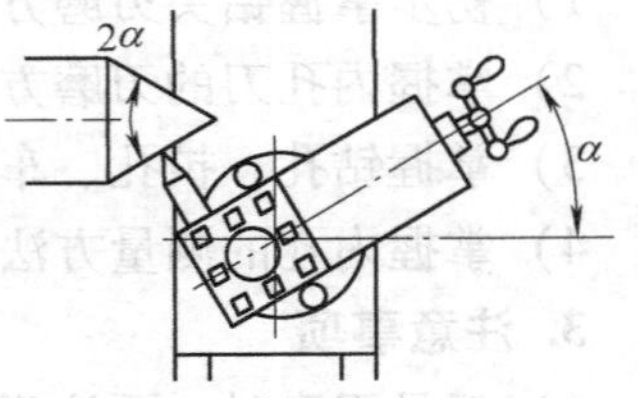

图 5-67　小刀架转位法

先按大端尺寸车出外圆。根据尺寸，计算出圆锥面的斜角 α，松开刀架底座转盘的紧固螺母，转动小滑板，使其倾斜角度正确，锁紧转盘。转盘靠刻度转出的角度有一定的误差，应有相应的方法予以保证。当车削标准锥度较小的锥度时，一般可用圆锥量规，用涂色检验方法，通过试车，逐步找正转盘的角度。如需加工的工件已有样件或标准件，可用百分表找正，如图 5-68 所示。先把样件或标准件安装在两顶尖之间，在刀架上装一百分表，使百分表的触头与样件或标准件接触，测量杆垂直于样件或标准件，并对准中心，小

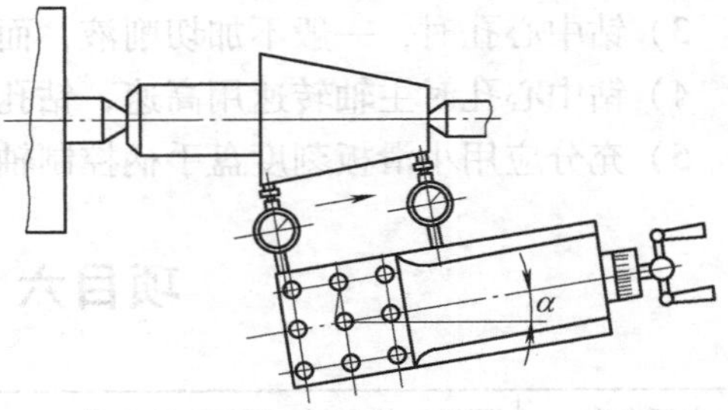

图 5-68　用百分表与样件找正

刀架转动一定的角度，用手转动小滑板刻度盘手柄来移动刀架，观察百分表的摆动。调整小刀架的角度，直到百分表指针不摆动，则锥度已找正，锁紧转盘。

利用百分表也可直接在已车削外圆上找正，如图5-69所示，装上工件，车好外圆。根据工件锥度，计算出轴向移动量为L时半径的变化量为R。装好百分表，转动刀架角度。用手转动小滑板刻度盘手柄来移动刀架，并用小滑板刻度盘的刻度来控制轴向移动量。若当轴向移动量为L时，百分表的读数正好为R，说明锥度已找正，锁紧转盘。注意，用该方法找正时，不可超出百分表测量杆的行程，以免百分表损坏。

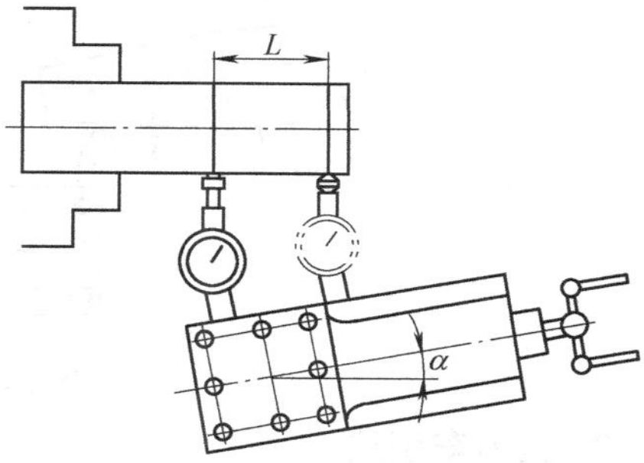

图5-69　用百分表直接找正

具体操作方法主要有两种：

1）左切车刀车锥度的方法（见图5-70）：

①　对刀，如图5-70a所示。在大端对刀，记住刻度，退出；旋转小滑板手柄，将车刀退至右端面；调整背吃刀量。

②　转动小滑板手柄，手动进给，粗车锥度，如图5-70b所示。

③　调整对刀刻度，手动精车，如图5-70c所示。

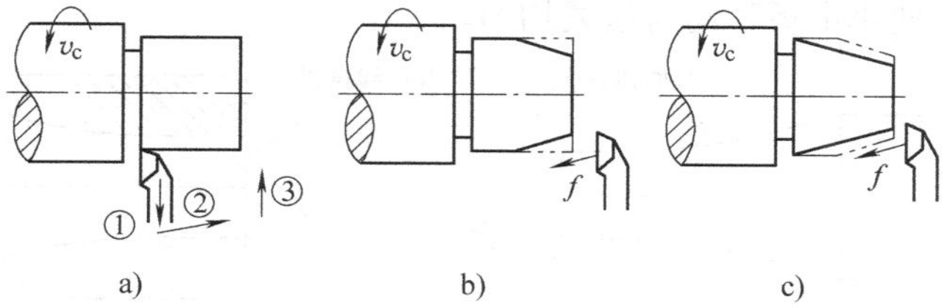

图5-70　左切车刀车锥度

2）右切车刀车锥度的方法（见图5-71）：

①　转动小滑板手柄直接粗车，如图5-71a所示。

②　在大端对刀，直接手动精车，如图5-71b所示。

用小刀架转位法车锥度时，由于要用手动进给，精车时，转速要调得较高，手动进给的速度要慢且均匀，以降低表面粗糙度值。用左切车刀切削时，操作较复杂；用右切车刀切削时操作较为简便，此时刀杆应略斜，以防止车刀副后刀面与已加工表面之间的刮擦。

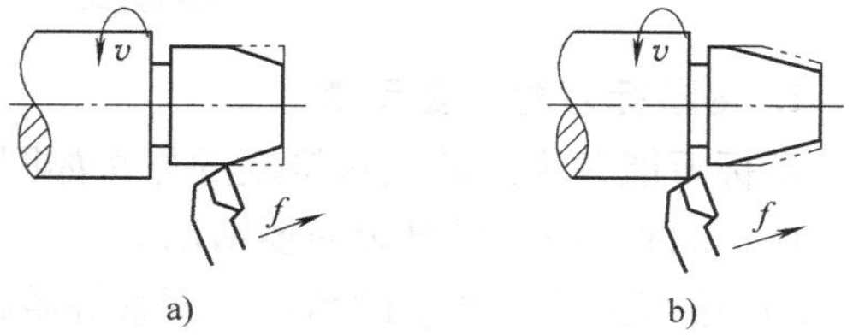

图5-71　右切车刀车锥度

小刀架转位法常用于车内孔锥度。车内孔锥度时，先用钻头钻出底孔，再找正锥度，开始加工。所需的车刀为内孔车刀。在加工相配合的内外圆锥面时，如果要加工的零件数很少，可用图5-72所示的加工方法进行加工。车削时，先把外圆锥车正确，这时不要变动小刀架转盘角度，只要把内孔车刀反装，使前刀面朝下，主轴同样正转对内圆锥进行车削。由于小刀架转盘角度不变，所加工的内外圆锥可以准确配合。

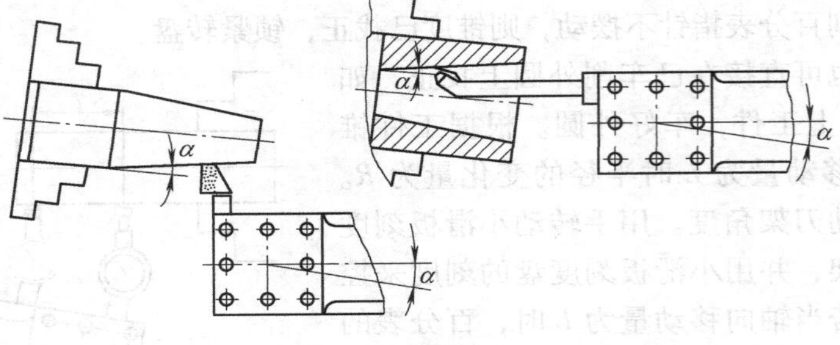

图 5-72　内外锥配合面的加工

2. 宽刀车削法

用宽刀车削法加工锥度，只能加工长度小于20mm的锥面，并要求车床的刚度较好，车床的转速应选择得较低，否则容易引起振动。用宽刀车削法加工锥面，可先把外圆车成阶梯状，去除大部分余量，使加工时省力些，再把成形车刀（宽刃车刀）调出工件所需的角度，直接横向进刀，车出工件的锥度，如图 5-73 所示。

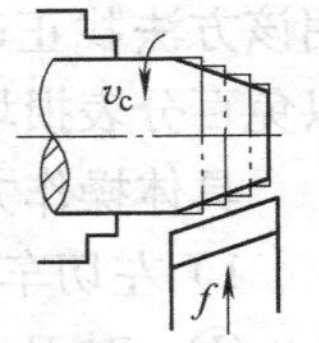

图 5-73　宽刀车削法车锥面

车削锥度时，车刀刀尖的高度必须严格对准工件轴线，无论车刀过高还是过低，均会引起圆锥表面的双曲线误差，如图 5-74 所示。用小刀架转位法时，还应注意小滑板镶条间隙，使小滑板移动时松紧均匀。

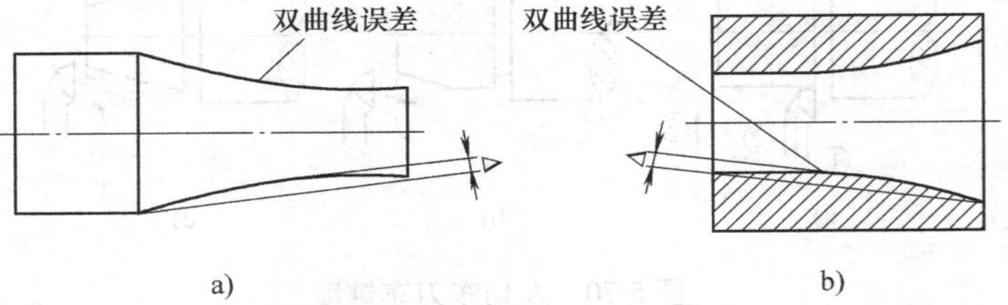

图 5-74　锥面的双曲线误差

a）外圆锥　b）内圆锥

课题三　圆锥面的测量

1. 用游标万能角度尺测

游标万能角度尺的测量锥度的方法如图 5-75 所示。使用时应注意如下几点：

1）工件表面和量具表面要清洁。

2）按照工件所要求的角度，调整好游标万能角度尺的测量范围。

3）测量时，游标万能角度尺尺面应通过工件中心，并且一个面要跟工件测量基准面吻合，通过透光检查读数时，应拧紧固定螺钉，然后移离工件，以免角度值变动。

2. 用角度样板测

在成批和大量生产时，可用专用的角度样板来测量工件。图 5-76 所示为用角度样板测量锥齿轮坯角度的示意图，先以端面为基准，测量 140°，再测量 90°。

3. 用圆锥量规测

在测量标准圆锥或配合精度要求较高的圆锥工件时，可使用圆锥量规，如图 5-77 所示，

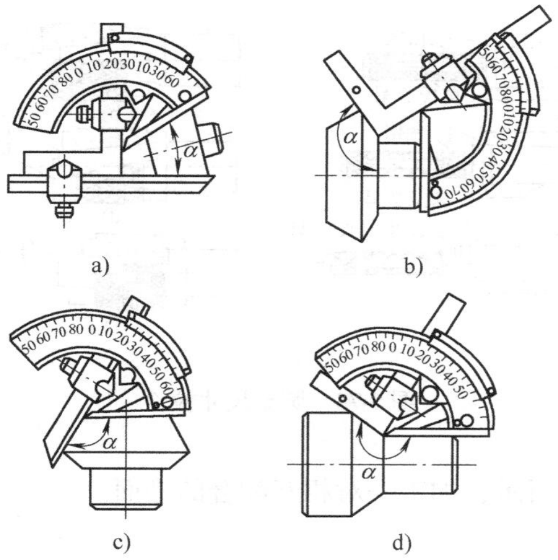

图5-75　用游标万能角度尺测量锥度的方法

圆锥量规又分为圆锥塞规和圆锥套规。

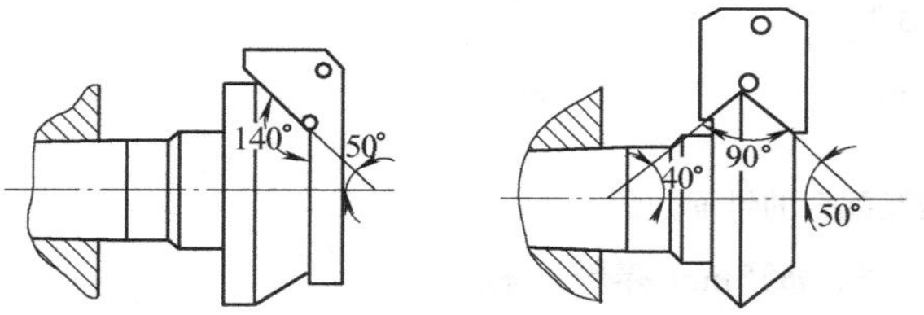

图5-76　用角度样板测量锥度

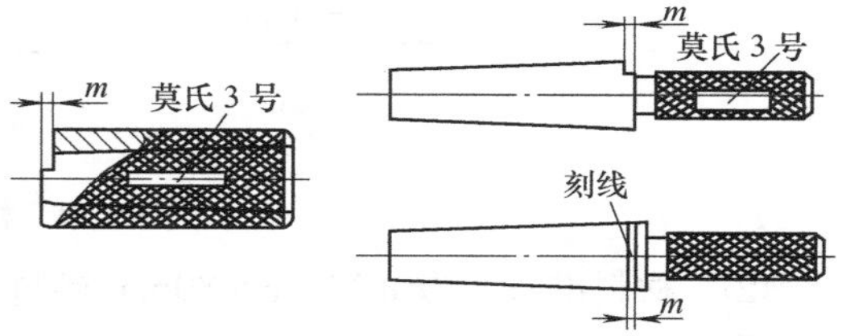

图5-77　圆锥量规

（1）检验锥度　用圆锥塞规测量内圆锥时，先在塞规表面上顺着锥体素线用显示剂均匀地涂上三条线（相隔约120°），然后把塞规放入内圆锥中转动360°，观察显示剂擦去情况。如果接触部位很均匀，说明锥面接触情况良好，锥度正确。假如小端擦去，大端没擦去，说明圆锥角偏大；反之，则说明孔的圆锥角偏小。测量外圆锥的方法跟上面相同，但是显示剂应涂在工件上。

（2）圆锥塞规尺寸检验　圆锥塞规除了有一个精确表面之外，在端面上还有一个台阶或者具有两条刻线，如图5-77所示，台阶或刻线之间的距离 m 就是圆锥尺寸的公差范围。

当圆锥的尺寸合格时，圆锥端面应处于台阶内或两条刻线之间，如图5-78所示。

在测内圆锥时，如果两条刻线都进入工件孔内，说明内圆锥太大；如果两条刻线都在工件孔外，说明内圆锥太小；只有第一条线进入，第二条线未进入，内圆锥的尺寸才是合格的。在测外圆锥时，工件端面应出现在塞规的台阶内，否则工件锥度尺寸是不合格的。

［**技能训练**］

1. 训练内容

1）尾座偏置方法练习。

2）游标万能角度尺测锥度练习。

3）用宽刀法车锥度。

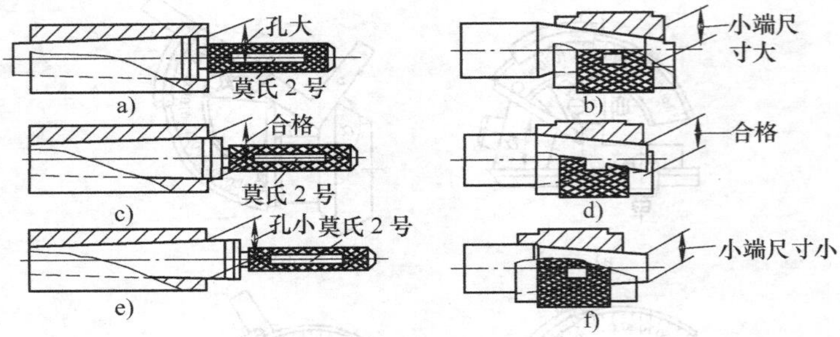

图 5-78　圆锥尺寸检验

4）加工工件。

①　图样：如图 5-79 所示，加工一对相互配合的锥面。

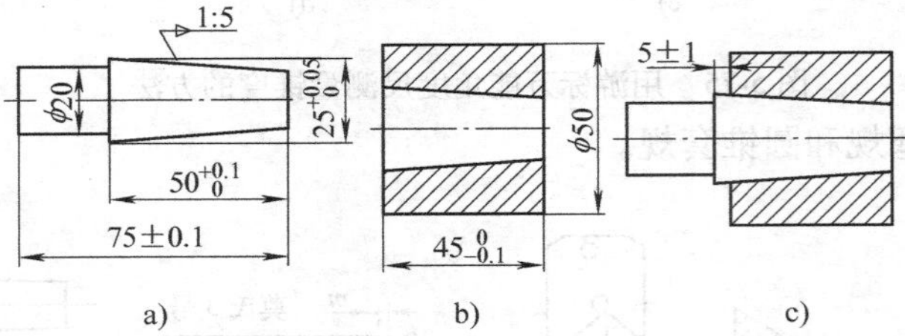

图 5-79　相互配合的锥面

②　材料准备，取 ϕ30mm × 80mm 棒料一根，ϕ55mm 棒料一根。

③　加工步骤：对于这两个工件，一般先加工外圆锥，再以外圆锥为检验工具，制作内圆锥。

a. 取 ϕ30mm × 80mm 棒料，用三爪自定心卡盘夹住，留长 55mm 左右。车好端面，车去余量约 2mm。

b. 粗车 ϕ25mm，留余量 2mm。

c. 换头夹住另一端，留长 30mm 左右，车端面，控制长度尺寸 75mm ± 0. 1mm。

d. 车 ϕ20mm 到尺寸，保证长度 50mm。

e. 换头夹住另一端，留长 55mm 左右，车 ϕ25mm 到尺寸。

f. 用小刀架转位法加工锥度，加工好以后取下工件。

g. 取 ϕ55mm 棒料，用三爪自定心卡盘夹住，留长 60mm 左右，车平端面，外圆车削到尺寸。

h. 钻孔到 ϕ18mm，孔深 50mm，切断，切下长度为 47mm。

i. 车端面，保证长度 45mm。

j. 反装内孔车刀，使前刀面朝下，主轴开正转对内圆锥进行车削。

2. 训练要求

1）学会车锥度时的各种调整方法。

2）掌握用游标万能角度尺检测锥度的方法。

3）掌握用锥套检测锥度的方法。

4）能熟练使用小刀架转位法车锥度。

5）掌握车削配套内、外圆锥的方法。

3. 注意事项

1）在尾座偏置各刀架转位练习后，注意对机床进行复原。

2）无论用哪种方法车锥度，刀尖必须对准工件的旋转中心，以防止出现误差。

3）精车圆锥面时，不允许中间换刀、磨刀等，而应一次走刀完成。

4）用游标万能角度尺、角度样板检验锥度时，测量面一定要过工件中心。

5）涂色检验内、外圆锥的配合时，相对转动一般不超过1/3圆周。

项目七　螺纹加工

主要内容	螺纹的要素、三角形螺纹的车削	重点、难点	螺纹的表面质量
学习方法	教师讲解、演示，学生模仿练习	考核方式	实际操作考核

课题一　螺纹的要素与图样

1. 螺纹的分类

螺纹是指在圆柱面（或圆锥面）上，沿螺旋线所形成的，具有相同剖面的连续凸起与沟槽。螺纹按用途可分联接螺纹和传动螺纹；按牙型可分三角形螺纹、矩形螺纹、圆形螺纹、梯形螺纹和锯齿形螺纹，如图5-80所示；按旋向可分左旋螺纹和右旋螺纹；按线数可分单线螺纹和多线螺纹；加工在工件外表面上的螺纹为外螺纹（如螺钉），加工在工件内表面上的螺纹为内螺纹（如螺母）。

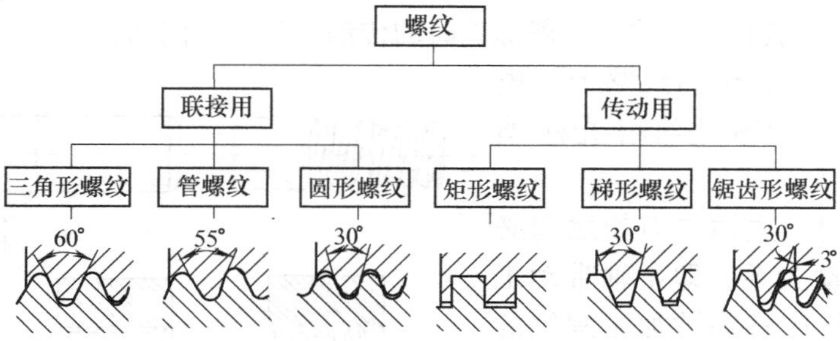

图5-80　螺纹的分类

2. 螺纹的基本要素

（1）螺纹大径　螺纹最大处的直径，如图5-81所示。对于外螺纹是顶径，对于内螺纹是底径。

（2）螺纹小径　螺纹最小处的直径，如图5-81所示。对于外螺纹是底径，对于内螺纹是顶径。

（3）螺纹中径　中径是螺纹的重要尺寸，螺纹配合时就是靠在中径线上内、外螺纹的接触来实现动力传递或紧固作用的。

螺纹中径是一个假想圆柱的直径，该圆柱的母线通过时螺纹的牙宽和槽宽正好相等，这个假想圆柱的直径就是螺纹的中径，如图5-81所示。

(4) 牙型角　在通过螺纹轴线的截面上，牙型两侧面间的夹角，如图5-81所示。

(5) 螺纹升角　在中径圆柱上，螺旋线与垂直于螺纹轴线的平面间的夹角，如图5-82所示。

(6) 线数　构成螺纹的螺旋线的条数。图5-83所示螺纹线数为2。

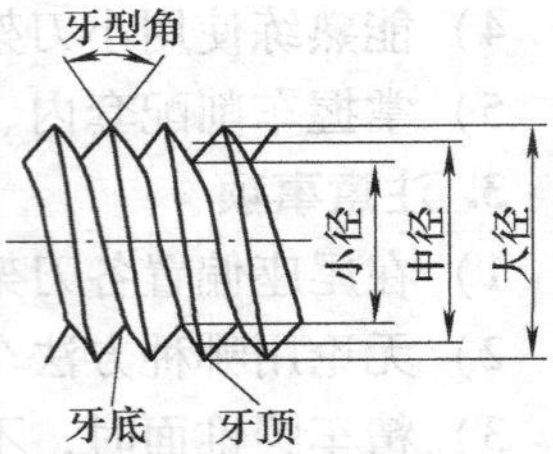

图5-81　螺纹的基本要素

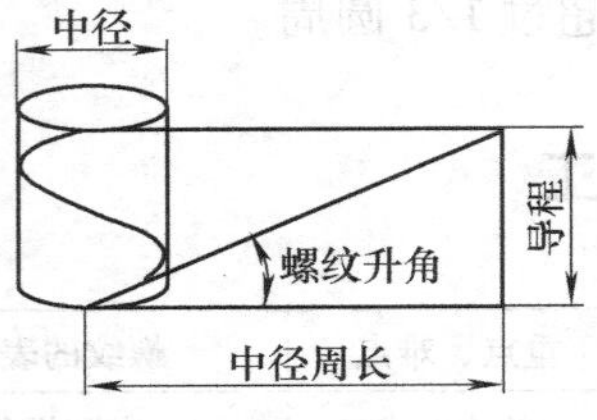

图5-82　螺纹升角图

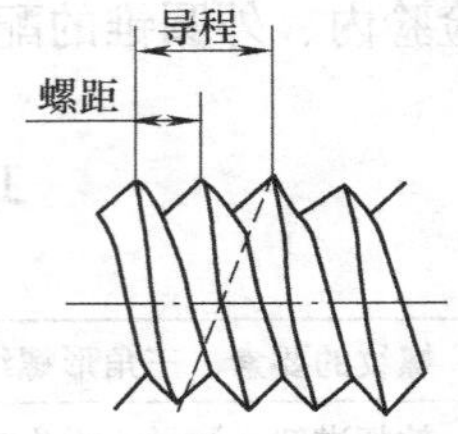

图5-83　螺纹导程和螺距

(7) 导程　构成螺纹的螺旋线沿圆柱旋转一周上升的高度，如图5-83所示。

(8) 螺距　相邻两牙对应点之间的距离。当线数为1时，螺距与导程相等；当线数为2时，导程等于螺距的2倍，如图5-83所示。导程与螺距一般在图样上标出，若是标准值，也可在相关资料中查出。

3. 螺纹的图样与含义

螺纹可用如图5-84所示的图样表达，牙顶用粗实线表达，牙底用细实线表达。

课题二　加工螺纹时车床的调整

在车削螺纹时，其传动路线与一般加工时的传动线路是不同的。

在一般加工中，其传动线路为“电动机-主轴箱-交换齿轮箱-进给箱-光杠-溜板箱-刀架”。

在车制螺纹时，主轴与刀架之间必须保证严格的运动关系，即主轴带动工件转动一周，刀具应移动被加工螺纹的一个导程。为了保证这种传动关系，采用了“电动机-主轴箱-交换齿轮箱-进给箱-丝杠-开合螺母-溜板箱-刀架”的传动路线。

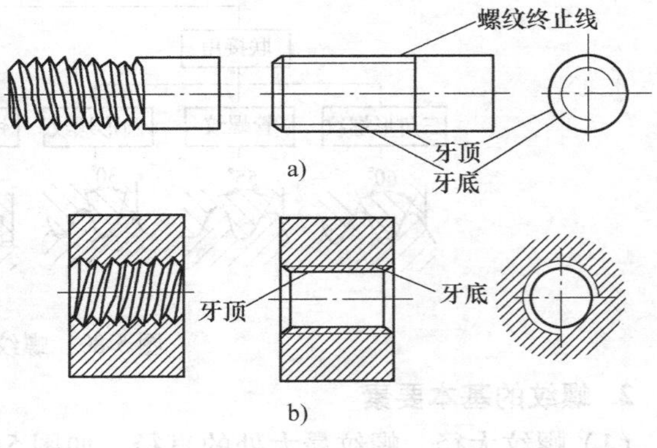

图5-84　螺纹图样
a) 外螺纹　b) 内螺纹

在车制螺纹前，一般可按如下步骤进行调整：

1) 从图样或相关资料中查出所需加工螺纹的导程，并在车床进给箱上表面的铭牌上找到相应的导程，读取相应的交换齿轮的齿数和手柄位置。

2) 根据铭牌上标注的交换齿轮的齿数和手柄位置，进行交换和调整。

3) 在车削螺纹时，合上开合螺母。

课题三　三角形螺纹的车削

车削三角形螺纹的方法有低速车削和高速车削两种。低速车削时切削速度取 3～5m/min，高速车削时切削速度取 50～100m/min。低速车削使用高速钢螺纹车刀，高速车削使用硬质合金螺纹车刀。低速车削精度高，表面粗糙度值小，但效率低。高速车削效率高，能比低速车削提高 15～20 倍，只要措施合理，也可获得较小的表面粗糙度值。

车制螺纹时，通过车削要保证螺纹的牙型角 α、螺距 P、螺纹中径 d_2，如图 5-85 所示。在车削时，牙型角 α 靠车刀来保证，螺距 P 靠车床的传动来保证，中径 d_2 通过多次车削来控制。

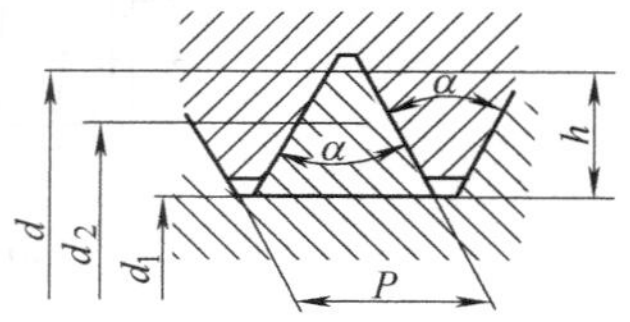

图 5-85　普通螺纹

下面以车削外螺纹为例，来介绍三角形螺纹的车削方法。

1. 低速车削三角形螺纹

（1）螺纹车刀　螺纹车刀角度是否准确，直接影响牙型角 α 和加工质量，螺纹车刀与普通车刀相比，还有以下几点要求：

1）刀尖角在切削平面上等于牙型角。

2）车刀的左右切削刃必须是直线。

3）车刀切削部分具有较小的表面粗糙度值。

右旋螺纹车刀如图 5-86 所示。为了保证刀尖角等于螺纹的牙型角，可用图 5-87 所示方法测量。螺纹车刀后角可略磨大一些，两个后刀面的交线应略有倾斜，斜向与螺纹旋向相同，以防后刀面的刮擦。

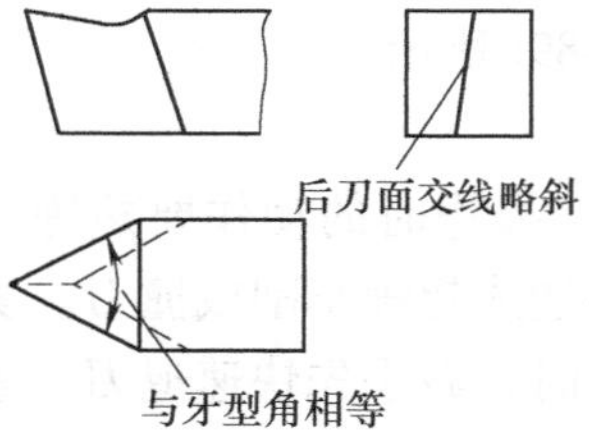

图 5-86　右旋螺纹车刀

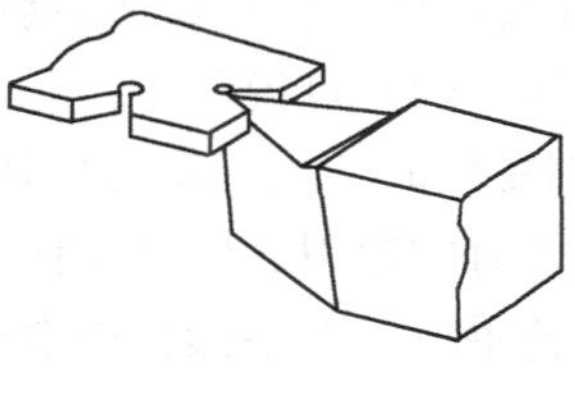

图 5-87　刀尖角测量

螺纹车刀在刀架上的位置要正确，刀尖高度与工件的轴线等高，并使两切削刃的角平分线与工件的轴线相垂直。为了保证车刀与工件的相对位置，可采用对刀样板来调整螺纹车刀的安装位置，如图 5-88 所示。

（2）螺纹车削方法

1）车出外圆。由于车螺纹时，车刀的挤压作用会使尺寸增大，因此，在低速车削螺纹时，外圆尺寸应车得略小，一般取外圆尺寸等于螺纹大径的下偏差。

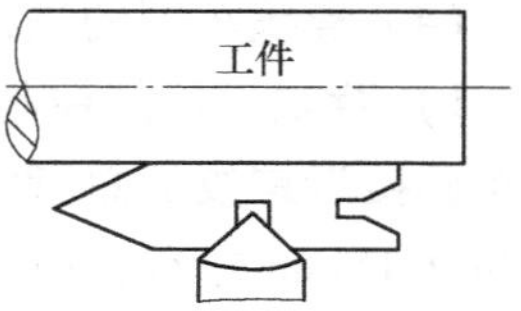

图 5-88　螺纹车刀的对刀

2）正确安装好螺纹车刀。

3）调整车床的传动路线。应特别指出，车削螺纹时，车刀必须用丝杠带动，才能保证车刀与工件的正确运动关系。车螺纹前还应把中、小滑板的导轨间隙调小，以利车削。

4）车削螺纹的操作。操作方法与步骤如图5-89所示。

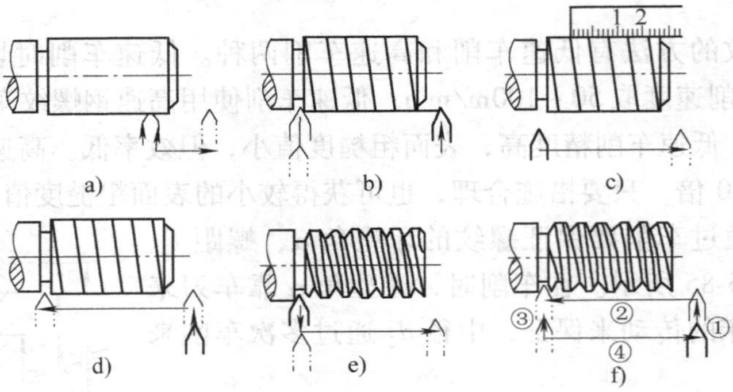

图5-89　车螺纹的操作方法

①　开机对刀，记下刻度盘读数，然后先向后再向右退出车刀，如图5-89a所示。

②　进刀到对刀所得读数处，合上开合螺母，在工件表面车出一条螺旋线，横向退出车刀，停机，如图5-89b所示。

③　开反车，使车床反转，向右退回车刀，停机后用钢直尺检验螺距是否正确，如图5-89c所示。

④　在①中所记下的刻度基础上，利用刻度盘调整背吃刀量，开机使车床正转进行切削，如图5-89d所示。

⑤　车削将至行程终了时，应做好停车准备，先逆时针快速转动中滑板手柄，再停机开反车退回车刀，如图5-89e所示。

⑥　再次调整背吃刀量，继续加工，切削路线如图5-89f所示。

（3）操作中的几点说明

1）车削螺纹时，由于车刀由丝杠带动，移动速度快，操作时的动作要熟练，特别是车削到行程终了时的退刀、停机动作一定要迅速，否则容易造成超程车削或撞刀。操作时，左手操作正反转手柄，右手操作中滑板刻度手柄。停机退刀时，右手先快速退刀，紧接着左手迅速停机，两个动作几乎同时完成。为了保证安全，操作时注意力要高度集中，车削时应两手不离手柄。

2）车削螺纹过程中，开合螺母合上后，不可随意打开，否则每次切削时，车刀难以切回已车出的螺纹槽内，即出现乱牙现象。换刀时，可转动小滑板的刻度盘手柄，将车刀对回已车出的螺纹槽上，以防乱牙。

（4）螺纹车削的进刀方法

1）背吃刀量的控制。螺纹的总背吃刀量由螺纹高度 h 决定，可用中滑板上的刻度，初步车到接近螺纹的总背吃刀量，再对螺纹进行检测，逐步车削到尺寸。粗车时每次的背吃刀量为0.15mm左右，精车时每次的背吃刀量为0.02～0.05mm。

2）进刀方向。车削螺纹时，可用中滑板和小滑板上的刻度手柄进刀，一般有如图5-90所示的三种方法。

①　直进法。用中滑板上的手柄直接横向进刀。用这种方法进刀时，车刀的左右两个切削刃同时参与切削，切削力较大，容易产生平切现象，允许的背吃刀量很小，适用于较小螺

距螺纹的车削。

② 单面斜进法。在横向进刀的同时，用小滑板在纵向微量进刀，这样，车刀只有一个刀刃参与切削，使排屑容易，切削省力，背吃刀量可以大一些，适用于粗车。

③ 左右交替进刀法。在横向进刀的同时，用小滑板在纵向向左或向右轮番微量进刀。其加工特点与单面斜进法相似，常用于深度较大的螺纹的粗车。

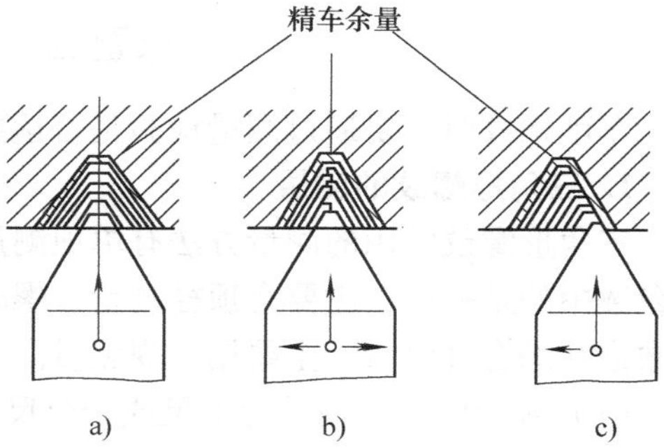

图5-90　车削螺纹进刀法

a）直进法　b）单面斜进法　c）左右交替进刀法

2. 高速车削三角形螺纹

高速车削三角形螺纹时，为了防止切削拉毛牙型侧面，只能采用直进法。对于普通的中碳钢、合金结构钢材，一般只要切削3～5次就可完成螺纹的切削。切削时前一两次背吃刀量较大，以后逐渐减小，但最后一刀不要小于0.1mm。高速车削三角形螺纹时，车刀的刀头几何形状与低速车削时的螺纹车刀相似。由于高速车削时，车刀的两侧刃同时参与切削，切削力大，为了防止振动和扎刀现象，可使用图5-91所示的弹性刀杆。

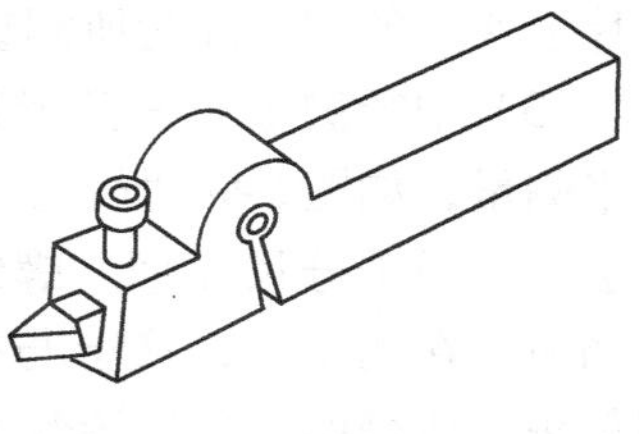

图5-91　弹性刀杆螺纹车刀

高速车削三角形螺纹时，由于切削速度快，退刀时，动作应更加迅速，以防撞刀。

课题四　梯形螺纹的车削

梯形螺纹的车削方法有低速车削和高速车削两种。对于精度要求较高的梯形螺纹应采用低速车削的方法。低速车削梯形螺纹的方法如下：

1）车削较小螺距（螺距小于4mm）的梯形螺纹，可用直进法并用少量的左右进给车削成形。

2）粗车螺距大于4mm的梯形螺纹，可采用左右交替进刀法（见图5-92a）或车直槽法（见图5-92b）。

3）粗车螺距大于8mm的梯形螺纹，可采用车阶梯槽的方法，如图5-92c所示。

以上几种方法只适用于梯形螺纹的粗车，精车时，应采用带有卷屑槽的精车刀精车成形，如图5-92d所示。

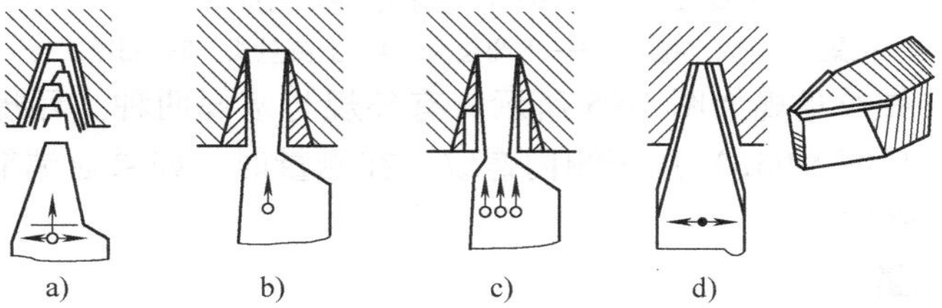

图5-92　梯形螺纹的切削方法

a）左右交替进刀法　b）车直槽法　c）车阶梯槽法　d）左右交替精车

课题五　螺纹的检测方法

车削螺纹时，要通过测量检验是否达到要求。

1. 三角形螺纹的测量

三角形螺纹常用的测量方法有单项测量和综合测量两类。单项测量是用量具测量螺纹几何参数中的某一项，主要有顶径测量、螺距测量、中径测量。综合测量是对螺纹的各项几何参数进行综合性测量，主要用量规测量。

（1）顶径测量　用游标卡尺或千分尺测量螺纹的顶径。

（2）螺距测量　螺距一般用螺距规进行测量，如图5-93所示。在测量时，可取螺距规中的某一片，平行螺纹轴线方向嵌入牙槽中，如能正确啮合，则说明该片上所标的螺距即为所测螺纹的螺距。

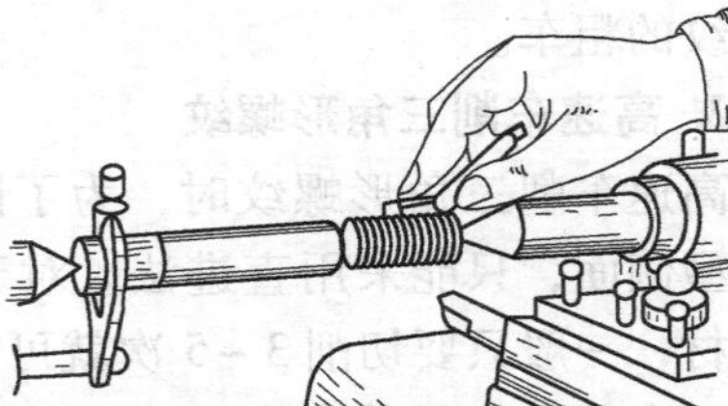

图5-93　用螺距规测量螺距

（3）中径测量　三角形螺纹的中径可用螺纹千分尺来测量，如图5-94所示。螺纹千分尺的结构和使用方法与一般千分尺相似。螺纹千分尺的两个测量头可以调换。在测量时，换上与被测螺纹有相同牙型角的测量头，所得的千分尺读数即为该螺纹的中径。

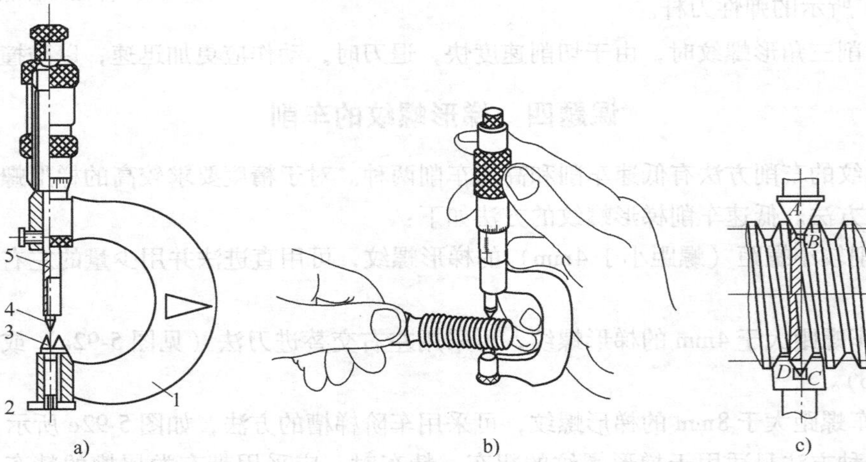

a)　b)　c)

图5-94　用螺纹千分尺测量中径

a）螺纹千分尺　b）测量方法　c）测量原理

1—尺架　2—固定螺母　3—下测量头　4—上测量头　5—测微螺杆

（4）量规测量　螺纹量规如图5-95所示，有环规与塞规两种。环规（见图5-95a）用于测外螺纹，塞规（见图5-95b）用于测内螺纹。在测量时，如果通端能进而止端不能过，则所加工的螺纹是合格的。

2. 梯形螺纹的测量

梯形螺纹的测量主要有单针测量、三针测量和齿厚测量等方法。

（1）单针测量和三针测量　单针测量和三针测量是测量外螺纹中径的一种较精密的测量方法。

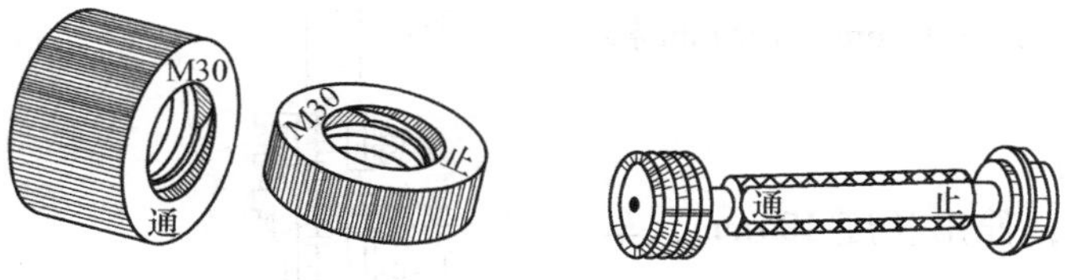

图5-95 螺纹量规
a）环规 b）塞规

单针测量如图5-96所示。测量时，在螺纹槽内放入一相应的量针，计算出距离 M，用千分尺量出齿顶与量针间的距离。

三针测量如图5-97所示。三针测量与单针测量相比，在测量时，在两边螺纹槽内放入三根同直径的量针，量具与螺纹不接触，不受大径的尺寸和表面粗糙度的影响，因而测量更为准确。由于同时要放三根量针，操作不够简便。

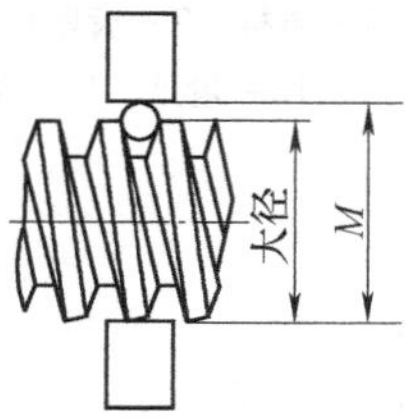

图5-96 单针测量

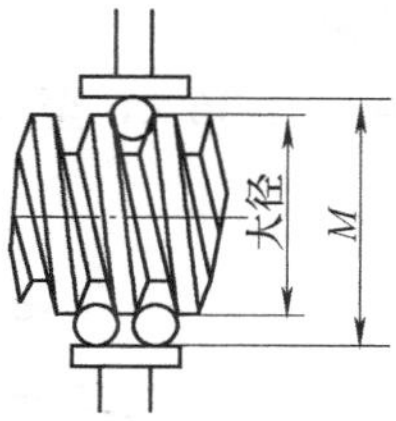

图5-97 三针测量

应当注意，量针直径既不能太大也不能太小，太大时量针外圆不能和螺纹牙型侧面相切，太小时量针会掉在螺纹槽内，其顶点低于螺纹牙顶不起作用。量针的最佳直径就是量针与螺纹中径处的牙侧相切。梯形螺纹 M 值及量针直径的简化计算公式可参见表5-1。

表5-1 梯形螺纹 M 值及量针直径的简化计算公式

测量方式	梯形螺纹 M 计算公式	钢针直径		
		最大值	最佳值	最小值
三针测量	$M=d_2+4.864d_D-1.866P$	$0.656P$	$0.518P$	$0.486P$
单针测量	$M=(d_0+d_2+4.864d_D-1.866P)/2$	$0.656P$	$0.518P$	$0.486P$

（2）齿厚测量　对于测量精度要求较低及加工过程中的测量，可采用齿厚游标卡尺测量，如图5-98所示。

测量时，先把高度卡尺调整到等于齿顶高，再左右晃动卡尺，使螺纹顶部及两侧面均与卡尺靠牢，此时齿厚卡尺上的读数就是螺纹中径齿厚。

［**技能训练**］

1. 训练内容

1）螺纹车刀刃磨与安装练习。

2）三角形螺纹车削练习。

3）梯形螺纹车削练习。

4）加工工件。

① 图样：如图5-99所示，图中除了主视图外，还有一局部放大图，用以表达梯形螺纹的大径、中径和小径。

② 材料准备：取 ϕ40mm × 135mm 棒料一根。

③ 加工步骤：

夹持毛坯外圆，伸出长度 105mm，车削下列尺寸：

a. 车端面，钻中心孔，供顶尖支顶。

b. 粗车螺纹外圆至卡盘处，外径留 1mm 精车余量。

c. 粗车两处 ϕ28mm 外圆，长度分别为 30mm 和 20mm，外径留 0.5mm 精车余量。

d. 精车 Tr36 × 6 外径至尺寸要求。

e. 倒角 15°两处。

f. 粗车、精车 Tr36 × 6 至尺寸要求。

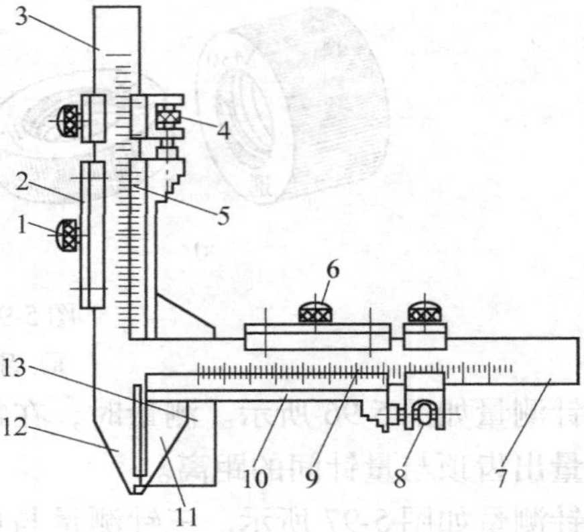

图 5-98　齿厚游标卡尺

1、6—紧固螺钉　2—垂直尺框　3—齿高尺（垂直主尺）
4、8—调节螺钉　5、9—游标　7—齿厚尺（水平主尺）
10—水平尺框　11、12—量爪　13—齿高标尺

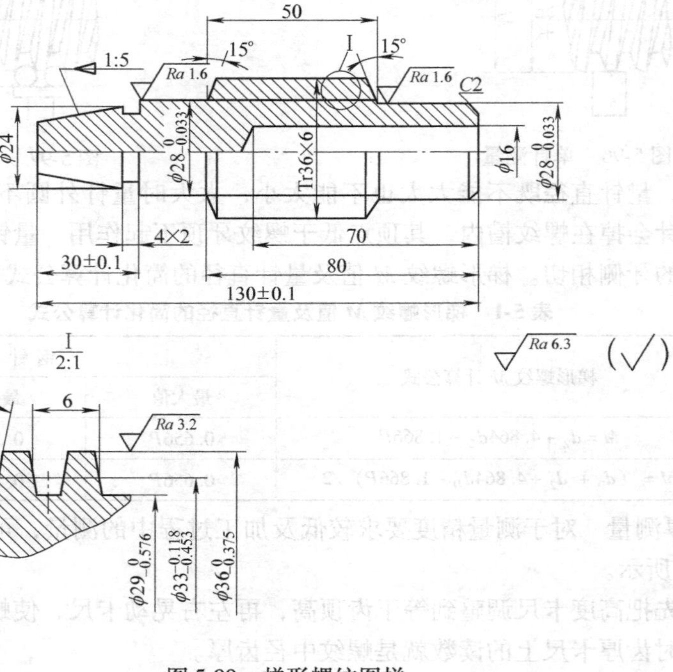

图 5-99　梯形螺纹图样

g. 精车 ϕ28mm 至尺寸要求，长度为 30mm。

h. 倒角 $C2$。

调头，夹持已车削 $\phi 28^{+0.104}_{+0.002}$mm 外圆部分，找正夹牢，车削下列尺寸：

a. 车端面，截总长至尺寸要求。钻中心孔，供顶尖支顶。

b. 粗车、精车 ϕ24mm 外圆至尺寸要求，长度为 30mm。

c. 车退刀槽 4mm × 2mm。

d. 粗车、精车 1∶5 锥度至尺寸要求。

e. 精车 ϕ28mm 至尺寸要求。

5）螺纹测量练习。

2. 训练要求

1）了解螺纹的几何要素，能识读螺纹的图样。

2）掌握螺纹车刀的刃磨与安装。

3）掌握螺纹车削时车床的传动路线。

4）掌握三角形螺纹加工方法。

5）了解梯形螺纹车削方法。

6）掌握螺纹的各种测量方法。

3. 注意事项

1）车螺纹练习时，主要采用低速车削法。

2）三角形螺纹用直进法进刀。

3）梯形螺纹用左右交替进刀法粗车，牙型两侧各留 0.2 ~0.4mm 余量，左右交替精车。

4）螺纹加工时，车刀刀尖要与工件中心等高。

5）车削螺纹过程中，不可用手摸或棉丝擦工件的螺纹部分，以防发生事故。

项目八　车成形面与滚花

主要内容	成形面的车削加工、工件滚花加工	重点、难点	车成形面时双手配合
学习方法	教师讲解、演示，学生模仿练习	考核方式	实际操作考核

机器上有些零件表面的母线不是直线而是曲线，如摇柄、圆球、凸轮等。这些带有曲线的表面叫做成形面，也叫做特形面。对于成形面零件的加工，应根据产品的特点、精度及生产批量大小等不同情况，分别采用双手控制法、成形法、靠模法、专用工具法及铣削等方法加工。

有的表面则要进行表面修饰加工，如抛光、研磨、滚花等。

课题一　双手控制法车成形面

数量较少的成形面零件，可采用双手控制法进行车削。就是用右手握小滑板手柄，左手握中滑板手柄，通过双手合成运动，车出所要求的成形面；也可采用床鞍和中滑板合成运动来进行车削。

1. 速度分析

用双手控制法车成形面，首先要分析曲面各点的斜率，然后根据斜率来确定纵、横进给速度的快慢。如图 5-100a 所示，车削圆球工件 a 点时，中滑板进刀速度要慢，小滑板退刀速度要快；车到 b 点时，中滑板进刀和小滑板退刀速度基本相同；车到 c 点时，中滑板速度要快，小滑板退刀速度要慢。这样就能车出球面。车削时的关键是双手摇动手柄的速度配合是否恰当。

图 5-100b 所示是车削摇柄的示意图，车至 d 点和 e 点时，双手速度应如何配合，请读者自己进行分析。

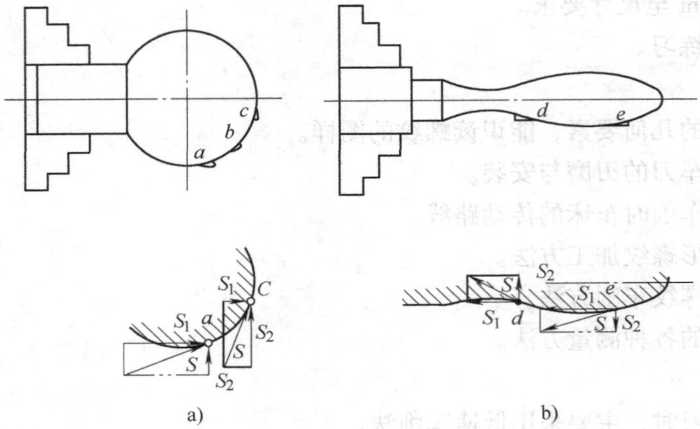

图 5-100　车曲面时的速度分析

2. 车削方法

（1）单球手柄（见图 5-101）的车削方法　车削时应先按圆球直径 D 和柄部直径 d 车好外圆（留精车余量 0.2 ~0.3mm），并车准球状部分长度 L。L 可用下列公式计算

$$L = \frac{1}{2}\left(D + \sqrt{D^2 - d^2}\right)$$

式中　L——圆球部分长度（mm）；

D——圆球直径（mm）；

d——柄部直径（mm）。

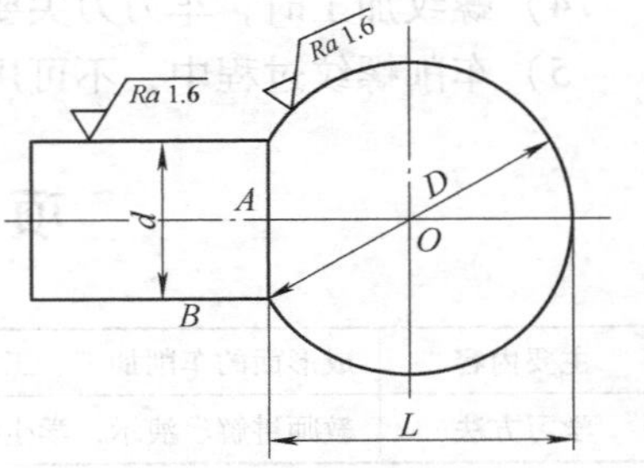

图 5-101　单球手柄

车削时用双手控制法粗车成形，然后精车，再用锉刀修光，最后用砂布抛光来达到表面粗糙度要求。

（2）摇柄的车削方法（见图 5-102）　先把工件夹在三爪自定心卡盘上，伸出长度应尽量短些。如果工件较长，一端可用顶尖顶住，车削时，先按要求车 ϕ24 mm、ϕ16 mm 和 ϕ10 mm 的外圆，然后定出 R48 和 R40 的圆弧中心，并用圆头刀从 R40 中心处切入到 ϕ12 mm 外圆（留余量 0.2 ~0.3mm），最后车削手柄曲面。车削曲面时，车刀最好从高处向低处走刀，也可以用床鞍作自动纵向进给，中滑板向里作手动配合进给。为了增加工件刚性，车削程序是先车离卡盘远的一段曲面，后车离卡盘近的一段曲面。

双手控制法车削成形面的优点是：不需要其他特殊工具就能车出一般精度的成形面。缺点是：加工的零件精度不高，操作者必须有熟练的技巧，而且生产率低。

3. 表面抛光

用双手控制法车削成形面时，由于手动进给不均匀，工件表面往往留下高低不平的痕迹。为了满足规定的表面粗糙度要求，工件车好后，还要用粗锉刀仔细修整并用细锉刀修光，最后用砂布抛光。

（1）用锉刀修光　在车床上使用锉刀时，为了保证安全，不可用无柄锉刀，以免手与卡盘相碰。锉削时应该用左手握柄，右手扶住锉刀的前端，如图 5-103 所示。压力要均匀一致，不可用力过大，否则会把工件锉成一节节的或使圆度不好。锉削余量不宜太大，一般为 0.1 mm 左右；速度不宜过高。

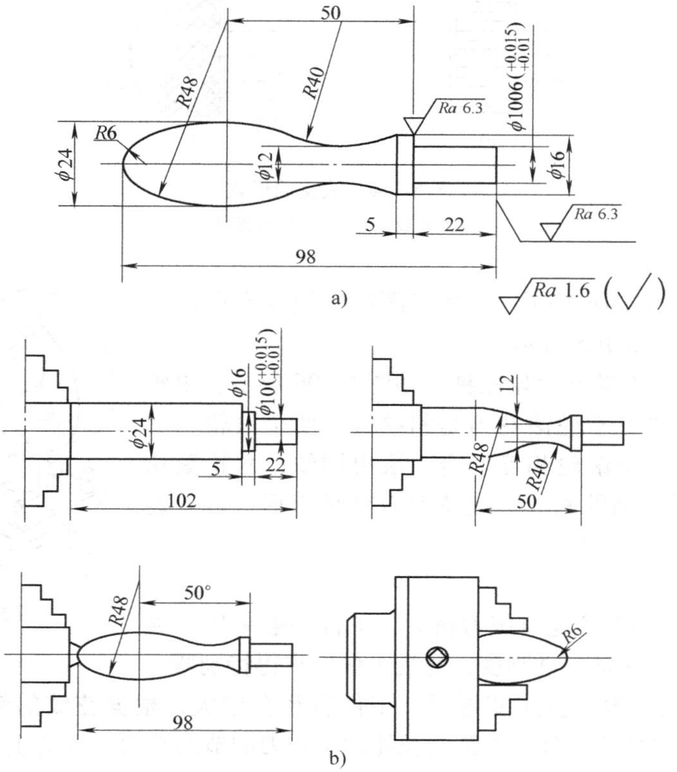

图5-102　摇柄的车削方法
a）摇柄零件图　b）车削步骤

(2) 用砂布抛光　工件经过锉削以后，表面上仍会有细微条痕，这些细微条痕可以用砂布抛光的方法来去掉。在车床上使用的砂布，一般是用刚玉砂粒制成的。根据砂粒的粗细，常用的砂布有46号、80号、100号、120号和240号。号数越大，颗粒越细。240号是细砂布，46号是粗砂布。

用砂布抛光时，工件应选较高的转速，并且使砂布在工件上慢慢地来回移动。最后，在细砂布上加少量机油，以降低表面粗糙度值。

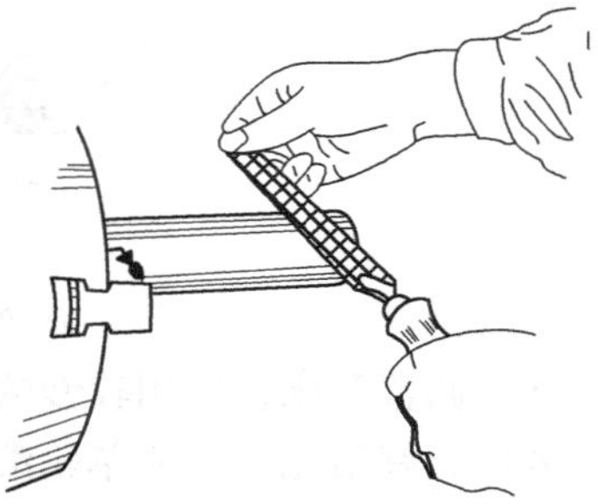

图5-103　在车床上锉削的姿势

用砂布抛光时，不允许把砂布缠在工件和手指上进行抛光。

课题二　滚花的操作方法

1. 滚花的形式

有些工具和零件的手握部分，为了增加摩擦力或使零件表面美观，经常在零件圆柱表面上加工出不同的花纹，如千分尺的外筒。这些花纹可在车床上用滚花刀滚压而成。

花纹一般有直纹和网纹两种，如图5-104所示。花纹有粗细之分，节距越大，花纹越粗。

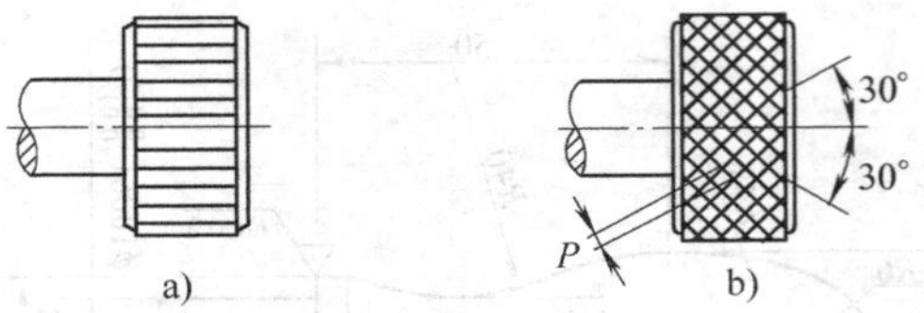

图 5-104　滚花的形式
a）直纹滚花　b）网纹滚花

2. 操作方法

滚花是用滚花刀挤压工件，使其表面产生塑性变形而形成花纹的方法，如图 5-105 所示。

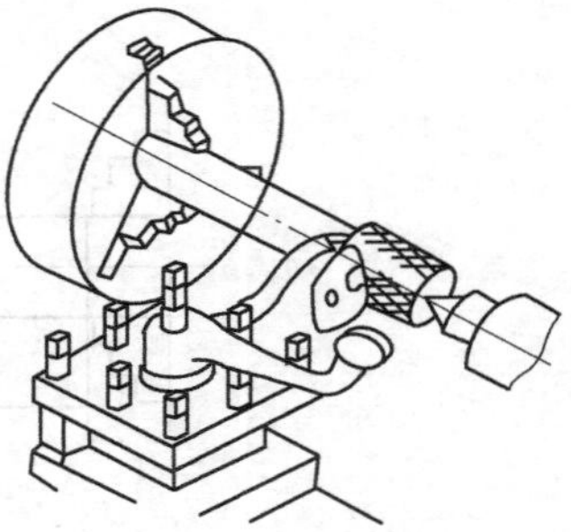

图 5-105　滚花

滚花刀有单轮、双轮和六轮三种，如图 5-106 所示。单轮滚花刀一般是直纹的；双轮滚花刀是斜纹的，两个滚轮一个左旋、一个右旋，两个滚轮相互配合，滚出网纹；六轮滚花刀可滚出三种不同粗细的网纹。滚花刀刀杆呈矩形，可安装在方刀架上。

滚花方法如下：

1）装夹工件。由于滚花时压力很大，工件一般采用一夹一顶的安装方法，以保证工件刚度，并且工件应夹得特别紧。

2）车外圆。由于滚花挤压变形后，工件直径会增大，根据花纹的粗细，外圆可车小 0.15～0.8mm，并要使滚花处的外圆周长能被滚花刀的节距整除，以防止乱纹。

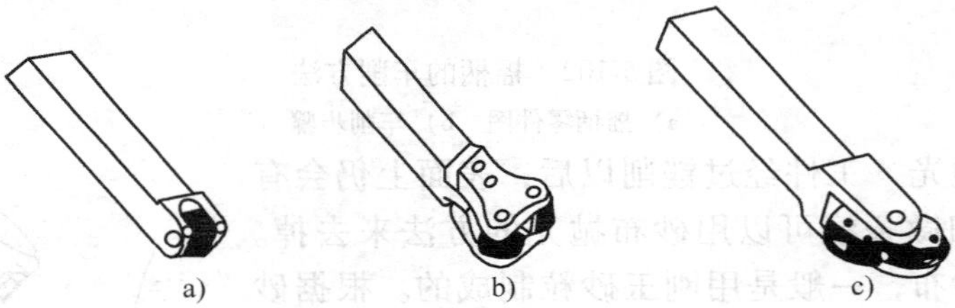

图 5-106　滚花刀种类
a）单轮滚花刀　b）双轮滚花刀　c）六轮滚花刀

3）调整车床，选用较慢的转速、中等的进给量。

4）装好滚花刀，使单轮滚花刀的滚轮轴线或双轮、六轮滚花刀的滚轮架转动中心与工件轴线等高。

5）开机滚花。先横向进刀，使滚花刀与工件接触。当滚花刀接触工件时，滚花刀的挤压力要大一些，动作要适当快些，否则容易出现乱纹，直到吃刀较深，表面花纹较清晰后，再纵向自动走刀。根据纹路的深浅，一般来回滚压 2～3 次，即可滚好花纹。

为了减小开始挤压时所需的正压力，可采用先将滚花刀的一半与工件表面接触，或采用将滚花刀与工件轴线偏斜 2°～3°的方法。滚花时，应加机油充分冷却润滑，以防止滚花刀损坏或因滚花刀堵屑而造成乱纹。

[技能训练]

1. 训练内容

1）用双手控制法加工图 5-102 所示的手柄。

2）直纹滚花练习。

3）网纹滚花练习。

2. 训练要求

1）掌握双手控制法车成形面的方法。

2）掌握抛光的方法。

3）掌握滚花的方法。

3. 注意事项

1）双手控制法车成形面的速度控制。

2）表面抛光时的安全操作。

3）滚花时，应加机油充分冷却润滑，并及时用毛刷除屑。

4）滚花过程中，不可用手摸或棉丝擦工件，以防发生事故。

项目九　典型工件的加工

主要内容	轴类工件的车削加工	重点、难点	轴的加工工艺
学习方法	教师讲解，学生练习	考核方式	实际操作考核

1. 图样的含义

如图5-107所示，工件图样中包含了圆柱、圆锥、内孔、螺纹等几何要素，需完成车外圆、车圆锥、钻孔、扩孔、车内孔、车槽、加工螺纹、滚花等工序的加工。

在图5-107中，许多表面标有表面粗糙度要求。

在图5-107右下角，标有“材料：45钢退火”，说明了工件的材料与热处理方式。

在图5-107中标有零件的形位公差符号。经过加工的表面，不但会有尺寸误差，而且会有形状和位置误差。对于精度要求较高的零件，要规定其表面形位公差。

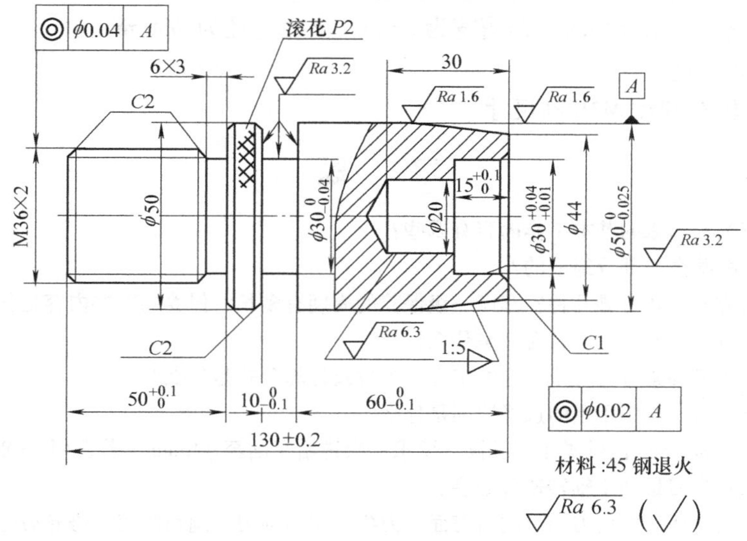

图5-107　复合轴

2. 加工方法与步骤

图 5-107 所示工件的具体加工方法及步骤如下：

（1）材料准备　根据工件图样尺寸，可取直径 ϕ55mm、长度 135mm、材料为 45 钢的棒料作为加工材料，记为 ϕ55mm × 135mm。

（2）加工步骤

1）三爪自定心卡盘夹住材料的一端，伸出 80mm，车削下列尺寸：

① 车端面，钻中心孔，用顶尖支顶。

② 车外圆 ϕ50mm 至尺寸，车削的长度为 65mm 左右。

③ 滚花。

④ 粗车 M36 ×2 外圆为 ϕ38mm，留 2mm 余量，保证长度为 48mm。

2）调头，夹住已车过的 ϕ38mm 表面，车削下列尺寸：

① 车端面，保证长度为 130mm ±0. 2mm。钻中心孔，用顶尖支顶。

② 粗车外圆 ϕ50mm，留 2mm 余量，车削的长度为 65mm 左右。

③ 车槽 ϕ30mm ×10mm，槽底和两侧各留 1mm 余量。

④ 考虑到 ϕ20mm 内孔精度要求不高，采用钻-扩的加工工艺。先用 ϕ16mm 钻头钻孔至深 30mm，再用 ϕ20mm 钻头扩孔。

⑤ 半精车，精车内孔 ϕ30mm 到尺寸，倒角 *C*1。

⑥ 半精车，精车 ϕ50mm 到尺寸。

⑦ 精车 ϕ30mm ×10mm 槽底两侧面，先保证轴向尺寸 60mm，再保证尺寸 ϕ30mm，最后控制尺寸 10mm。

⑧ 用小刀架转位法，粗车、精车圆锥面成形并到尺寸。

⑨ 倒角 *C*2，其他锐边倒钝。

3）再调头，垫铜皮夹住 ϕ50mm 表面，找正夹牢，车削下列尺寸：

① 半粗车、精车 M36 外圆到尺寸，保证长度为 50mm。

② 车退刀槽 6 mm ×3mm，即槽宽为 6mm，槽底直径为 ϕ30mm。

③ 倒角 *C*2 三处。

④ 粗车、精车螺纹 M36 到尺寸。

习　题

5-1　什么是车削？车床的基本工作内容有哪些？

5-2　车床是由哪些主要部分组成的？

5-3　车床润滑方式主要有哪几种？车床一级保养的周期有多长？保养的主要内容是什么？

5-4　车床上有哪些主要运动？其含义是什么？

5-5　车床切削用量要素有哪几个？它的定义、单位及计算公式是什么？

5-6　粗车、精车时，切削用量的选择原则是什么？

5-7　车削直径为 ϕ54mm 的轴类工件外圆，要求一次进给车削至 ϕ46mm，若选用 v = 80m/min 的切削速度，试求背吃刀量和主轴转速各是多少。

5-8　试述车刀前刀面、主后刀面、副后刀面、刀尖、主切削刃、副切削刃、修光刃的定义。

5-9　前角的作用是什么？如何选择？

5-10　试述刃倾角的作用和选择原则。

5-11 外圆粗车刀和精车刀有什么要求？常用的有哪几种？
5-12 安装车刀应注意哪些事项？
5-13 三爪自定心卡盘和四爪单动卡盘的结构是怎样的？
5-14 车削外圆时零件一般有几种安装方法？各有什么特点？分别适用在什么场合？
5-15 钻中心孔时，怎样防止中心钻折断？
5-16 在两顶尖之间加工工件时，应注意什么？
5-17 车出来的工件尺寸不正确是什么原因？工件车成锥体是什么原因？怎样防止？
5-18 车端面时可以选用哪几种车刀？分析各种车刀车端面时的优缺点，并说明它们各适用在什么情况下。
5-19 车端面时的背吃刀量和切削速度与车外圆时有什么不同？
5-20 控制台阶的长度有哪些方法？
5-21 车端面时产生凹面或凸面是什么原因？怎样预防？
5-22 刃磨和安装切断刀时怎样保证两面具有相等的副偏角和副后角？
5-23 切槽刀和切断刀有什么区别？
5-24 怎样防止切断刀折断？
5-25 麻花钻由哪几个部分组成？
5-26 麻花钻主刀刃上的前角是否一致？前角是怎样变化的？
5-27 为什么孔将要钻穿时，钻头的进给量要小些？
5-28 分析车圆柱孔产生锥度的原因。
5-29 利用百分表检验内孔时，要注意什么问题？
5-30 车削内外圆锥的方法各有哪几种？
5-31 转动小滑板法车圆锥有什么优缺点？如何确定小滑板转过的角度？
5-32 车削圆锥面时，刀尖没有对准工件轴线，对工件质量有何影响？
5-33 什么叫螺距？什么叫导程？螺距和导程的关系是什么？
5-34 车削螺纹时，车刀左、右两侧后角有什么变化？车刀刃磨时如何计算车刀两侧后角的大小？
5-35 螺纹车刀纵向前角不等于零度时，对螺纹牙型角有什么影响？当纵向前角不等于零时，刃磨车刀应注意哪些事项？
5-36 低速车削三角形螺纹时有哪几种进刀方法？各适用于什么场合？
5-37 低速车削梯形螺纹有哪几种方法？高速车削时为什么不能用左右切削法？
5-38 测量螺纹中径的方法有哪几种？
5-39 试求梯形螺纹 Tr36×6 的中径、小径、牙型高度、齿顶宽、牙槽底宽；若用三针法测量其中径，选最佳量针直径，问千分尺的读数值是多少？
5-40 怎样检验特形面？
5-41 滚花时产生乱纹是什么原因？怎样预防？
5-42 表面抛光、滚花时应注意哪些安全事项？

第 6 章 铣削加工

铣削加工是机械加工中最常见的工种之一，它所用的设备是铣床。铣床是利用刀具的回转运动和工件的移动（或转动）来加工工件的，铣床常用于加工平面。

项目一 认识铣削加工

主要内容	安全教育、认识铣床、铣床调整	重点、难点	操作时的安全
学习方法	通过教师的讲解、演示，结合录像学习	考核方式	一对一理论考核

课题一 安全教育

由于铣床操作时刀具是旋转的，在操作过程中必须严格遵守工厂、车间规定的各项安全操作规章制度。同时在操作铣床作铣削加工时，还必须注意以下安全知识：

1. 服装的穿戴

铣工往往由于不注意服装的穿戴而造成严重的人身事故，所以应特别注意以下方面：

1）工作服要稍紧合身，无拖出的带子和衣角，袖口要扎好，以免卷进转动的机构中。

2）女工一定要戴工作帽，否则头发容易卷入机床转动部分。

3）工作时不准戴手套，否则容易将手卷入转动的机件和铣刀。

4）铣铸铁工件时最好戴口罩。

2. 防止铣刀切伤手指

铣刀切削刃锋利，容易切伤手指，操作时应注意以下两点：

1）在切削时，不要用手触摸和测量工件。

2）在铣刀旋转时，切勿靠近铣刀清除切屑。

3. 防止切屑伤人

铣钢料等韧性金属时，铣削出的切屑带有锋利的毛刺，在清除切屑时，不能用手直接去抓，而要用刷子清除。在高速切削时，切出的切屑温度很高，而且飞得很高、很远，不但会烫伤人，并且容易飞入眼中，造成严重的伤害。所以在高速切削时，操作者不能站在切屑飞出的方向，而且要戴上防护眼镜。在切屑飞出的一面，应放上一个挡屑罩，或者放一个挡屑屏。若切屑飞入眼中，应把眼睛闭起来，眼珠不能转动，并绝对禁止用手搓揉，应马上到医务室或保健站，请医生治疗。

4. 防止触电

在车间里和铣床上，装有各种电气装置，操作者必须熟悉用电知识和用电安全规则。

1）在不了解铣床各种电气装置的使用方法以前，不准使用电气装置。

2）铣床发生电气故障时，要立即切断电源并通知电工来修理，不准随便乱动。

3）不能用扳手、金属棒等去拨动电钮或刀开关。

4）不能在没有绝缘遮盖的导线附近工作。

5）如发现有人触电，应立即切断电源或用绝缘棒把触电者撬离电源。然后一方面通知医生救治，另一方面作适当护理。如发现触电者呼吸发生困难或停止呼吸，应立即做人工呼吸，直到送进医院医治为止。

课题二 认识铣床

铣床种类很多，常用的有以下几种：

1. 卧式升降台铣床

这类铣床有沿床身垂直导轨运动的升降台，工作台可随升降台作上下垂直运动，并可在升降台上作纵向和横向运动；铣床主轴与工作台台面平行。这种铣床使用灵活、方便，适合加工中小型工件。典型机床型号为X6132。

（1）X6132型卧式万能升降台铣床的主要结构　图6-1所示为X6132型卧式万能升降台铣床的外形结构，其主要部件及功用如下：

1）底座：用来支持床身，承受铣床的全部重量，盛贮切削液。

2）主轴变速机构：安装在床身内，其功用是将主电动机的额定转速通过齿轮传动变换成18种不同的主轴转速，以适应各种铣削加工的需要。

3）床身：是机床的主体，用来安装和连接机床的其他部件。床身正面有垂直导轨，可引导升降台作上、下移动。床身顶部有燕尾形水平导轨，用以安装横梁并按需要引导横梁作水平移动。床身内部装有主轴和主轴变速机构。

4）横梁：可沿床身顶部燕尾形导轨移动，并可按需要调节其伸出长度，其上可安装挂架。

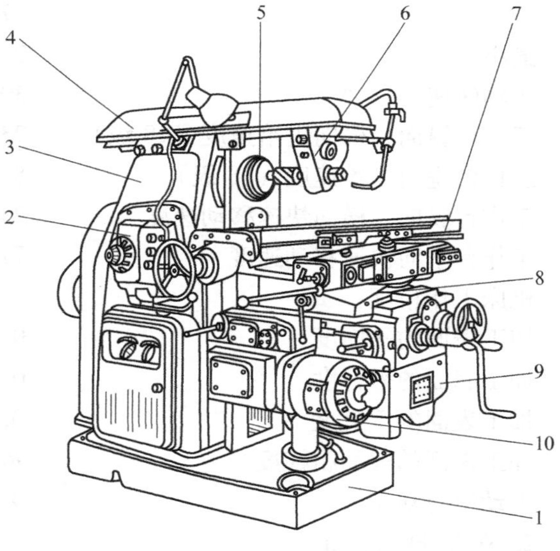

图6-1　X6132型卧式万能升降台铣床的外形结构

1—底座　2—主轴变速机构　3—床身　4—横梁　5—主轴　6—挂架　7—工作台　8—横向溜板　9—升降台　10—进给变速机构

5）主轴：是一前端带锥孔的空心轴，锥孔的锥度为7∶24，用来安装铣刀刀杆和铣刀。主电动机输出的旋转运动，经主轴变速机构驱动主轴连同铣刀一起旋转，实现铣削加工的主运动。

6）挂架：用以支承刀杆的外端，以增强刀杆的刚性。

7）工作台：用以安装铣床夹具和工件，带动工件实现各种进给运动。

8）横向溜板：用来带动工作台实现横向进给运动。横向溜板与工作台之间设有回转盘，可以使工作台在水平面内作45°范围内的旋转。

9）升降台：用来支承横向溜板和工作台，带动工作台作上、下移动。升降台内部装有进给电动机和进给变速机构。

10）进给变速机构：用来调整和变换工作台的进给速度，以适应不同铣削的需要。

（2）X6132 型铣床的主要技术参数

工作台工作面积（宽×长）	320mm×1250mm
工作台最大回转角度	±45°
工作台最大行程：	
纵向（手动/机动）	700mm/680mm
横向（手动/机动）	255mm/240mm
垂向（升降）（手动/机动）	320mm/300mm
主轴轴线至工作台面间的距离：	
最大	350mm
最小	30mm
主轴轴线至横梁底面距离	155mm
主轴锥孔锥度	7:24
床身垂直导轨面至工作台中心的距离：	
最大	470mm
最小	215mm
主轴转速（18 级）	30～1500r/min
工作台纵向、横向进给速度（18 级）	23.5～1180mm/min
工作台垂向进给速度（18 级）	8～394mm/min
工作台纵向、横向快速移动速度	2300mm/min
工作台垂向快速移动速度	770mm/min
机床工作精度：	
加工表面的平面度	0.02mm/100mm
加工表面的平行度	0.02mm/100mm
加工表面的垂直度	0.02mm/100mm
加工表面的表面粗糙度	$Ra=1.6\mu m$
电动机总功率	9.125kW

2. 立式升降台铣床

立式与卧式升降台铣床主要的差异是铣床主轴与工作台台面垂直，典型机床型号为 X5032。

（1）X5032 型铣床的主要结构　X5032 型铣床是一种常见的立式升降台铣床，其外形如图 6-2 所示。其规格、操纵机构、传动变速等与 X6132 型铣床基本相同。主要不同点如下：

1）X5032 型铣床的主轴轴线与工作台面垂直，安装在可以回转的铣头壳体内。

2）X5032 型铣床的工作台与横向溜板连接处没有回转盘，所以工作台在水平面内不能扳转角度。

（2）X5032 型铣床的主要技术参数

工作台工作面积（宽×长）	320mm×1250mm
立铣头最大回转角度	±45°
工作台最大行程：	
纵向（手动/机动）	800mm/790mm

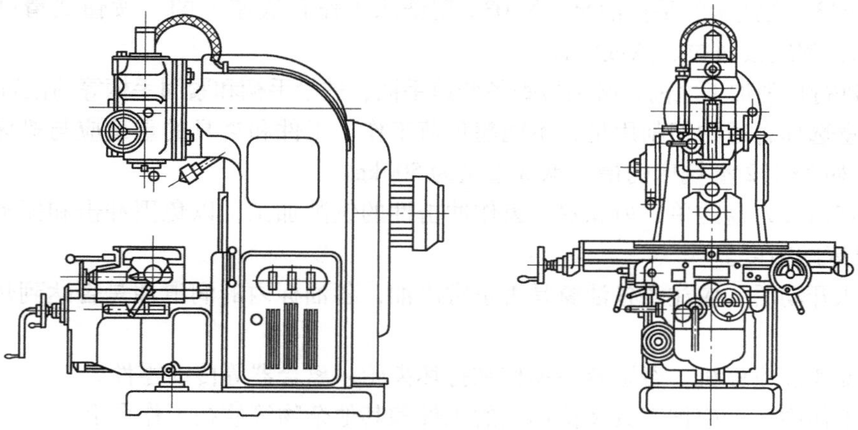

图 6-2　X5032 型立式升降台铣床外形图

横向（手动/机动）	300mm/295mm
垂向（升降）（手动/机动）	400mm/390mm
主轴端面至工作台面间的距离：	
最大	430mm
最小	60mm
主轴锥孔锥度	7:24
床身垂直导轨面至工作台中心的距离：	
最大	470mm
最小	215mm
主轴轴线至垂直导轨面间距离	350mm
主轴轴向移动距离	70mm
主轴转速（18 级）	30 ~ 1500r/min
工作台纵向、横向进给速度（18 级）	23.5 ~ 1180mm/min
工作台垂向进给速度（18 级）	8 ~ 394mm/min
机床工作精度：	
加工表面的平面度	0.02mm/100mm
加工表面的平行度	0.02mm/100mm
加工表面的垂直度	0.02mm/100mm
加工表面的表面粗糙度	$Ra = 1.6\mu m$
电动机总功率	9.125kW

课题三　铣床的操作、维护和保养

1. 铣床的操作与维护

每一位操作者，都应按操作规程正确使用机床，都有责任维护好所用的机床，并努力保持机床的使用精度。要操作、维护好铣床，必须做到下列几点：

1）应根据说明书的要求，对铣床的润滑系统按期加油或调换润滑油。对每天要加油的地方，如 X6132 型铣床的手拉油泵、X5032 型铣床工作台底座上的“按钮式滑阀”等，以及各注油孔，都应按时拉、揿或注油。

2）在进行切削加工之前，必须检查各变速手柄、进给手柄和紧固手柄等的位置是否正确。

3）注意选择合适的切削用量，不能超负荷工作，工件和夹具的重量应与机床的承载能力相适应。如 X6132 型铣床的最大承载重量为 500kg。

4）不宜用大刀盘的单刀齿和双刀齿作冲击性的铣削加工，以免因冲击和振动太大而损坏或降低机床的精度。

5）机床开动后，应注意各油窗是否正常出油，各油标内的润滑油是否达到规定的标线高度。

6）在变速前应停机，否则容易损伤和打坏齿轮、离合器等传动零件。

7）在工作中，不应把工具及待加工的工件和其他杂物等放在工作台上。

8）在工作过程中，若要离开铣床，必须关掉机床。

9）工作完毕后，必须清除铣床上的铁屑和油污等杂物。尤其是各滑动面和传动件，一定要擦净并涂上润滑油。

10）当发现机床在工作过程中有不正常现象时，要及时停机并作调整，或请机修工进行检修。

11）做好机床的交接班工作，并做好记录。

2. 铣床的保养

铣床运转 500h 左右，应由操作者负责进行一次一级保养，必要时可请维修工人配合指导。一级保养的内容包括以下几方面：

（1）铣床外部　要求把铣床外表、各罩盖内外擦净，不能有锈蚀和油污。对机床附件进行清洗，并涂上润滑油。清洗丝杠及滑动部分，并涂上润滑油。

（2）铣床传动部分　去除导轨面上的毛刺，清洗塞铁并调整松紧。调整丝杠与螺母之间的间隙以及丝杠两端轴承的松紧。用 V 带传动的，也应清洁并调整其松紧。

（3）铣床冷却系统　清洗过滤网、切削液槽，调换不合要求的切削液。

（4）铣床润滑系统　要求油路畅通无阻，清洗油毛毡（不能留有铁屑），油窗要明亮。检查手动油泵的工作情况，检查油质是否良好。

（5）铣床电气部分　清扫电气箱，擦净电动机。检查电气装置是否牢固整齐，限位键等是否安全可靠。

项目二　铣削加工的准备知识

主要内容	铣刀知识、铣削用量、铣削方式	重点、难点	铣刀选用、安装
学习方法	教师讲解、演示，学生模仿练习	考核方式	实际操作考核

课题一　铣 刀 知 识

1. 常用铣刀的种类

（1）按铣刀切削部分的材料分类

1）高速工具钢铣刀：形状复杂的铣刀和成形铣刀大多为高速工具钢铣刀。高速工具钢的强度较高，韧性也较好，能磨出锋利的刃口，且具有良好的工艺性，是制造铣刀的良好材料。

2）硬质合金铣刀：切削部分使用硬质合金刀片的铣刀。硬质合金多用于制造高速切削用铣刀，铣刀大都不是整体式的，而是将硬质合金刀片以焊接或机械夹固的方法镶装于铣刀刀体上。

（2）按铣刀用途分类

1）铣削平面用铣刀：主要有圆柱形铣刀和端铣刀，如图6-3所示。

a) b) c)

图6-3 铣削平面用铣刀

a）圆柱形铣刀 b）套式端铣刀 c）可转位硬质合金刀片端铣刀

① 圆柱形铣刀分粗齿和细齿两种，用于粗铣及半精铣平面加工。

② 端铣刀有整体式、镶齿式和可转位（机械夹固）式三种，用于粗、精铣各种平面。

③ 加工较小的平面时，也可使用立铣刀和三面刃铣刀。

2）铣削直角沟槽用铣刀：主要有立铣刀、三面刃铣刀、键槽铣刀、盘形槽铣刀、锯片铣刀等，如图6-4所示。

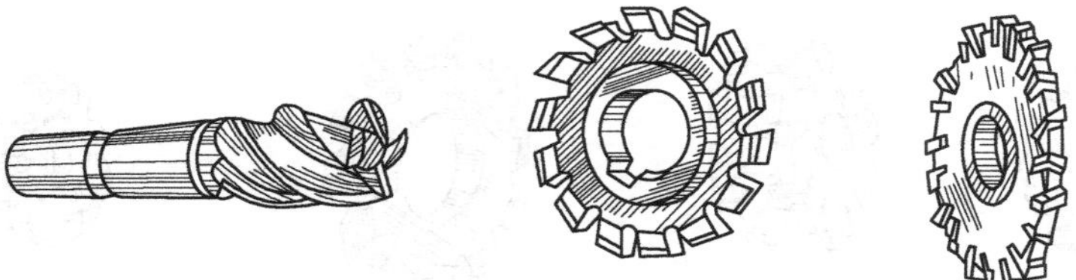

a) b)

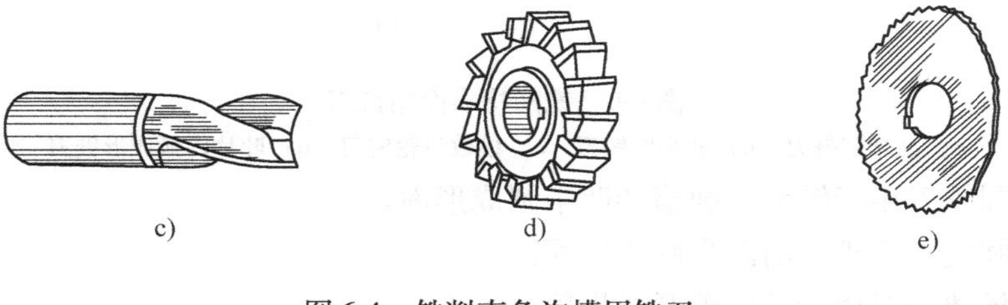

c) d) e)

图6-4 铣削直角沟槽用铣刀

a）立铣刀 b）三面刃铣刀 c）键槽铣刀 d）盘形槽铣刀 e）锯片铣刀

① 立铣刀用于铣削沟槽、螺旋槽和工件上各种形状的孔；铣削台阶平面、工件侧面；铣削各种内、外曲面。

② 三面刃铣刀分直齿、错齿和镶齿等几种，用于铣削各种槽、台阶平面、工件侧面及凸台平面。

③ 键槽铣刀用于铣削键槽。

④ 盘形槽铣刀用于铣削螺旋槽及其他适宜的槽。

⑤ 锯片铣刀用于铣削各种槽也用于板料、棒料和各种型材的切断。

3）铣削特形沟槽用铣刀：主要有T形槽铣刀、燕尾槽铣刀、角度铣刀等，如图6-5所示。

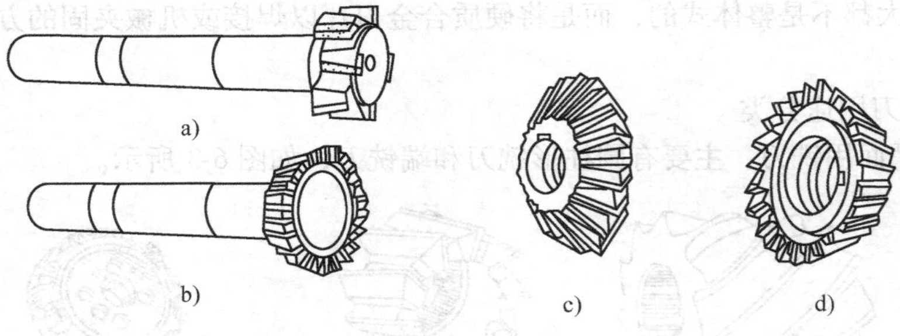

图6-5　铣削特形沟槽用铣刀

a）T形槽铣刀　b）燕尾槽铣刀　c）单角铣刀　d）双角铣刀

① T形槽铣刀用于铣削T形槽。

② 燕尾槽铣刀用于铣削燕尾槽。

③ 角度铣刀分单角铣刀、对称双角铣刀和不对称双角铣刀三种。

单角铣刀用于各种刀具齿槽的开齿，可铣削各种锯齿形齿离合器与棘轮的齿形。对称双角铣刀用于铣削各种V形槽和尖齿、梯形齿离合器的齿形。不对称双角铣刀主要用于各种刀具上外圆直齿、斜齿和螺旋齿槽的开齿。

4）铣削特形面用铣刀：根据特形面的形状而专门设计的成形铣刀，又称特形铣刀，主要有凸半圆铣刀、凹半圆铣刀、模数齿轮铣刀、叶片内弧成形铣刀等，如图6-6所示。

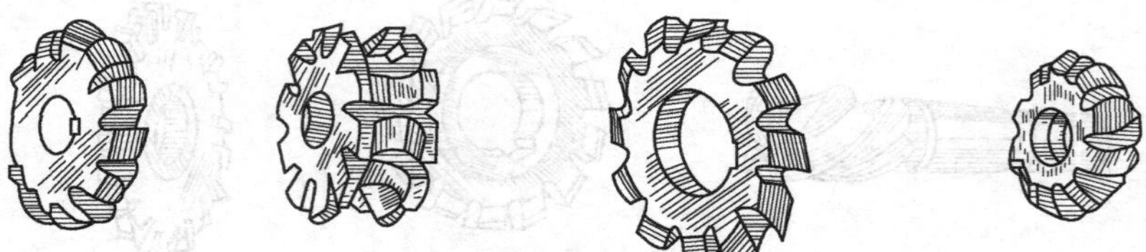

a)　b)　c)　d)

图6-6　铣削特形面用铣刀

a）凸半圆铣刀　b）凹半圆铣刀　c）模数齿轮铣刀　d）叶片内弧成形铣刀

① 凸半圆铣刀用于铣削半圆槽和凹半圆成形面。

② 凹半圆铣刀用于铣削凸半圆成形面。

③ 齿轮模数铣刀用于铣削渐开线齿轮。

④ 叶片内弧成形铣刀用于铣削涡轮叶片的叶盆内弧形表面。

（3）按铣刀刀齿形状分类　可分为尖齿铣刀和铲齿铣刀，如图6-7所示。

1）尖齿铣刀：在垂直于主切削刃的截面上，其齿背的形状是由直线或折线组成的。这类铣刀制造和刃磨都较容易，刃口较锋利。生产中常用的铣刀大都是尖齿铣刀，如圆柱形铣刀、端铣刀、立铣刀和三面刃铣刀等。

2）铲齿铣刀：在刀齿的截面上，其齿背的形状是一条阿基米德螺旋线，齿背必须在铲

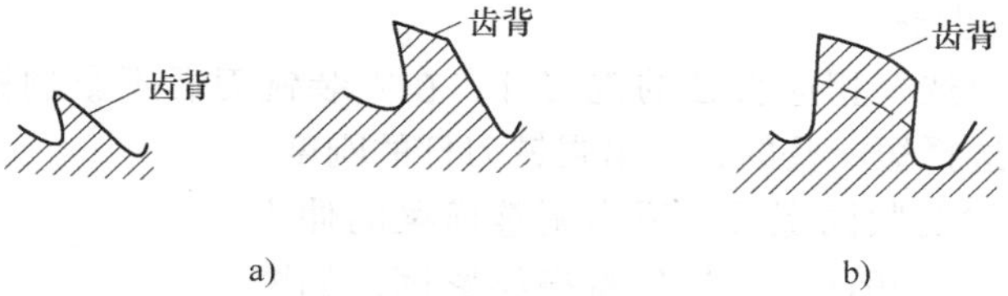

图6-7　铣刀刀齿形状

a）尖齿铣刀刀齿截面　b）铲齿铣刀刀齿截面

齿机床上铲制出来。这类铣刀刃磨时只磨前刀面，只要前角不变，刃磨后刀齿齿形也不变。成形铣刀一般都为铲齿铣刀，其前角一般都为0°，以便于刃磨。

2. 铣刀的标记

为了便于辨别铣刀的规格、材料和制造单位等，在铣刀上一般都刻有标记。标记的内容主要包括以下几个方面：

（1）制造厂的商标　各制造厂家一般都把注册商标置于其产品上。

（2）制造铣刀的材料　一般用材料的牌号表示，如W18Cr4V。

（3）铣刀的尺寸规格　铣刀尺寸规格的标注方法，随铣刀的形状不同而略有区别。

1）圆柱形铣刀、三面刃铣刀和锯片铣刀等均以“外圆直径×宽度×内孔直径”来表示。如在圆柱形铣刀上标有80×100×32，则表示此铣刀的外圆直径为80mm，宽度为100mm，内孔直径为32mm。

2）立铣刀和键槽铣刀等一般只标注外圆直径。

3）角度铣刀和半圆铣刀等，一般以“外圆直径×宽度×内孔直径×角度（或圆弧半径）”表示。如在角度铣刀上标有75×20×27×60°，则表示外径为75mm、宽度（或称厚度）为20mm、孔径为27mm的60°角度铣刀。同样在半圆铣刀的标记末尾有8R，则表示圆弧半径为8mm。其他各种铣刀的尺寸规格标记方法大致相同，都以表示出铣刀的主要规格为目的。

3. 铣刀的装卸

（1）带孔铣刀的装卸　圆柱形铣刀、三面刃铣刀、锯片铣刀等带孔的铣刀是借助铣刀杆安装在铣床主轴上的。

1）铣刀杆。铣刀杆的结构如图6-8所示。其锥柄的锥度为7:24，与铣床主轴锥孔相配合。锥柄尾端有内螺纹孔，通过拉紧螺杆将铣刀杆拉紧在主轴锥孔内。前端有一带两缺口的凸缘，与主轴轴端的凸键相配合。铣刀杆中部是长度为l的光轴，用来安装铣刀和垫圈，其上有键槽，用来安装定位键，将转矩传给铣刀。铣刀杆右端是螺纹和轴颈，螺纹用来安装紧刀螺母以紧固铣刀，轴颈与挂架轴承孔配合，以支承铣刀杆的右端。

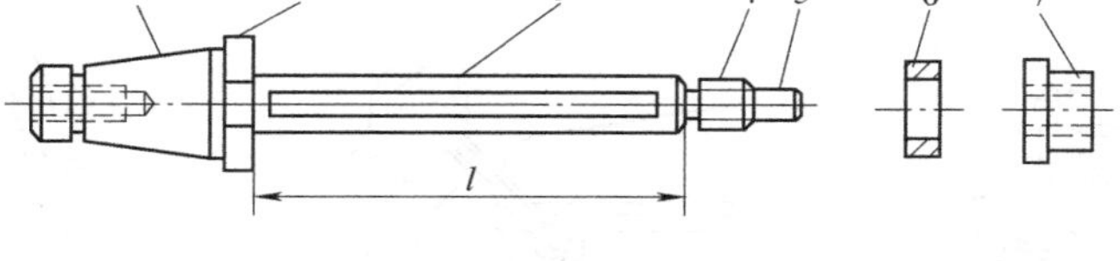

图6-8　铣刀杆

1—锥柄　2—凸缘　3—光轴　4—螺纹　5—轴颈　6—垫圈　7—紧刀螺母

铣刀杆光轴的直径与带孔铣刀的孔径相对应，有多种规格，常用的有22mm、27mm、32mm三种。铣刀杆的光轴长也有多种规格，可按工作需要选用。

2）铣刀杆的安装步骤

① 根据铣刀孔径选择相应直径的铣刀杆，在安装铣刀后不影响铣削正常进行的前提下，铣刀杆长度尽量选择短一些的，以增强铣刀杆的刚度。

② 松开铣床横梁的紧固螺母，适当调整横梁的伸出长度，使其与铣刀杆长度相适应，然后将横梁紧固，如图6-9所示。

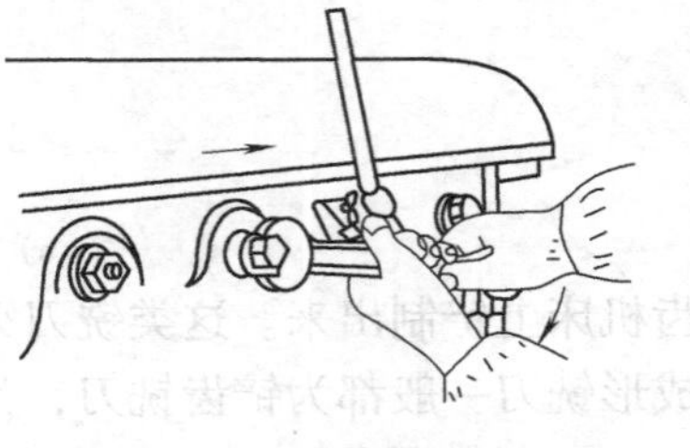

图6-9　横梁伸出长度的调整

③ 擦净铣床主轴锥孔和铣刀杆的锥柄，以免脏物影响铣刀杆的安装精度。

④ 将铣床主轴转速调整到最低，或将主轴锁紧。

⑤ 安装铣刀杆。右手将铣刀杆的锥柄装入主轴锥孔，安装时铣刀杆凸缘上的缺口（槽）应对准主轴端部的凸键；左手顺时针（由主轴后端观察）转动主轴孔中的拉紧螺杆，使拉紧螺杆前端的螺纹部分旋入铣刀杆的螺纹孔。然后用扳手旋紧拉紧螺杆上的背紧螺母，将铣刀杆拉紧在主轴锥孔内，如图6-10所示。

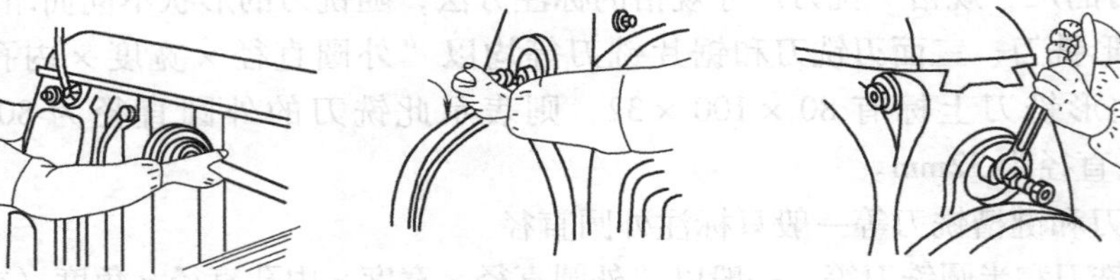

a)　　b)　　c)

图6-10　安装铣刀杆

a）装入铣刀杆　b）旋入拉紧螺杆　c）背紧铣刀杆

3）带孔铣刀的安装

① 擦净铣刀杆、垫圈和铣刀，确定铣刀在铣刀杆上的轴向位置。

② 将垫圈和铣刀装入铣刀杆，使铣刀在预定的位置上，然后旋入紧刀螺母，注意铣刀杆的支承轴颈与挂架轴承孔应有足够的配合长度。

③ 擦净挂架轴承孔和铣刀杆的支承轴颈，注入适量润滑油，调整挂架轴承，将挂架装在横梁导轨上，如图6-11所示。适当调整挂架轴承孔与铣刀杆支承轴颈的间隙，然后紧固挂架，如图6-12所示。

④ 旋紧铣刀杆紧刀螺母，通过垫圈将铣刀夹紧在铣刀杆上，如图6-13所示。

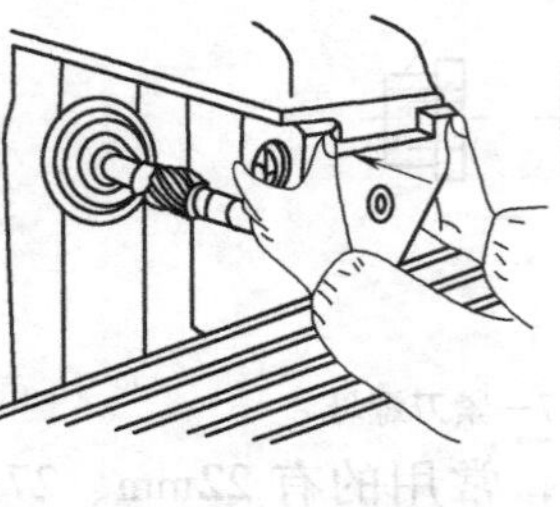

图6-11　安装挂架

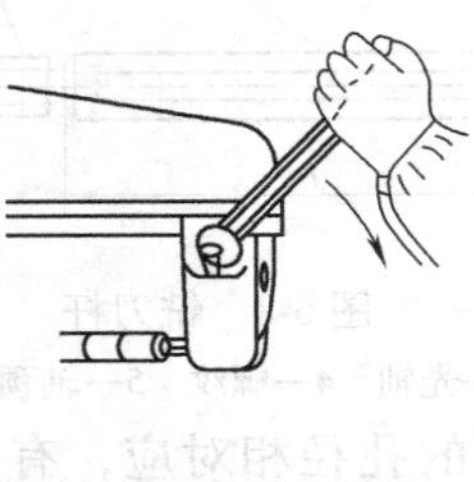

图6-12　紧固挂架

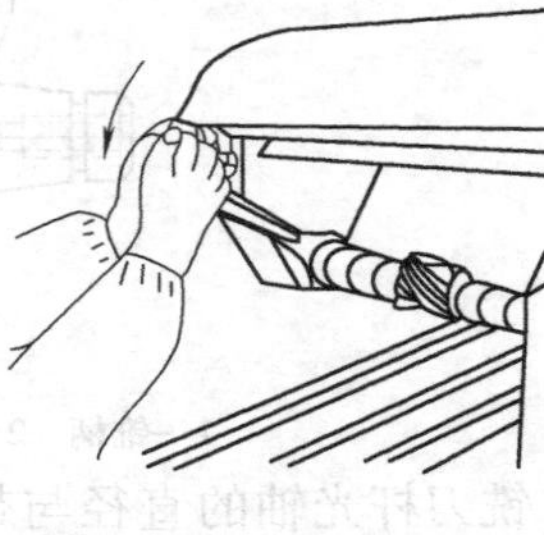

图6-13　紧固铣刀

4）铣刀和铣刀杆的拆卸

① 将铣床主轴转速调到最低，或将主轴锁紧。

② 反向旋转铣刀杆紧刀螺母，松开铣刀。

③ 调节挂架轴承，然后松开并取下挂架。

④ 旋下铣刀杆紧刀螺母，取下垫圈和铣刀。

⑤ 松开拉紧螺杆的背紧螺母，然后用锤子轻轻敲击拉紧螺杆端部，使铣刀杆锥柄在主轴锥孔中松动，右手握铣刀杆，左手旋出拉紧螺杆，取下铣刀杆。

⑥ 铣刀杆取下后，洗净、涂油，然后垂直放置在专用的支架上，以免弯曲变形。

（2）套式端铣刀的安装 套式端铣刀有内孔带键槽和端面带槽两种结构形式，如图6-14和图6-15所示。安装时分别采用带纵键的铣刀杆和带端键的铣刀杆。

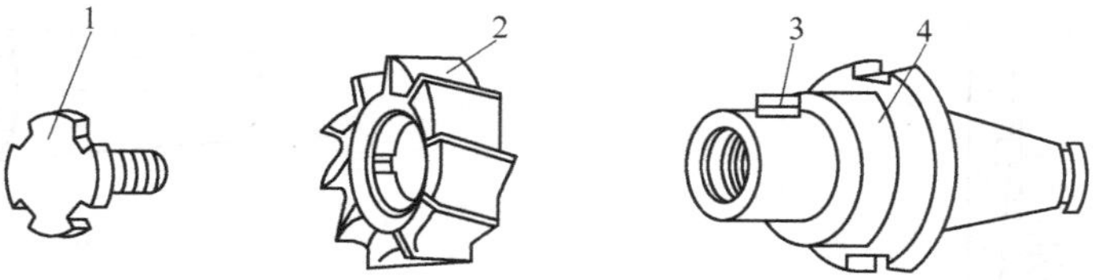

图6-14 内孔带键槽式端铣刀的安装

1—紧刀螺钉 2—铣刀 3—键 4—铣刀杆

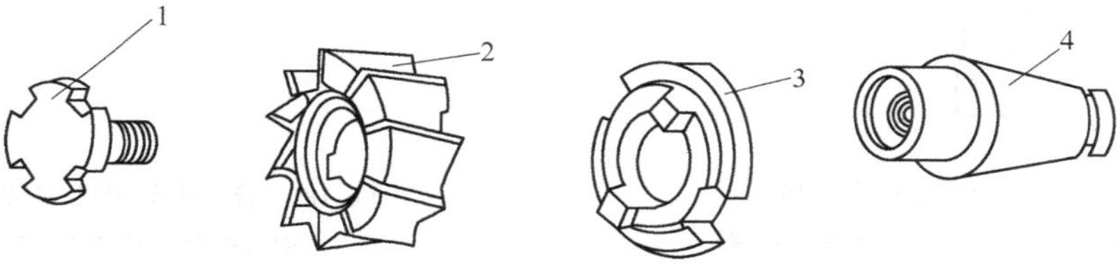

图6-15 端面带槽式端铣刀的安装

1—紧刀螺钉 2—铣刀 3—凸缘 4—铣刀杆

铣刀杆的安装方法与前面相同。安装铣刀时，擦净铣刀内孔、端面和铣刀杆圆柱面，使铣刀内孔的键槽对准铣刀杆的键或使铣刀端面上的槽对准铣刀杆凸缘端面上的凸键，装入铣刀，然后旋入紧刀螺钉，并用叉形扳手将铣刀紧固。

（3）带柄铣刀的装卸 立铣刀、T形槽铣刀、键槽铣刀等一般有锥柄和直柄两种。

1）锥柄铣刀的装卸。锥柄铣刀有锥柄立铣刀、锥柄T形槽铣刀、锥柄键槽铣刀等，其柄部一般采用莫氏锥度，有莫氏1号、2号、3号、4号、5号共五种，按铣刀直径的大小不同，制成不同号数的锥柄。

① 锥柄铣刀的安装。当铣刀柄部的锥度和主轴锥孔锥度相同时，擦净主轴锥孔和铣刀锥柄，垫棉纱并用左手握住铣刀，将铣刀锥柄穿入主轴锥孔，然后用拉紧螺杆扳手旋紧拉紧螺杆，紧固铣刀，如图6-16所示。

② 锥柄铣刀的拆卸。先将主轴转速调到最低或将主轴锁紧，然后用拉紧螺杆扳手旋松拉紧螺杆，当螺杆上台阶端面上升到贴平主轴端部背帽的下端平面后，拉紧螺杆将铣刀向下推动，松开锥面的配合，用左手承托铣刀，或在铣刀掉下的床身上垫块木板，

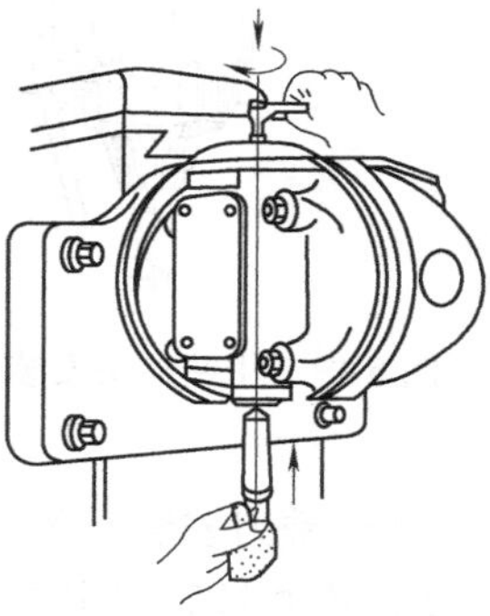

图6-16 锥柄铣刀的安装

继续旋转拉紧螺杆直至取下铣刀，如图 6-17 所示。

③　当铣刀柄部的锥度和主轴锥孔锥度不同时，需要借助中间锥套安装铣刀，如图 6-18 所示。中间锥套的外圆锥度与主轴锥孔锥度相同，而内孔锥度与铣刀锥柄锥度一致。如 X6132 型万能升降台铣床的立铣头，主轴锥孔锥度为莫氏 4 号，安装直径为 25mm 的立铣刀，铣刀锥柄的锥度为莫氏 3 号，这时应使用外圆锥度为莫氏 4 号、内孔锥度为莫氏 3 号的中间锥套。安装时，先将铣刀插入中间锥套锥孔，然后将中间锥套连同铣刀一起穿入主轴锥孔，旋紧拉紧螺杆，紧固铣刀。

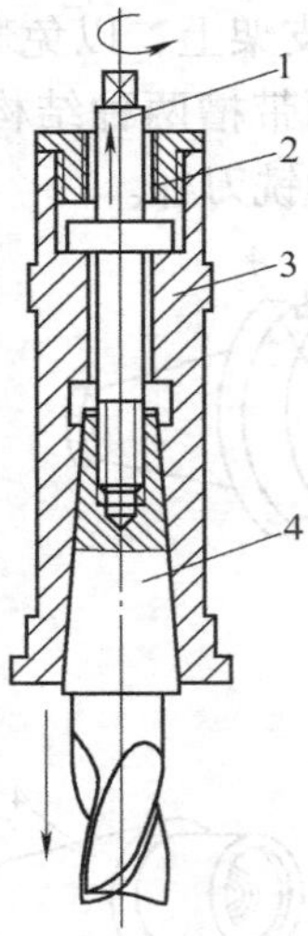

图 6-17　锥柄铣刀的拆卸

1—拉紧螺杆　2—背帽　3—主轴　4—铣刀

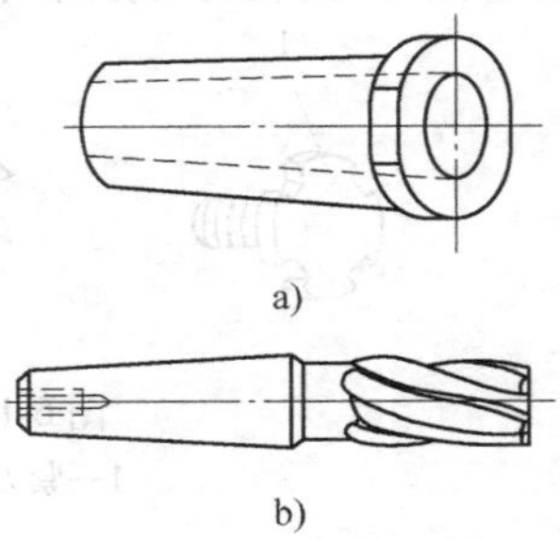

图 6-18　借助中间锥套安装铣刀

a) 中间锥套　b) 锥柄铣刀

2）直柄铣刀的安装。直柄铣刀一般通过钻夹头或弹簧夹头安装在主轴锥孔内，如图 6-19 和图 6-20 所示。

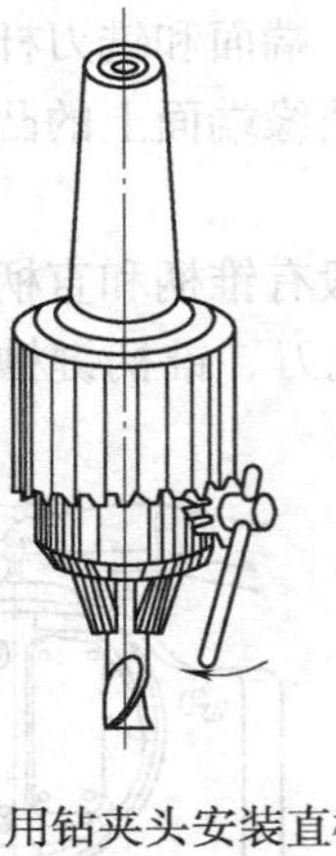

图 6-19　用钻夹头安装直柄铣刀

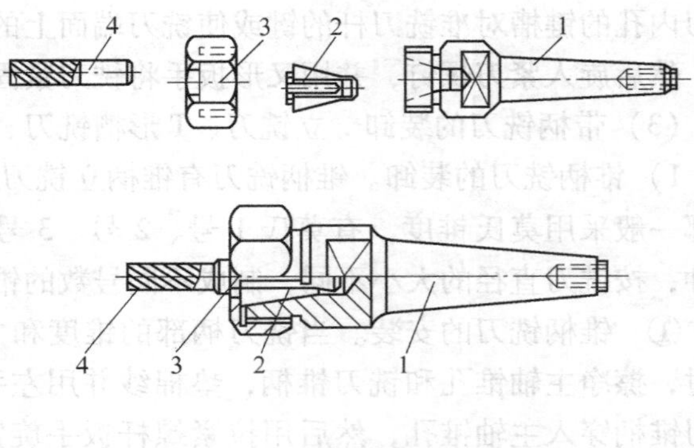

图 6-20　用弹簧夹头安装直柄铣刀

1—弹簧夹头锥柄　2—卡簧　3—螺母　4—铣刀

（4）铣刀安装后的检查　铣刀安装后，应做以下几方面的检查：

1）检查铣刀装夹是否牢固可靠。

2）检查挂架轴承孔与铣刀杆支承轴颈的配合间隙是否合适，一般情况下以铣削时不振动、挂架轴承不发热为宜。

3）检查铣刀旋转方向是否正确。

4）检查铣刀刀齿的径向圆跳动和端面圆跳动是否符合加工要求。

课题二　铣削用量和切削液

1. 铣削用量的概念

铣削用量包括铣削宽度、背吃刀量（铣削深度）、铣削速度和进给量。合理选择铣削用量，对提高生产效率、改善加工表面质量和加工精度，都有着密切的关系。

1）铣削宽度：是指铣刀在一次进给中所切掉工件表层的宽度，即在垂直于铣刀轴线方向的工件进给方向上测得的铣削层尺寸，用符号 a_e 表示，单位是 mm。

2）背吃刀量：是指铣刀在一次进给中所切掉工件表层的深度，即在平行于铣刀轴线方向上测得的铣削层尺寸，用符号 a_p 表示，单位是 mm。图 6-21 为实际铣削工作中的铣削宽度和背吃刀量示意图。

3）铣削速度：是指铣削时切削刃选定点在主运动中的线速度，也就是铣刀刀刃上离中心最远一点处的线速度。

铣削速度的计算公式为

$$v_c = \frac{\pi d n}{1000}$$

式中　v_c——铣削速度（m/min）；

d——铣刀直径（mm）；

n——铣刀或铣床主轴转速（r/min）。

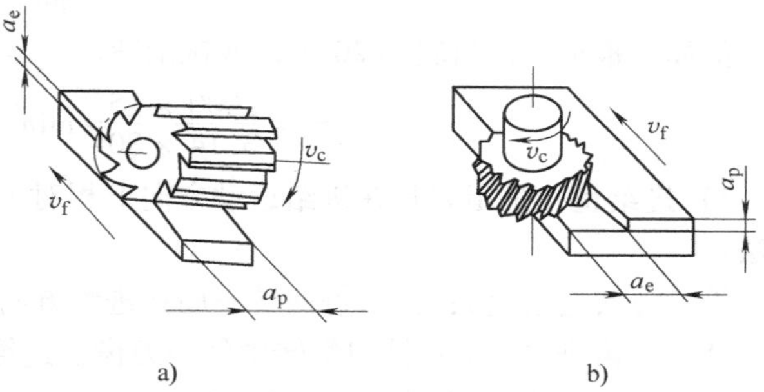

图 6-21　圆周铣与端铣的铣削用量

a）圆周铣　b）端铣

铣削速度 v_c 推荐值如表 6-1 所示。

表 6-1　铣削速度 v_c 推荐值

工件材料	硬度 HBW	铣削速度 v_c/（m/min）	
		高速钢铣刀	硬质合金铣刀
低、中碳钢	≤220	21～40	60～150
	225～290	15～36	54～115
	300～425	9～15	36～75
高碳钢	≤220	18～36	60～130
	225～325	14～21	53～105
	325～375	9～12	36～48
	375～425	6～10	35～45
合金钢	≤220	15～35	55～120
	225～325	10～24	37～80
	324～425	5～9	30～60

（续）

工件材料	硬度 HBW	铣削速度 v_c/（m/min）	
		高速钢铣刀	硬质合金铣刀
工具钢	220～250	12～13	45～83
灰铸铁	100～140	24～36	110～115
	150～225	15～21	60～110
	230～290	9～18	45～90
	300～320	5～10	21～30

在铣床上铣削速度的大小是以主轴的转速来调整的。但是对铣刀使用寿命等因素的影响，是以铣削速度来考虑的。因此，应在选择好合适的铣削速度后，再根据铣削速度来计算铣床主轴的转速。

$$n = \frac{1000v_c}{\pi d}$$

例如，根据工件材料为 20 钢，取铣削速度 $v_c = 15\text{m/min}$，则主轴转速为

$$n = \frac{1000 \times 15}{3.14 \times 80}\text{r/min} \approx 60\text{r/min}$$

4）进给量：是指刀具在进给运动方向上相对工件的位移量。它一般有三种表述和度量方法：

① 每转进给量 f：铣刀每回转一周在进给方向上相对工件的位移量，单位为 mm/r。

② 每齿进给量 f_z：铣刀每转中每一刀齿在进给运动方向上相对工件的位移量，单位为 mm/r。每齿进给量 f_z 推荐值如表 6-2 所示。

表 6-2　每齿进给量 f_z 推荐值

工件材料	硬度 HBW	高速钢铣刀				硬质合金铣刀	
		圆柱铣刀	立铣刀	端铣刀	三面刃铣刀	端铣刀	三面刃铣刀
低碳钢	150	0.12～0.2	0.04～0.2	0.15～0.3	0.12～0.2	0.2～0.4	0.15～0.3
	150～200	0.12～0.2	0.03～0.18	0.15～0.3	0.1～0.15	0.2～0.35	0.12～0.25
中、高碳钢	120～180	0.12～0.2	0.05～0.2	0.15～0.3	0.12～0.25	0.15～0.5	0.15～0.3
	180～220	0.12～0.2	0.04～0.2	0.15～0.25	0.07～0.15	0.15～0.4	0.12～0.25
	220～300	0.07～0.15	0.03～0.15	0.1～0.2	0.05～0.12	0.12～0.25	0.07～0.2
低碳合金钢	125～170	0.12～0.2	0.12～0.2	0.15～0.3	0.12～0.2	0.15～0.5	0.12～0.3
	170～220	0.1～0.2	0.05～0.1	0.15～0.25	0.07～0.15	0.15～0.4	0.12～0.25
	220～280	0.07～0.12	0.03～0.08	0.12～0.2	0.07～0.12	0.1～0.3	0.08～0.2
	280～320	0.05～0.1	0.02～0.05	0.07～0.12	0.05～0.1	0.08～0.2	0.05～0.15
高碳合金钢	170～220	0.12～0.2	0.12～0.2	0.15～0.25	0.07～0.15	0.12～0.4	0.12～0.3
	220～280	0.07～0.15	0.07～0.15	0.12～0.2	0.07～0.12	0.1～0.3	0.08～0.2
	280～320	0.05～0.12	0.05～0.12	0.07～0.12	0.05～0.1	0.08～0.2	0.05～0.15
	320～380	0.05～0.1	0.05～0.1	0.05～0.1	0.05～0.1	0.06～0.15	0.05～0.12
工具钢	退火状态	0.07～0.15	0.05～0.1	0.12～0.2	0.07～0.15	0.15～0.5	0.12～0.3

（续）

工件材料	硬度 HBW	高速钢铣刀				硬质合金铣刀	
		圆柱铣刀	立铣刀	端铣刀	三面刃铣刀	端铣刀	三面刃铣刀
灰铸铁	150～180	0.2～0.3	0.07～0.18	0.2～0.35	0.15～0.25	0.2～0.5	0.12～0.3
	180～220	0.15～0.25	0.05～0.15	0.15～0.25	0.12～0.2	0.2～0.4	0.12～0.25
	220～300	0.1～0.2	0.03～0.1	0.1～0.2	0.07～0.12	0.15～0.3	0.1～0.2

③ 每分钟进给量（即进给速度）v_f：每分钟内铣刀在进给运动方向上相对工件的位移量，单位 mm/min。

三种进给量的关系为

$$v_f = fn = f_z zn$$

式中 n——铣刀或铣床主轴转速（r/min）；

z——铣刀齿数。

取每齿进给量 $f_z=0.1$mm/r，则每分钟进给量为

$$v_f = f_z zn = 0.1 \times 10 \times 60\text{mm/min} = 60\text{mm/min}$$

2. 切削液的选用

切削液应根据工件材料、刀具材料及其加工工艺等综合因素来选用。

1）粗加工时，切削量大，产生的热量多，温度高，但对表面质量的要求却不高，所以应采用以冷却为主的切削液，如苏打水、乳化液等，并使切削液充分喷淋在切削处。

2）精加工时，切削量少，产生的热量也少，所以对冷却的作用要求不高，应选用以润滑为主的切削液。这类切削液大都是油类，主要是矿物油，少数采用动物油和植物油等。

3）铣削不锈钢和高强度材料时，粗加工用较稀的乳化液；精加工用含有极压添加剂的煤油、浓度高的乳化液和硫化油（75%柴油+20%脂肪+5%硫磺，体积分数）等。

4）铣削铸铁和黄铜等脆性材料时，由于切屑呈细小颗粒状，与切削液混合后，容易堵塞冷却系统、机床导轨和丝杠、铣刀齿槽等，因此一般不用切削液。必要时可用煤油、乳化液和压缩空气。

5）用硬质合金铣刀作高速切削时，由于刀齿的耐热性好，故一般不用切削液，必要时用乳化液，但应在开始切削之前就连续充分地浇注，以免刀片因骤冷而碎裂。

项目三 铣削加工工艺特点

主要内容	圆周铣和端铣、顺铣和逆铣	重点、难点	铣削方式的运用
学习方法	教师讲解、演示，学生模仿练习	考核方式	实际操作考核

复杂的机器由各种类型的零件装配而成，而这些不同类型的零件大多要经过各种切削加工来完成，铣削就是其中的一种加工形式。

铣削加工就是在铣床上利用刀具的旋转运动和工件的移动（或转动），通过对工件的切削得到符合图样所要求的精度（包括尺寸、形状和位置精度）和表面质量的加工方法。铣削加工的主要特点是用多刀刃的刀具来进行切削，故效率较高，加工范围广，如铣平面、台

阶、沟槽、特形面、特形槽、齿轮、螺旋槽、齿式离合器和切断等，在铣床上还可以进行钻孔、铰孔、铣孔和锉孔等加工。铣削加工的精度也较高，其经济加工精度一般为IT9、IT8，表面粗糙度为 $Ra = 12.5 \sim 1.6\mu m$。必要时加工精度可高达IT5级，表面粗糙度可达 $Ra = 0.2\mu m$，是机械制造业中的主要加工工种之一。

1. 铣削方法

铣削方法主要有圆周铣和端铣两种。

（1）圆周铣　圆周铣又简称周铣，是利用分布在铣刀圆柱面上的刀刃来铣削并形成平面的一种加工方式。被加工表面平面度的大小，主要取决于铣刀的圆柱度。在精铣平面时，必须要保证铣刀的圆柱度误差小。若要使被加工表面获得较小的表面粗糙度值，则工件的进给速度应小一些，而铣刀的转速应适当增大。

（2）端铣　端铣是利用分布在铣刀端面上的刀刃来铣削并形成平面的一种加工方式。

用端铣方法铣出的平面，表面粗糙度值的大小同样与工件进给速度的大小和铣刀转速的高低等诸因素有关。被加工表面平面度的大小，主要决定于铣床主轴轴线与进给方向的垂直度。

（3）圆周铣与端铣的比较

1）端铣刀的刀杆短，刚性好，每个刀齿所切下的切屑厚度变化较小，且同时参与切削的刀齿数较多，因此振动小，铣削平稳，效率高。

2）端铣刀的直径可以做得很大，能一次铣出较宽的表面而不需要接刀。圆周铣时，因受圆柱形铣刀宽度的限制，工件加工表面的宽度不能太大，但能一次切除较大的铣削层深度。

3）端铣刀的刀片装夹方便，刚性好，适宜进行高速铣削和强力铣削，可提高生产率和减小表面粗糙度值。

4）在相同的铣削层宽度、深度和每齿进给量的条件下，端铣刀如不采用修光刃和高速铣削等措施，则用圆周铣加工的表面比用端铣加工的表面粗糙度值要小。

由于端铣平面具有较多优点，在铣床上应用较广。

2. 铣削加工方式

铣削加工有顺铣和逆铣两种方式，如图6-22所示。

铣削时，铣刀对工件的作用力在进给方向上的分力与工件进给方向相同的铣削，称为顺铣；铣刀对工件的作用力在进给方向上的分力与工件进给方向相反的铣削，称为逆铣。

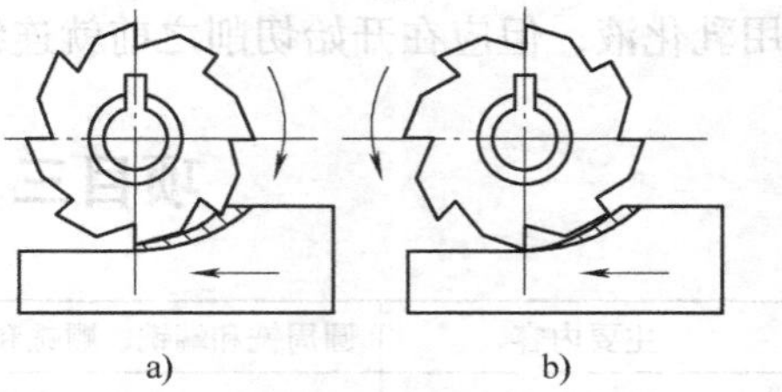

图6-22　铣削方式

a）顺铣　b）逆铣

（1）圆周顺铣时的优缺点

1）圆周顺铣的优点

①　铣刀对工件的作用力在垂直方向的分力始终向下，对工件起压紧作用，因此铣削时较平稳。对不易夹紧的工件及细长的薄板形工件尤为合适。

②　铣刀刀刃切入工件时的切屑厚度最大，并逐渐减小到零。刀刃切入容易，且铣刀后面与已加工表面的挤压、摩擦小，刀刃磨损慢，加工出的工件表面质量较高。

③　消耗在进给运动方面的功率较小。

2）圆周顺铣的缺点

① 顺铣时，刀刃从工件的外表面切入工件，因此当工件为有表面硬皮和杂质的毛坯件时，容易磨损和损坏刀具。

② 顺铣时，铣刀对工件的作用力在水平方向的分力与工件进给方向相同，会拉动铣床工作台。当进给丝杠与螺母的间隙较大或轴承的轴向间隙较大时，工作台会产生间歇性窜动，导致铣刀刀齿折断、铣刀杆弯曲、工件与夹具产生位移，甚至机床损坏等严重后果。

（2）圆周逆铣时的优缺点

1）圆周逆铣的优点

① 在铣刀中心进入工件端面后，刀刃沿已加工表面切入工件，铣削表面有硬皮的毛坯件时对铣刀刀刃损坏较小。

② 铣刀对工件的作用力在水平方向的分力与工件进给方向相反，铣削时不会拉动工作台。

2）圆周逆铣的缺点

① 逆铣时，铣刀对工件的作用力在垂直方向的分力始终向上，因此，对工件需要施以较大的夹紧力。

② 逆铣时，刀刃切入工件时的切屑厚度为零，并逐渐增到最大，因此切入时铣刀后面与工件表面的挤压、摩擦相对严重，加速了刀齿磨损，降低了铣刀寿命；工件加工表面产生硬化层，降低工件表面的加工质量。

③ 逆铣时，消耗在进给运动方面的功率较大。

（3）圆周铣时顺铣与逆铣的选择　在铣床上进行圆周铣时，一般都采用逆铣。当丝杠、螺母传动副有间隙调整机构，并将轴向间隙调整到较小，或在铣削不易夹牢和薄而细长的工件时，可选用顺铣。

（4）端铣的加工方式　根据铣刀与工件之间相对位置的不同，端铣分为对称铣削与非对称铣削两种。端铣也存在顺铣和逆铣现象。

1）对称铣削。铣削宽度对称于铣刀轴线的端铣称为对称铣削，如图6-23所示。在铣削宽度上以铣刀轴线为界，铣刀先切入工件的一边称为切入边，铣刀切出工件的一边称为切出边。对称铣削时，切入边与切出边所占的铣削宽度相等。根据定义可以知道，切入边处为逆铣，切出边处为顺铣。在铣削宽度较窄的工件或铣刀齿数较少时，一方面各刀齿的铣削力在进给方向的分力之和将发生交替的方向变化，会引起工件和工作台的窜动；另一方面各刀齿的铣削力在垂直于进给方向的分力之和容易使窄长的工件产生弯曲变形。所以，对称铣削只在铣削宽度接近铣刀直径时采用。

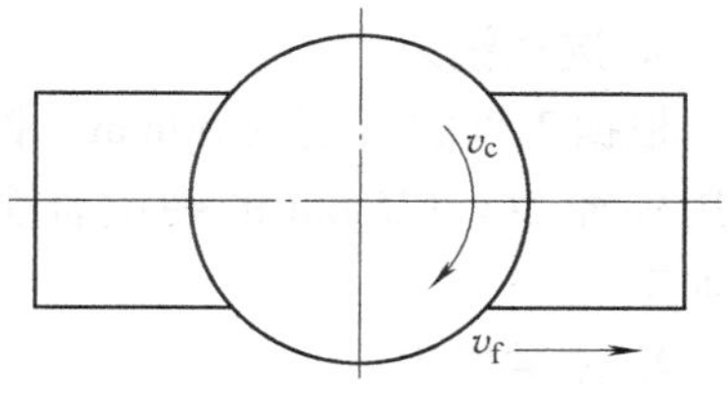

图6-23　端铣对称铣削

2）非对称铣削。铣削宽度不对称于铣刀轴线的端铣称为非对称铣削，如图6-24所示。按切入边和切出边所占铣削宽度比例的不同，非对称铣削可分为非对称顺铣和非对称逆铣两种。

① 非对称顺铣时，顺铣部分占的比例较大，铣刀各刀齿的铣削力在进给方向上的合力方向与进给方向相同，使工件和工作台发生窜动。因此，端铣时一般都不采用非对称顺铣。

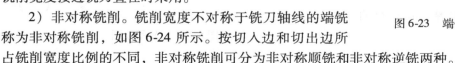

② 非对称逆铣时，逆铣部分占的比例较大，铣刀各刀齿的铣削力在进给方向上的合力

方向与进给方向相反，不会拉动工作台，且刀刃切入工件时切屑厚度虽由薄到厚但不为零，因而冲击小，振动也较小。因此，端铣时应采取非对称逆铣。

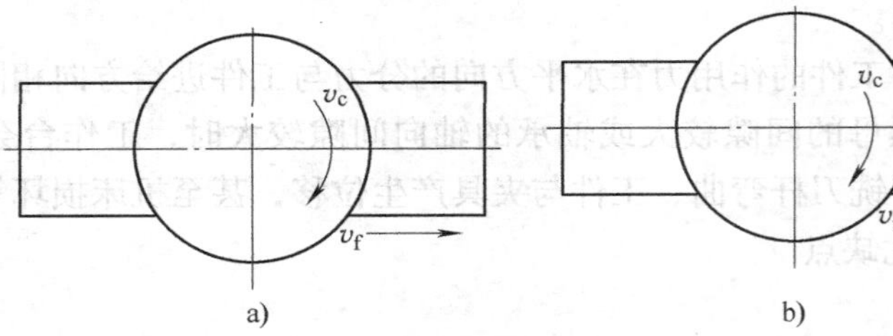

图 6-24　端铣非对称铣削

a）非对称顺铣　b）非对称逆铣

项目四　平面、斜面的铣削加工

主要内容	平面、斜面的铣削	重点、难点	铣削方式的运用
学习方法	教师讲解、演示，学生模仿练习	考核方式	实际操作考核

平面是构成机械零件的基本表面之一，铣平面是铣削加工的基本工作内容，也是进一步掌握铣削其他各种复杂表面技术的基础。平面质量的好坏，主要从平面的平整程度和表面的粗糙程度两个方面来衡量，分别用形状公差项目平面度和表面粗糙度值来考核。

课题一　平面的铣削

1. 图样分析

如图 6-25 所示为铣平面图，毛坯为 55mm × 60mm × 70mm 的锻件，材料为 20 钢。其尺寸精度、表面粗糙度和平面度均为铣床的经济加工精度。根据工件的表面要求，应分粗、精铣。

2. 选择机床

确定在 X5032 型立式升降台铣床上加工。

3. 选择铣刀

根据工件的宽度为 50mm，铣削时选用外径 $D = 125$mm 的硬质合金端铣刀加工。

4. 安装铣刀

根据铣刀的规格，用拉杆直接安装铣刀。

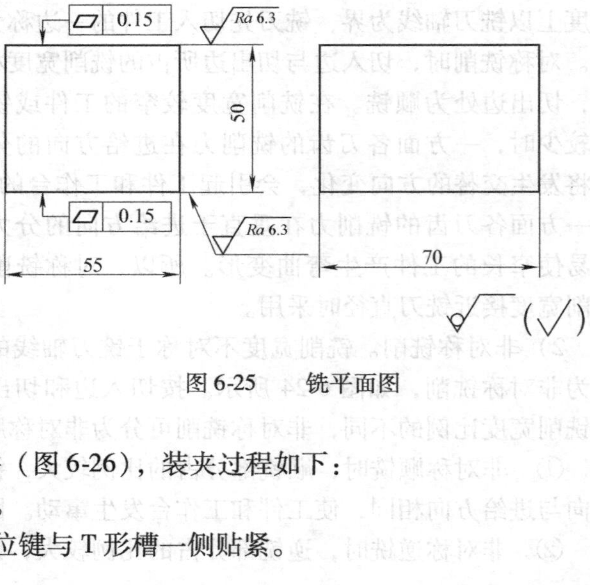

图 6-25　铣平面图

5. 装夹工件

根据工件形状，选用平口钳装夹工件（图 6-26），装夹过程如下：

1）将平口钳底部与工作台台面擦净。

2）将平口钳安放在工作台上，使定位键与 T 形槽一侧贴紧。

3）用T形螺栓将平口钳紧固在工作台上。工件应在钳口处衬垫铜片，以防损坏钳口。

6. 选择铣削用量

根据毛坯余量选择铣削用量，具体如下：

（1）背吃刀量

1）粗铣时：$a_e=50mm$，$a_p=2mm$。

2）精铣时：$a_e=50mm$，$a_p=0.5mm$。

（2）铣削速度　根据 $D=125mm$ 的硬质合金端铣刀性能，调整铣床主轴转速为235r/min。

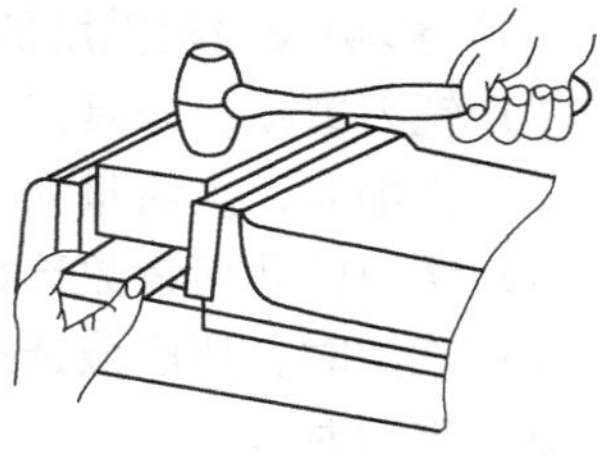

图6-26　工件装夹在平口钳上

（3）进给量　取每分钟进给量为60mm/min。

7. 铣削操作步骤

（1）对刀　摇动纵向、横向手柄，使工件处于铣刀下方的中间位置。开动机床，铣刀旋转后，再缓缓升高工作台，使铣刀接触工件，如图6-27所示。在垂向刻度盘上做好记号，摇动纵向手柄，退出工件。

（2）铣削　根据垂向刻度盘记号，工作台上升2mm，采取非对称逆铣方式粗铣第一面；铣削完毕后降下工作台，摇动纵向手柄，退出工件，然后再上升0.5mm，精铣第一面。停机后，取下工件，检查毛坯余量，重新装夹对刀后粗、精铣削第二面，使工件尺寸符合图样要求。

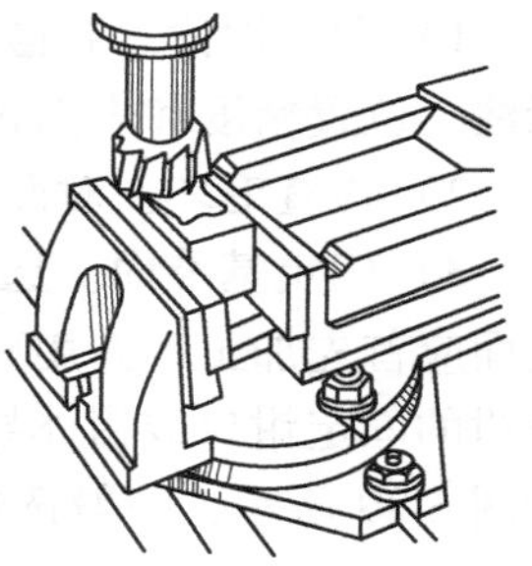

图6-27　端铣刀铣平面对刀

8. 检测

（1）尺寸的检测　卸下工件，用游标卡尺或千分尺测量工件尺寸。

（2）平面度的检测

1）用刀口形直尺检验平面度。右手握住刀口形直尺，使其测量面贴在工件被测表面上，观察刀口形直尺测量面与工件平面间的透光缝隙大小，或用塞尺直接测出缝隙的大小。

2）用百分表检测平面度。工件较小时可将工件放在测量平板上直接测出，工件较大时可用三个千斤顶支撑（千斤顶开距尽量大些），在游标高度尺上安装百分表，测量千斤顶三个顶尖附近平面的高度，通过调节千斤顶，使三点高度相等，然后以此高度为准测量工件上平面各点。百分表的最大读数差即为平面度误差值，如图6-28所示。

（3）检测加工表面粗糙度　用表面粗糙度标准样板比较测定或根据经验目测。

9. 质量分析

（1）尺寸超差的原因

1）测量不准确或测量读数有误差。

2）看错图样尺寸或看错刻度盘。

3）对刀时，切得太深。

（2）影响平面度的因素

1）铣床主轴轴线与工作台台面不垂直。

2）工件受夹紧力、铣削力和铣削热的作用产生变形。

3）铣床工作台进给运动的直线性差。

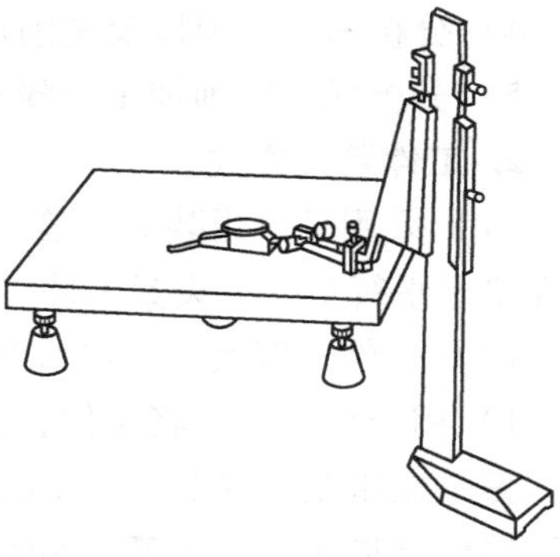

图6-28　百分表检测平面度

4）铣床主轴轴承的轴向和径向间隙大。

（3）影响表面粗糙度的因素

1）铣刀磨损，刀具刃口变钝。

2）铣削时，进给量太大，或切削层深度太大。

3）铣刀的几何参数选择不当。

4）铣削时，切削液选择不当。

5）铣削时有振动。

6）铣削时有积屑瘤产生，或切屑有粘刀现象。

课题二　垂直面和平行面的铣削加工

连接面是指相互直接或间接交接且不在同一平面上的表面。连接面加工除了要保证平面度和表面粗糙度外，还需要保证相对于基准面的位置精度以及与基准面间的尺寸精度。

1. 工艺分析

1）图样识读。看懂零件图样，想象出零件实体形状。了解图样上有关加工部位的尺寸标注、位置精度和表面粗糙度要求，同时了解被加工材料以及技术要求。

2）检查毛坯。对照零件图样检查毛坯尺寸和形状，了解加工余量的大小。

3）确定基准面。选择零件上较大的面或图样上的设计基准面作为定位基准面。这个基准面应首先加工，并用其作为加工其余各面时的基准。在加工过程中，这个基准面应靠向平口钳的固定钳口或钳体导轨面，以保证其余各加工面对这个基准面的垂直度、平行度要求。如图6-29所示，一般选择设计基准面A作为定位基准面。

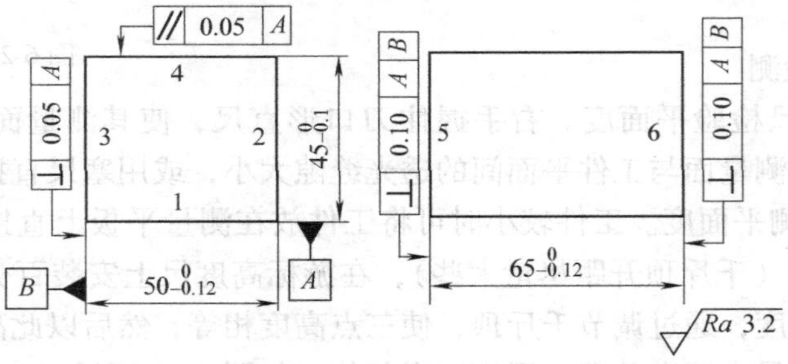

图6-29　铣削长方体

4）分析确定铣刀以及铣削速度等工艺参数。

5）分析确定铣削加工步骤和方法。

2. 工件装夹方式

（1）采用平口钳装夹　装夹时，一般使工件的基准面与固定钳口相贴合，平口钳的导轨面垫上平行垫铁，夹紧工件。

（2）工件宽度大于钳口张开尺寸时的装夹方法

1）用压板装夹。将工件直接安装在铣床工作台上并用压板压紧，压板的一端压在工件上，另一端压在垫铁上。垫铁的高度应等于或略高于压紧部位，螺栓至工件之间的距离应略小于螺栓至垫铁间的距离，如图6-30所示。

2）用角铁装夹。用T形螺栓将角铁压紧在工作台面上，使工件的基准面贴紧在角铁上，用C形夹头或平行夹头将工件夹紧，如图6-31所示。

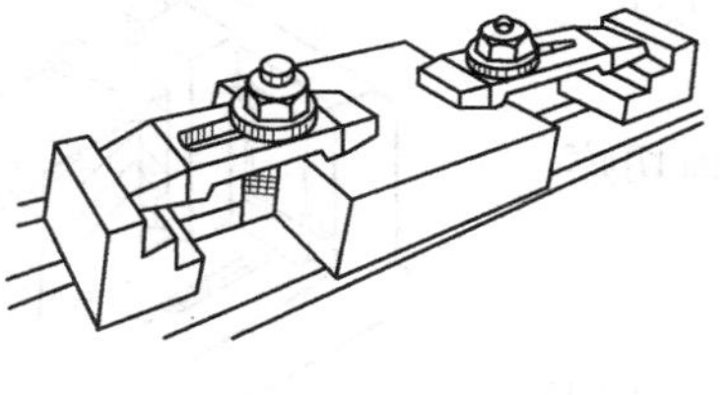

图6-30　用压板装夹

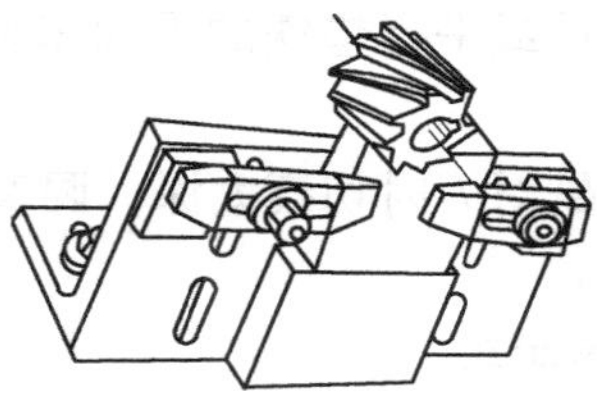

图6-31　用角铁装夹

3. 铣削正六面体工件的操作步骤

（1）铣面1（基准面A）　平口钳固定钳口与铣床主轴轴线垂直安装。以面2为粗基准，靠向固定钳口，两钳口与工件间垫铜皮，分粗、精铣铣出面1，如图6-32a所示。

（2）铣面2　以面1为精基准靠向固定钳口，在活动钳口与工件间置圆棒装夹工件，然后分粗、精铣铣出面2，如图6-32b所示。

（3）铣面3　以面1为基准装夹工件，然后分粗、精铣铣出面3，如图6-32c所示。

（4）铣面4　面1靠向平行垫铁，面3靠向固定钳口装夹工件，然后分粗、精铣铣出面4，如图6-32d所示。

（5）铣面5　调整平口钳，使固定钳口与铣床主轴轴线平行安装。面1靠向固定钳口，用直角尺找正工件面2，使之与平口钳钳体导轨面垂直，如图6-33所示。工件装夹好后，分粗、精铣铣出面5，如图6-32e所示。

（6）铣面6　面1靠向固定钳口，面5靠向平口钳钳体导轨面装夹工件，然后分粗、精铣铣出面6，如图6-32f所示。

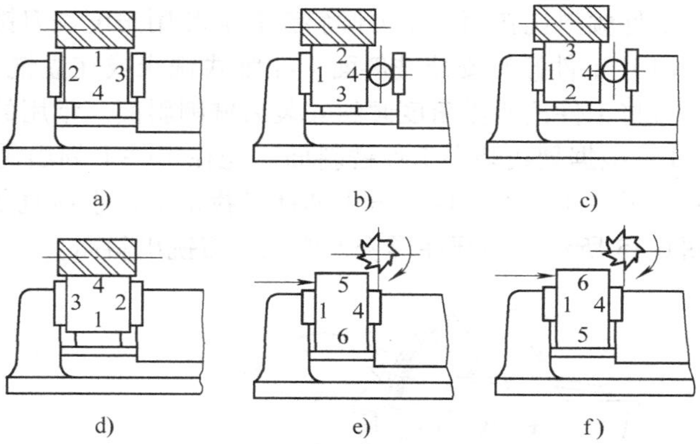

图6-32　正六面体的铣削顺序

4. 检测

1）平行度和尺寸的检测用游标卡尺或千分尺测量。

2）垂直度的检测用宽座直角尺测量，如图6-33所示。

3）表面粗糙度的检测用标准样板比较测定或根据经验目测。

5. 质量分析

（1）影响垂直度和平行度的因素

1）平口钳固定钳口与工作台台面不垂直，铣出的平面与基准面不垂直。

2）平行垫铁不平行，铣出的平面与基准面不垂直或不平行。

3）铣床主轴轴线与工作台台面不垂直。

4）装夹时夹紧力过大，引起工件变形，铣出的平面与基准面不垂直或不平行。

（2）影响平行面之间尺寸精度的因素

1）调整铣削深度时看错刻度盘，没有消除丝杠螺母副的间隙，造成尺寸铣错。

2）读错图样上标注的尺寸或测量错误，导致加工尺寸错误。

3）工件或平行垫铁的平面未擦净，垫上有杂物，使尺寸发生变化。

4）精铣对刀时切痕太深，调整铣削深度时没有去掉切痕，使尺寸铣小。

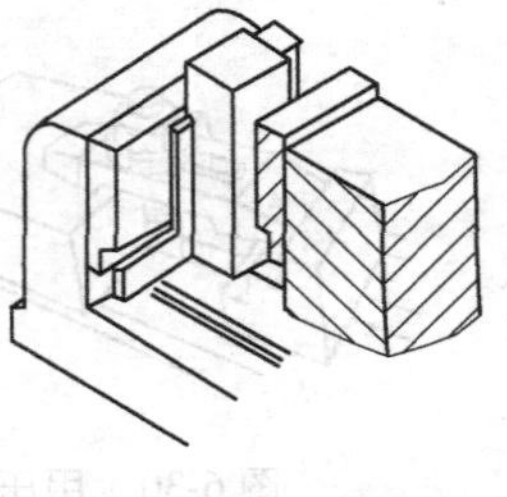

图 6-33　用直角尺找正工件

6. 注意事项

1）铣削过程中每次重新装夹工件（每一工序）前，以及铣削加工完毕后，都应及时用锉刀修整工件上的锐边并去除毛刺，但不应锉伤工件的已加工表面。

2）铣削时一般先粗铣，然后再精铣，以提高工件表面的加工质量。

3）用铜锤、木锤轻击工件时，不要砸伤工件的已加工表面。

4）铣削钢件时，应使用切削液。

课题三　斜面的铣削

1. 斜面的铣削方法

斜面是指零件上与基准面成任意一个倾斜角度的平面。在铣床上铣斜面的方法一般有三种：工件倾斜铣斜面、铣刀倾斜铣斜面和用角度铣刀铣斜面等。

（1）工件倾斜安装铣斜面　在卧式铣床或在立铣头不能转动角度的立式铣床上铣斜面时，可将工件按所需角度倾斜安装后铣削斜面。常用的方法有以下几种：

1）根据划线装夹工件铣斜面。先在工件上划出需加工斜面的加工线，如图 6-34 所示。然后用平口钳装夹工件，再用划针盘找正工件上所划加工线，使其与工作台进给方向平行，如图 6-35 所示，用圆柱形铣刀或端铣刀铣出斜面。

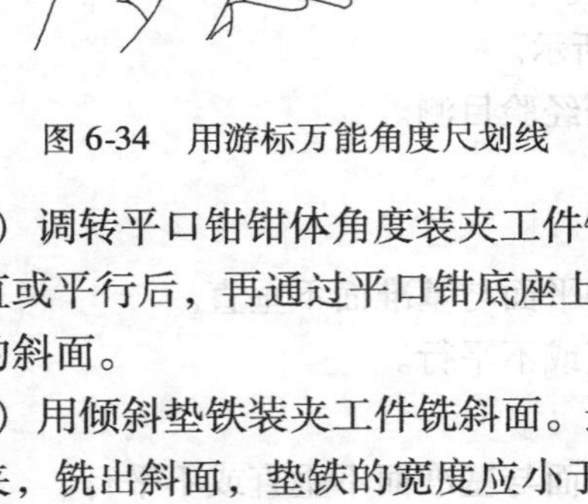

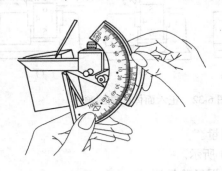

图 6-34　用游标万能角度尺划线

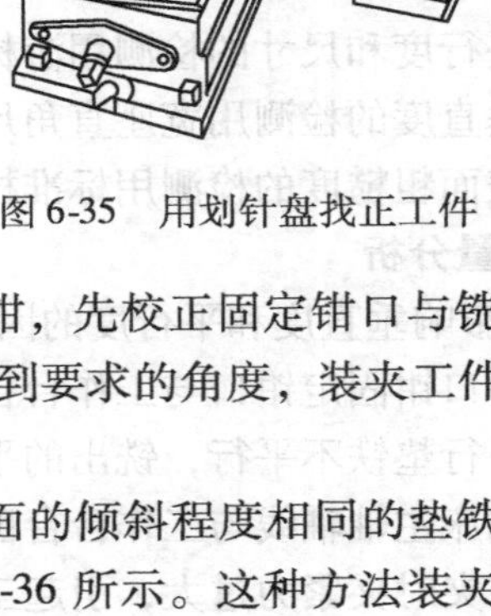

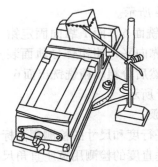

图 6-35　用划针盘找正工件

2）调转平口钳钳体角度装夹工件铣斜面。安装平口钳，先校正固定钳口与铣床主轴轴线垂直或平行后，再通过平口钳底座上的刻线将钳体调转到要求的角度，装夹工件，铣出需加工的斜面。

3）用倾斜垫铁装夹工件铣斜面。选用倾斜程度与斜面的倾斜程度相同的垫铁，用平口钳装夹，铣出斜面，垫铁的宽度应小于工件宽度，如图 6-36 所示。这种方法装夹、找正工件较方便。

（2）将铣刀倾斜所需角度后铣斜面　在立铣头主轴可倾斜的立式铣床上，将立铣头扳转过一个合适的角度后，安装立铣刀或端铣刀，然后铣削斜面，如图6-37和图6-38所示。

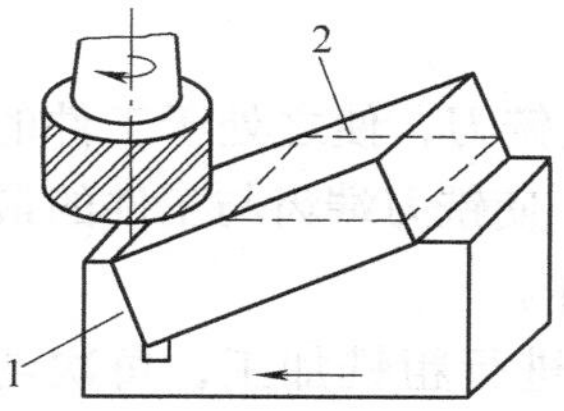

图6-36　用倾斜垫铁装夹
1—垫铁　2—工件

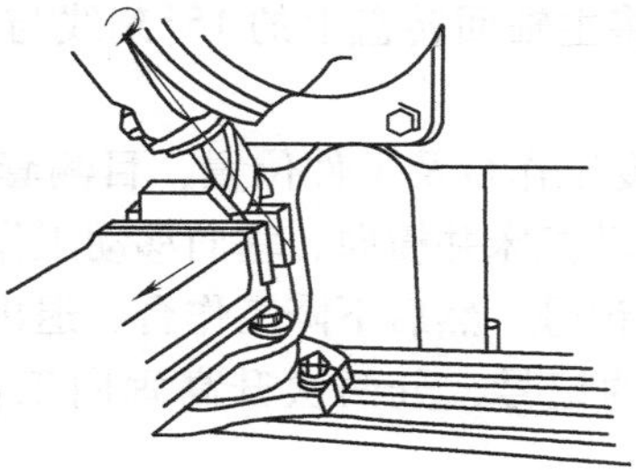

图6-37　用立铣刀铣斜面

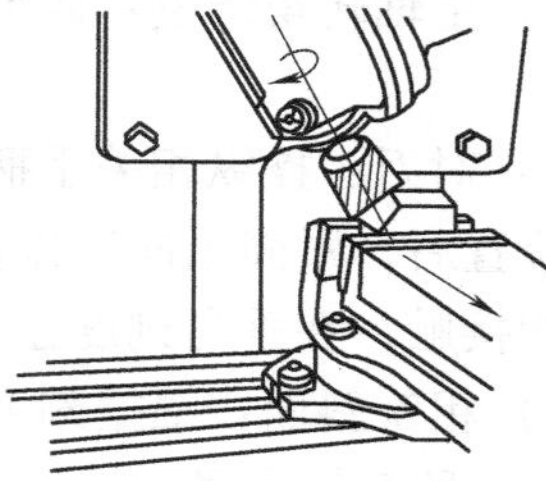

图6-38　用端铣刀铣斜面

（3）用角度铣刀铣斜面　根据工件斜面的角度，选用合适的角度铣刀，被加工斜面的宽度应小于角度铣刀的刀刃宽度，如图6-39所示。由于角度铣刀的刀齿强度较弱，刀齿排列较密，铣削时排屑较困难，所以在使用角度铣刀铣削时，选择的铣削用量应比圆柱形铣刀小，尤其是每齿进给量更要适当减小。铣削碳素钢等工件时，还应施以充分的切削液。

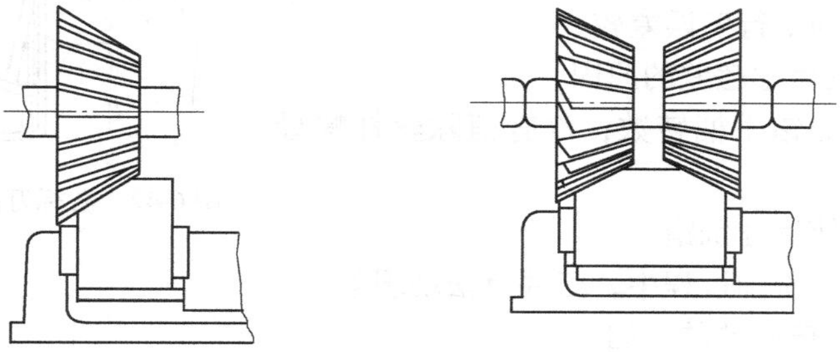

图6-39　用角度铣刀铣斜面

2. 斜面铣削

（1）图样识读　如图6-40所示，在长方体一端铣出15°斜面，角度公差为±15′。

（2）工艺分析　根据斜面的宽度，现选用63mm的套式立铣刀在X5032立式铣床上采用端铣法加工，如图6-41所示。选择合适的切削用量，并分粗、精铣加工，使工件符合图样要求。

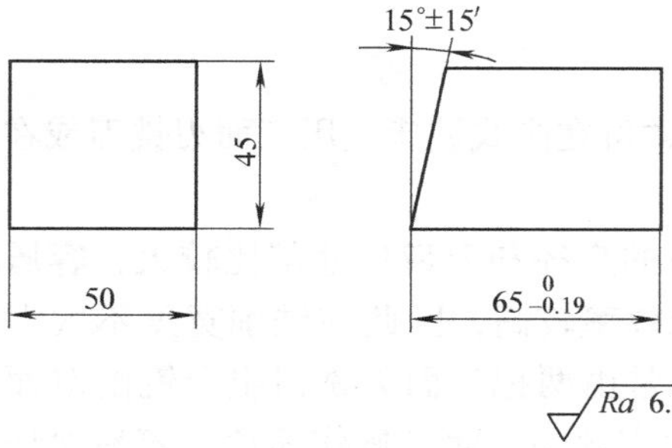

图6-40　铣削斜面

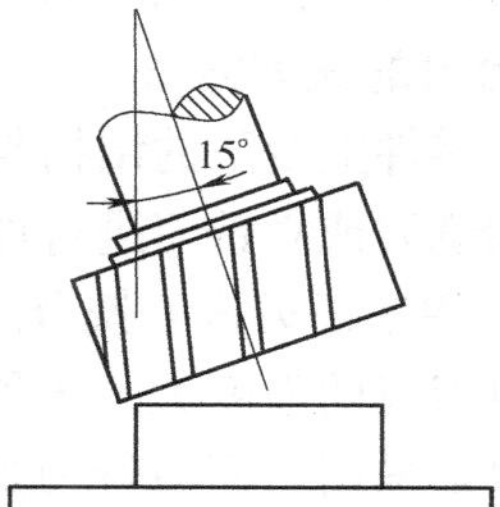

图6-41　立铣刀扳转15°铣斜面

（3）铣斜面操作步骤

1）工件装夹与找正：选用平口钳，将工件竖直装夹在钳口中，使工件的底面与平口钳导轨面平行。

2）主轴转角调整：调整时，将主轴回转盘上的15°刻线与固定盘上的基准线对准后紧固。

3）对刀：操纵相关手柄，改变工作台及工件位置，目测套式立铣刀，使之处于工件的中间位置后，紧固纵向工作台。开动机床并横向、垂向移动工作台，使铣刀端齿与工件的最高点相接触，在垂向刻度盘上做好记号，然后下降工作台，退出工件。

4）粗铣斜面：根据刻度盘上的记号，分两次升高垂向工作台进行粗铣加工，每次约4.5mm，留精铣余量约1mm。

5）精铣斜面：一般在粗铣后，须经测量确定精铣加工的实际余量，然后精铣斜面，使工件符合图样要求。

（4）测量　用游标万能角度尺测量角度值15±15′，如图6-42所示；用游标卡尺测量工件长度达$65_{-0.19}^{\ 0}$mm。

3. 质量分析

（1）角度超差的原因

1）装夹不正确或主轴扳转角度有错误。

2）坯件垂直度和平行度误差较大。

（2）与斜面相关尺寸超差的原因

1）看错刻度或摇错手柄转数；没有消除丝杠螺母副的间隙。

2）测量不准，使尺寸铣错。

3）装夹不牢靠，铣削过程中，工件有松动现象。

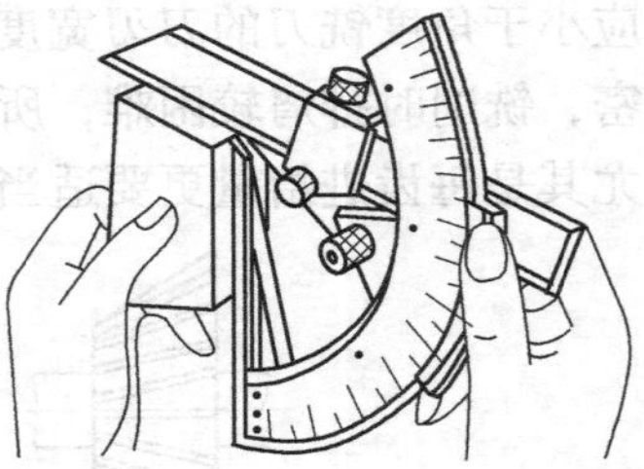

图6-42　游标万能角度尺测量角度

（3）表面粗糙度值超差的原因

1）进给量过大。

2）铣刀不锋利。

3）机床、夹具刚性差，铣削中有振动。

4）铣削时未使用切削液，或切削液选用不当。

课题四　台阶面的铣削加工

铣削台阶是铣削加工的主要内容之一。

1. 台阶的铣削方法

根据零件上台阶的结构与尺寸大小不同，通常可在卧式铣床上用三面刃铣刀或在立式铣床上用端铣刀或立铣刀进行加工。

（1）用三面刃铣刀铣台阶　由于三面刃铣刀的直径和刀齿尺寸都比较大，容屑槽也较大，所以刀齿的强度大，排屑、冷却较好，生产效率较高，因此在铣削宽度不太大的台阶时，一般都采用三面刃铣刀加工。成批生产时，常由两把三面刃铣刀组合铣削双面台阶工件，如图6-43所示。这种加工方法不仅可提高生产效率，而且操作简单，容易保证工件质量。

（2）用端铣刀铣台阶　宽度较宽且深度较浅的台阶，常使用端铣刀在立式铣床上加工。端铣刀的刀杆刚度大，铣削时，切屑厚度变化小，切削平稳，加工表面质量好，生产率较高。铣削时，选用的端铣刀直径应大于台阶宽度，如图6-44所示。

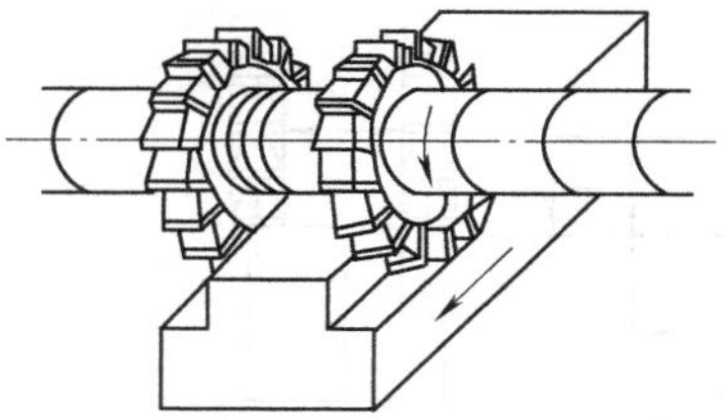

图6-43　组合三面刃铣刀铣台阶

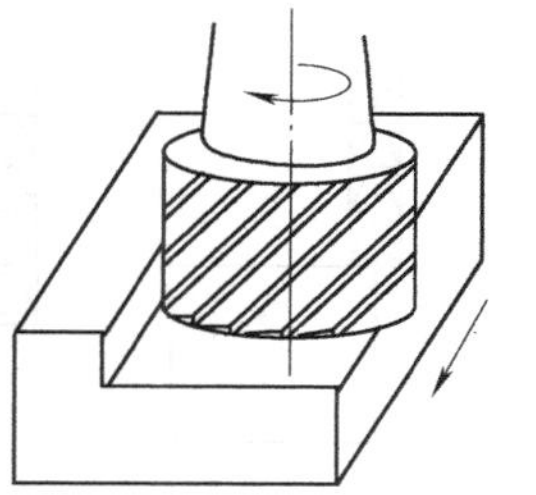

图6-44　用端铣刀铣台阶

（3）用立铣刀铣台阶　深度较深的台阶或多级台阶，可用立铣刀在立式铣床上加工。铣削时，立铣刀的圆周刃起主要切削作用，端面刃起修光作用。由于立铣刀刚度小，强度较弱，铣削时选用的切削用量比使用三面刃铣刀铣削时要小，否则容易产生“让刀”，甚至折断铣刀。因此，在条件许可的情况下，应选择直径较大的立铣刀，以提高铣削效率，如图6-45所示。

2. 台阶铣削加工

（1）图样识读　如图6-46所示，在长方体上铣出30mm×36mm的台阶，台阶与外形尺寸$50_{-0.1}^{\ 0}$mm中心线的对称度误差为0.15mm。

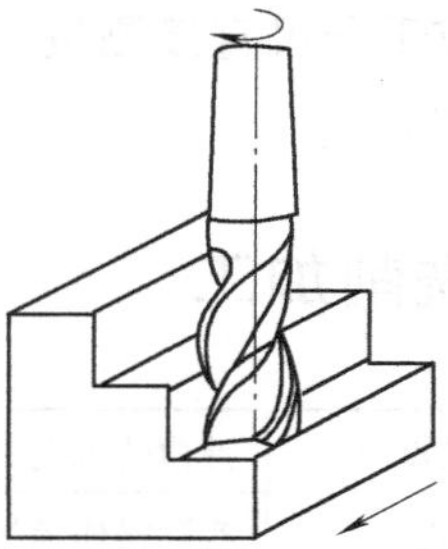

图6-45　用立铣刀铣台阶

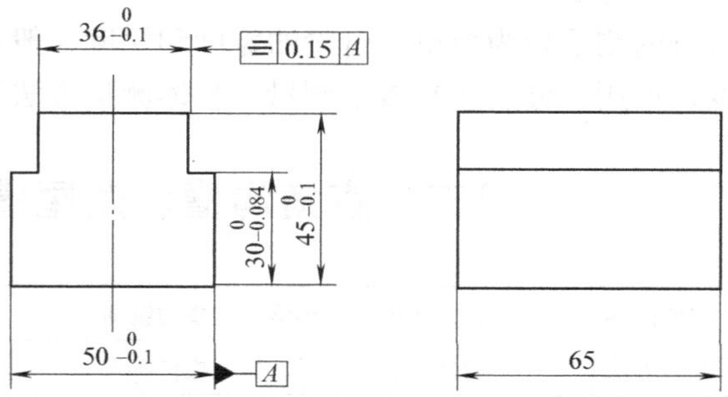

图6-46　铣台阶

（2）工艺分析　根据台阶的宽度和深度尺寸，选用外径$D=80$mm、内径$d=27$mm、厚度为8mm、齿数为16的直齿三面刃铣刀在X6132型卧式铣床上加工。

（3）安装铣刀　将三面刃铣刀安装在$\phi 27$mm的长刀杆中间位置，并紧固紧刀螺母。

（4）工件的装夹和找正　采用平口钳装夹工件，校正固定钳口，使之与铣床主轴轴线垂直。将工件的基准侧面靠向固定钳口，工件的底面靠向钳体导轨面，铣削的台阶底面应高出钳口的上平面，以免铣削中铣刀铣到钳口。

（5）对刀

1）工件装夹找正后，手摇各进给手柄，使工件处于铣刀下方。开动机床，使铣刀的圆柱面刀刃擦着工件上表面的贴纸，如图6-47a所示，在垂向刻度盘上做记号。停机后下降工作台，纵向退出工件，然后上升垂向工作台，较垂向刻度盘上的记号升高14.5mm，留0.5mm精铣余量。

2）开动机床，移动横向工作台，使旋转的铣刀侧面刃刚擦着台阶侧面的贴纸，如图6-47b所示，在横向刻度盘上做记号。然后纵向退出工件，使工件按切削余量横向移动6mm，并紧固横向工作台，留 1mm 精铣余量。

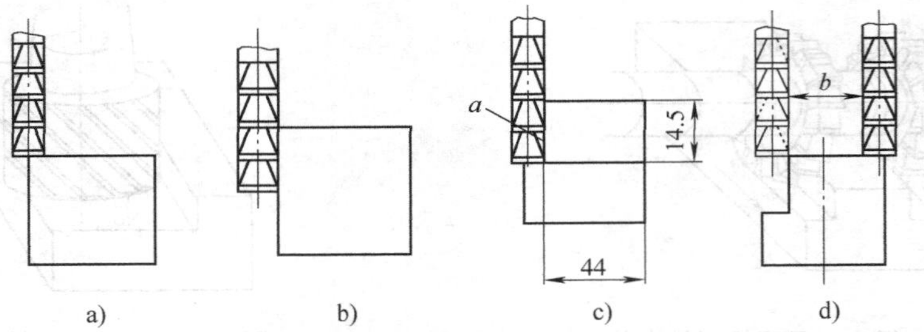

图 6-47　铣削步骤

（6）铣削台阶操作步骤

1）粗铣台阶 a 面。开动机床，纵向机动进给，粗铣台阶面。用千分尺测量工件的一侧面至铣出台阶的实际尺寸为 44mm，用深度游标卡尺测量深度为 14.5mm，如图 6-47c 所示。

2）精铣台阶 a 面。根据实测尺寸与对称度要求，横向移动工作台约 1mm 后紧固，垂向工作台升高约 0.5mm，精铣 a 面。铣完后，实测工件尺寸要符合 $30_{-0.084}^{0}$mm 的要求。

3）粗、精铣另一台阶面。粗、精铣另一台阶面，使其达到 $b=36_{-0.1}^{0}$mm 的图样要求，如图 6-47d 所示。

3. 台阶的测量

台阶的测量较为简单，台阶的宽度和深度一般可用游标卡尺或千分尺直接测量。台阶的对称度，可用百分表在平板上测量，具体测量方法读者可自行设计。

项目五　直角沟槽、燕尾槽、键槽的铣削加工

主要内容	直角沟槽、燕尾槽、键槽的铣削	重点、难点	键槽的铣削
学习方法	教师讲解、演示，学生模仿练习	考核方式	实际操作考核

课题一　直角沟槽的铣削

直角沟槽有通槽、半通槽和封闭槽三种形式。直角通槽主要用三面刃铣刀铣削，也可用立铣刀、槽铣刀来铣削；半通槽和封闭槽则采用立铣刀或键槽铣刀铣削。

1. 用三面刃铣刀铣直角通槽

如图 6-48 所示，三面刃铣刀的宽度应小于或等于需加工槽的宽度。工件一般用平口钳装夹，其固定钳口应与卧式铣床的主轴轴线垂直。

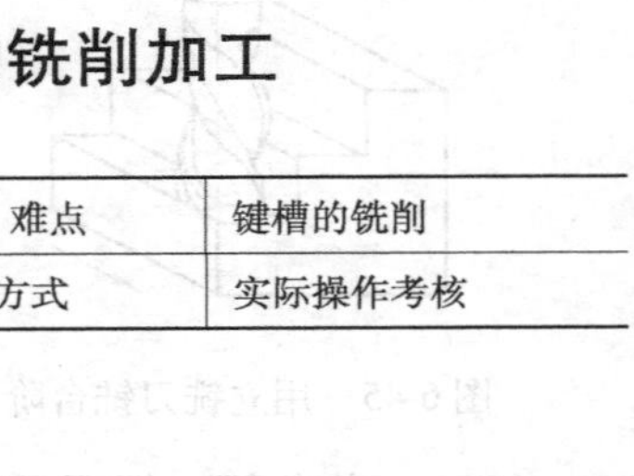

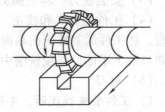

图 6-48　三面刃铣刀铣直角通槽

2. 用立铣刀铣半通槽和封闭槽

半通槽一般用立铣刀铣削，如图 6-49 所示。由于立铣刀刚性差，在加工深度较深的槽时，应分几次铣削，铣至要求深度后，再将槽扩铣到要求尺寸。用立铣刀铣封闭槽时，由于立铣刀的端面刀刃不通过刀具中心，因此铣削前应先钻一个直径稍小于铣刀直径的落刀孔，再由此孔落刀开始铣削加工，如图 6-50 所示。

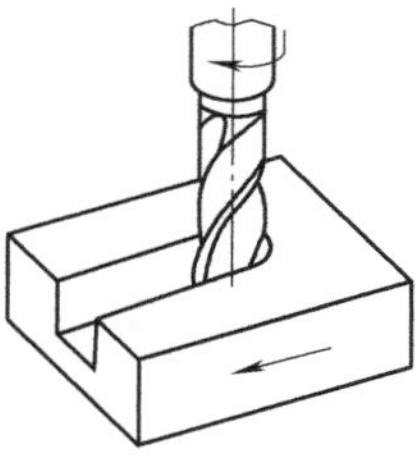

图 6-49 立铣刀铣半通槽

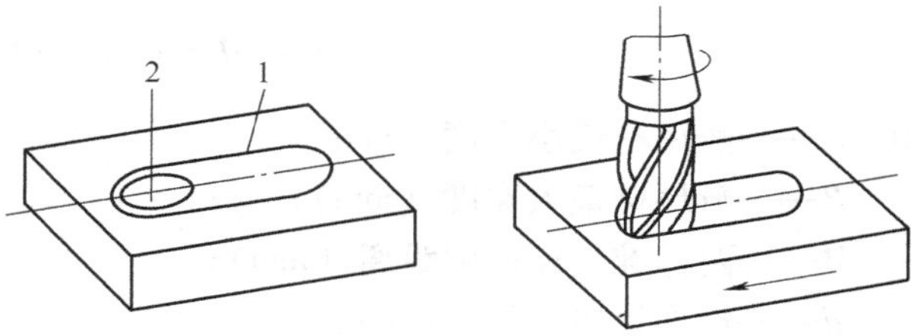

图 6-50 立铣刀铣封闭槽

1—封闭槽加工线 2—预钻落刀孔

3. 用键槽铣刀铣半通槽和封闭槽

精度较高、深度较浅的半通槽和封闭槽，可用键槽铣刀铣削。键槽铣刀的端面刀刃通过刀具中心，因此铣削时不必预钻落刀孔。

课题二 燕尾槽的铣削

燕尾槽和燕尾是配合使用的，如作直线运动的导轨面等。

1. 燕尾槽的铣削方法

1）燕尾槽和燕尾的铣削方法分两步进行：先在立式铣床上铣出直槽或台阶，再用燕尾槽铣刀铣出燕尾槽和燕尾，如图 6-51 所示。

2）单件生产时，可用与燕尾角度相等的单角铣刀来铣削燕尾槽和燕尾。铣削时，立铣头倾斜的角度应等于燕尾角度 α，如图 6-52 所示。

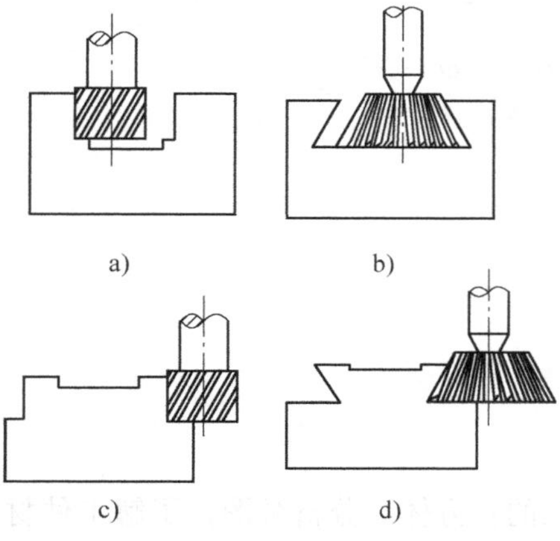

图 6-51 燕尾槽铣刀铣燕尾槽和燕尾

a）铣直槽 b）铣燕尾槽 c）铣台阶 d）铣燕尾

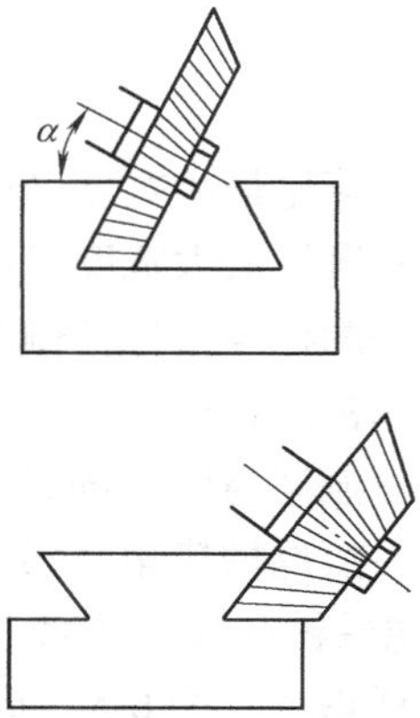

图 6-52 单角铣刀铣削燕尾槽和燕尾

2. 燕尾槽和燕尾宽度的测量方法

由于工件有退刀槽和倒角，所以用直接测量法不能测量出燕尾槽和燕尾的宽度尺寸，工厂中一般借用标准量棒进行间接测量。如图 6-53 所示，用游标卡尺测得两标准量棒间距离尺寸 M 或 M_1，就可计算出燕尾槽的宽度 A 或燕尾的宽度 a。

1）燕尾槽宽度可按下列公式计算

$$A = M + \left(1 + \cot\frac{\alpha}{2}\right) - 2H\cot\alpha$$

$$B = M + d(1 + \cot\frac{\alpha}{2})$$

式中　A——燕尾槽最小宽度（mm）；

B——燕尾槽最大宽度（mm）；

M——两标准量棒内侧距离（mm）；

d——标准量棒直径（mm）；

H——燕尾槽槽深（mm）；

α——燕尾槽槽角（°）。

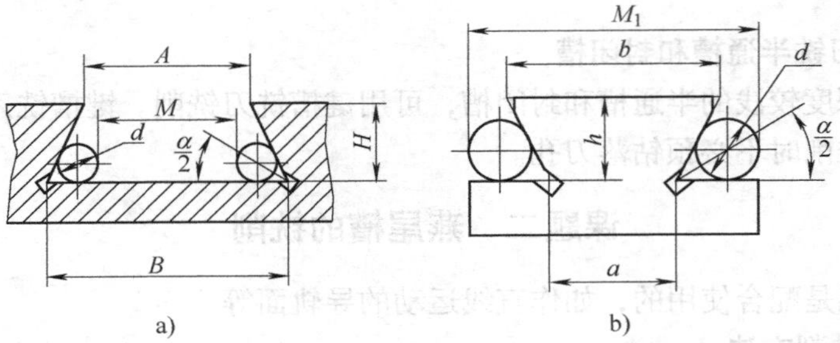

图 6-53　燕尾槽、燕尾宽度的测量

a）燕尾槽测量　b）燕尾测量

2）燕尾宽度可按下列公式计算

$$a = M_1 - d(1 + \cot\frac{\alpha}{2})$$

$$b = M_1 + 2h\cot\alpha - d(1 + \cot\frac{\alpha}{2})$$

式中　a——燕尾最小宽度（mm）；

b——燕尾最大宽度（mm）；

M_1——两标准量棒外侧距离（mm）；

d——标准量棒直径（mm）；

h——燕尾高度（mm）；

α——燕尾槽槽角（°）。

3. 燕尾槽铣削加工技术

1）图样识读　图 6-54 所示工件外形为已加工的长方体。分析视图，了解工件材料以及燕尾槽的宽度、角度和相关技术要求。

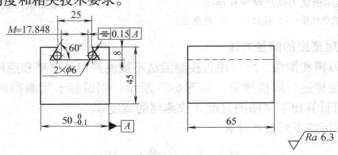

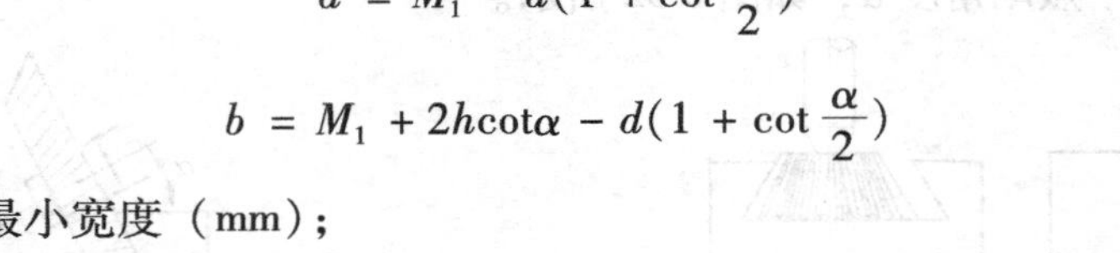

图 6-54　加工燕尾槽

（2）确定加工方式　根据燕尾槽的宽度、深度和槽角，先选用外径为25mm的立铣刀铣直槽，然后选用外径为25mm、角度为60°的直柄燕尾槽铣刀在X5032型立式铣床上加工燕尾槽。

（3）划线　在工件一端面上划出加工线。

（4）选择铣削用量　燕尾槽铣刀刀齿较密，刀尖强度弱，刀具刚度较差，应选择较小的铣削用量。调整主轴转速 $n=190\mathrm{r/min}$，进给速度 $v_f=23.5\mathrm{mm/min}$。

（5）燕尾槽铣削操作步骤

1）铣直槽。将工件用平口钳装夹好后，根据划线对刀，并铣削加工直槽，直槽的深度为7.8mm，留0.2mm的精铣余量。铣完后，换上燕尾槽铣刀。

2）对刀。开动机床，目测燕尾槽铣刀与直槽中心大致对准，上升垂向工作台，使工件直槽底与铣刀端齿相接触，垂向工作台上升0.2mm，然后缓慢摇动纵向工作台，使直槽刚好切着工件。停机，退出工件，测量槽深尺寸为8mm。

3）铣燕尾槽一侧。移动横向工作台，其移动量为 $8\mathrm{mm}\times\cot60°=4.618\mathrm{mm}$，先分别以2.5mm和1.6mm的进给量两次移动横向工作台，纵向机动进给，采用逆铣方式粗铣一侧燕尾。铣毕，放入 $\phi6\mathrm{mm}$ 的标准量棒测量工件侧面至量棒间的距离，如图6-55所示。根据实测尺寸及对称度要求，调整横向工作台进给量后精铣。

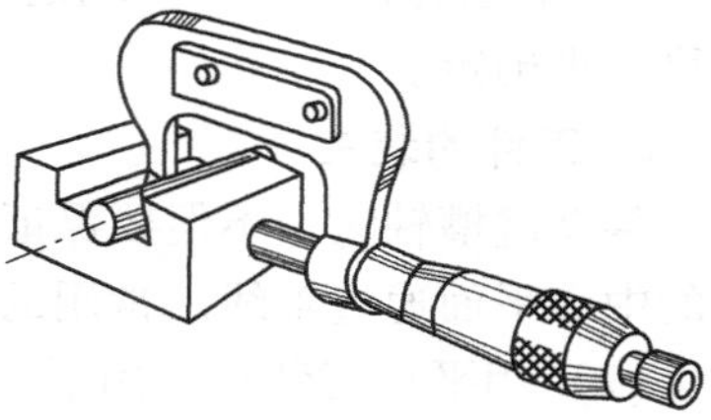

图6-55　铣燕尾槽的一侧预检

4）铣燕尾槽另一侧。移动横向工作台，使铣刀刀尖与另一侧槽相接触后，退出工件。然后按上述相同铣削过程，分粗、精铣完成全部加工，使其符合图样要求。

（6）检测

1）槽形角的检测：用样板或游标万能角度尺进行测量，如图6-56所示。

2）槽宽的检测：将两根 $\phi6\mathrm{mm}$ 的标准量棒放入槽中，再用内径千分尺测量，如图6-57所示。

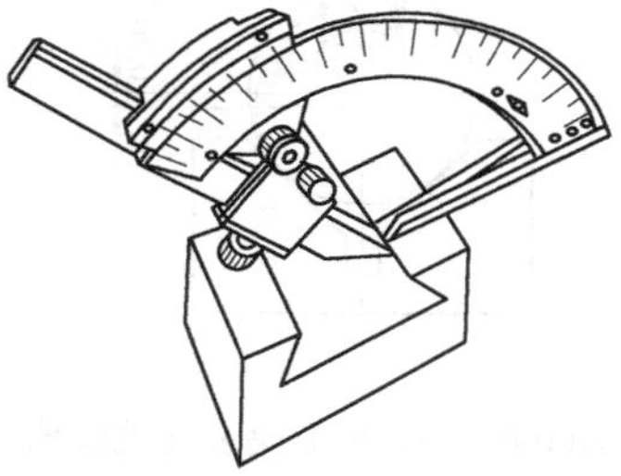

图6-56　燕尾槽槽形角的检测

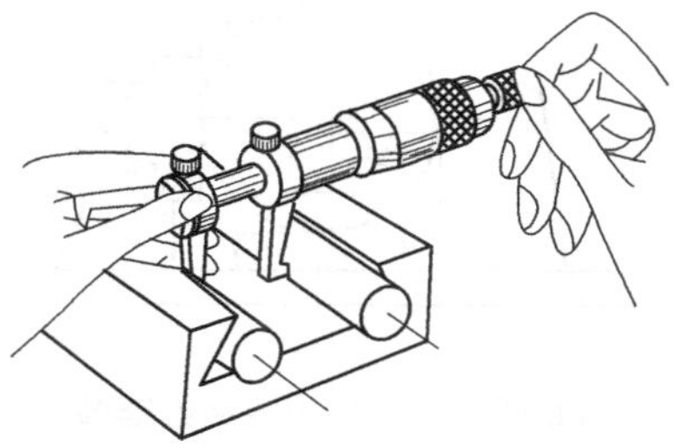

图6-57　燕尾槽槽宽的检测

课题三　键槽的铣削

通过键将轴与轴上零件（如齿轮、带轮、凸轮等）联接在一起，以实现周向固定并传递转矩，称为键联接。键槽的两侧面与平键两侧面相配合，是主要的工作面。因此，键槽的宽度尺寸精度要求较高（IT9级），其侧面的表面粗糙度值较小（$Ra=3.2\mu\mathrm{m}$），键槽对轴线的对称度也有较高的要求。键槽的深度、长度尺寸和槽底表面粗糙度的要求则相对较低。

1. 轴上键槽的铣削方法

轴上键槽有通槽、半通槽和封闭槽三种，如图6-58所示。

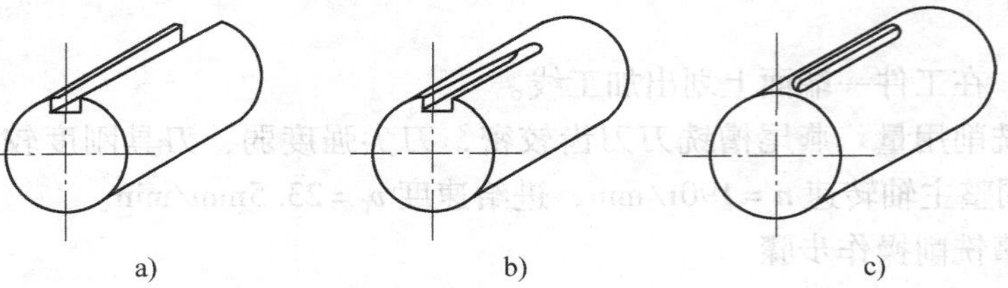

图6-58 轴上键槽的种类

a）通槽 b）半通槽 c）封闭槽

1）轴上的通槽和一端是圆弧形的半通槽 一般选用盘形槽铣刀铣削，轴槽的宽度由铣刀宽度保证，半通槽一端的圆弧半径由铣刀半径自然得到。

2）轴上的封闭槽和一端是直角的半通槽 用键槽铣刀铣削，键槽铣刀的直径按键槽宽度尺寸来确定。

2. 工件的装夹

装夹键槽轴时，不但要保证工件的稳定可靠，还要保证工件的轴线位置不变，以保证键槽的中心平面通过轴线。常用的装夹方法有以下几种：

（1）用平口钳装夹 用平口钳装夹简便、稳固，但当工件直径有 Δd 变化时，工件轴线在水平位置和上下方向都会产生 $\Delta d/2$ 的偏差，如图6-59所示。这将影响到键槽加工的深度尺寸和对称度，因此，这种装夹方法一般适用于单件生产。

（2）用V形块装夹 把圆柱形工件放置在V形块内，并用压板紧固，是铣削轴上键槽的常用装夹方法。其特点是当工件直径有 Δd 变化时，工件的轴线只在V形槽的对称平面内上下产生 $0.707\Delta d$ 的偏差，在水平位置不会产生偏差，如图6-60所示。因此当键槽铣刀的轴线或盘形槽铣刀的对称平面与V形槽的对称平面重合时，就能保证加工键槽的对称度。

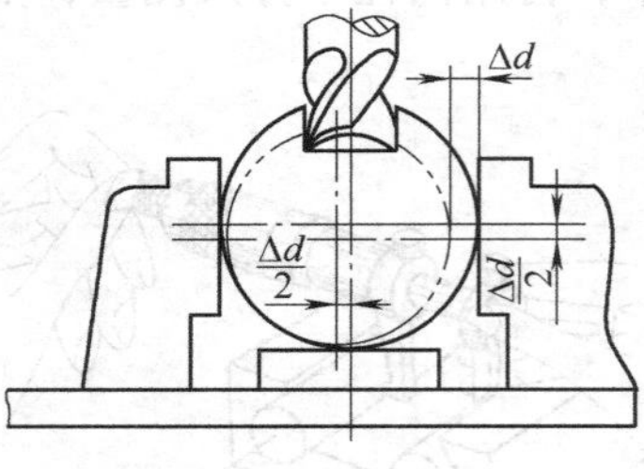

图6-59 用平口钳装夹铣键槽

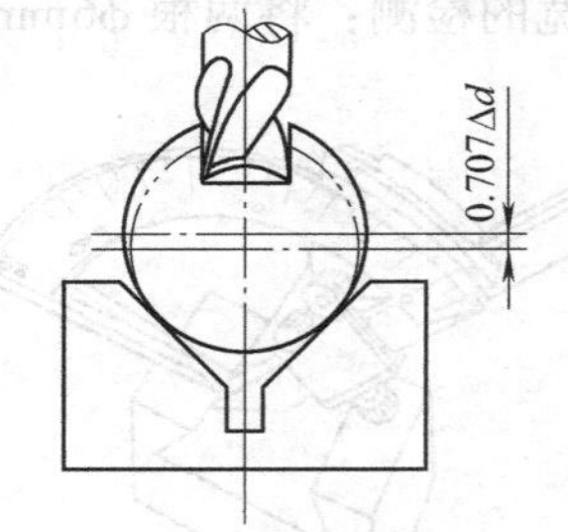

图6-60 用V形块装夹铣键槽

（3）用分度头装夹 用分度头主轴和尾座的两顶尖装夹或用三爪自定心卡盘和尾座顶尖的一夹一顶方法装夹工件，也能保证批量生产时键槽的对称度。

3. 键槽铣削加工技术

（1）图样识读 图6-61所示为带键槽的轴零件图，材料45钢，外圆经精车或磨削加工，键槽宽度尺寸精度为IT9，表面粗糙度为 $Ra=3.2\mu m$，键槽对轴线的对称度也有较高的要求。

（2）加工方式 由于是单件生产，宜采用平口钳装夹，选用直径 $d=8^{-0.025}_{-0.047}mm$ 的直柄

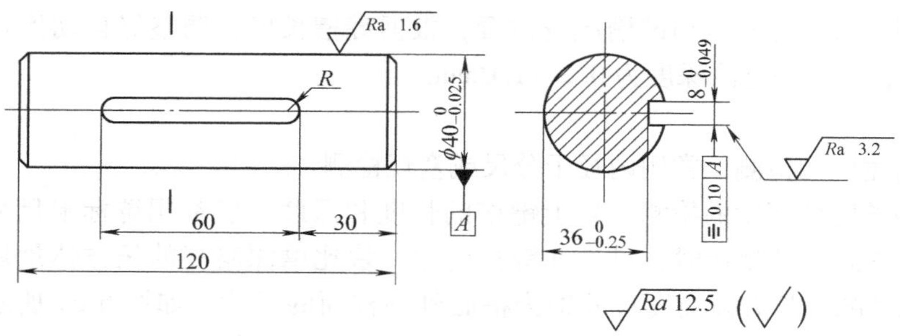

图6-61　铣键槽

键槽铣刀在X5032型立式铣床上加工。

（3）安装平口钳　用百分表校正固定钳口与工作台纵向进给方向平行并紧固。

（4）选择并安装铣刀　用千分尺测量并选择铣刀刃口直径为7.953～7.975mm的直柄键槽铣刀（见图6-62），并用钻夹头安装铣刀。

（5）选择切削用量　取铣削速度 $v_c = 15\text{m/min}$，则主轴转速为

$$n = \frac{1000 \times 15}{3.14 \times 8}\text{r/min} = 597\text{r/min}$$

实际调整铣床主轴转速为 $n = 600\text{r/min}$。

取每齿进给量 $f_z = 0.02\text{mm/r}$，则每分钟进给量为

$$v_f = f_z z n = 0.02 \times 2 \times 600\text{mm/min} = 24\text{mm/min}$$

实际调整 $v_f = 23.5\text{mm/min}$。

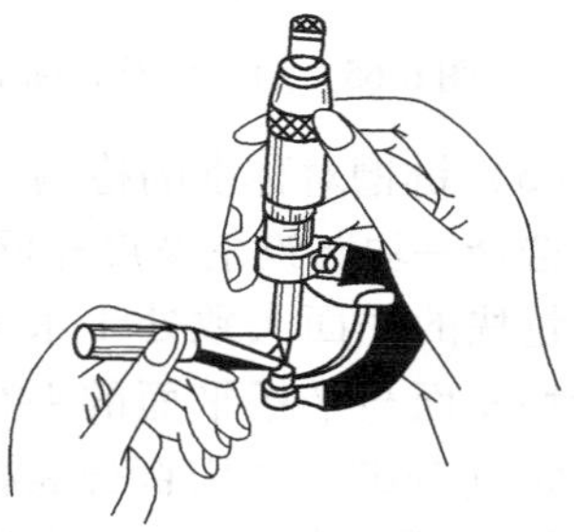

图6-62　测量键槽铣刀刃口直径

（6）对刀

1）切痕对刀。首先，将工件的铣削部位大致调整到铣刀中心下面，使铣刀端齿擦到工件表面。其次，开动机床，横向移动工作台，如图6-63a所示，在工件表面铣出一个略大于铣刀直径的方形切痕后停机。接着，移动横向工作台，目测使铣刀直径处于切痕中间位置，紧固横向工作台，垂向工作台微量上升切出圆痕后停机。然后，下降垂向工作台，仔细观察圆痕是否处于方形切痕的中间位置，若是，则对刀已准，如图6-63b所示。这种方法对中精度不高，但使用简便，是实际生产中最为常用的一种对刀方法。

2）环表对刀。在立铣头主轴上安装杠杆百分表，目测铣床主轴对准工件中心后，用手转动主轴，观察百分表在钳口两侧面处的读数，调整横向工作台使两侧读数相同为止，如图6-64所示。这种方法对中精度高。

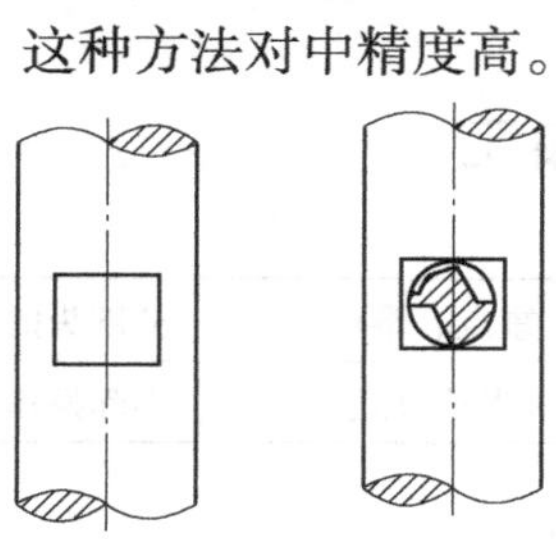

a)　　b)

图6-63　切痕对刀

a）铣出方形切痕　b）观察切痕中间位置

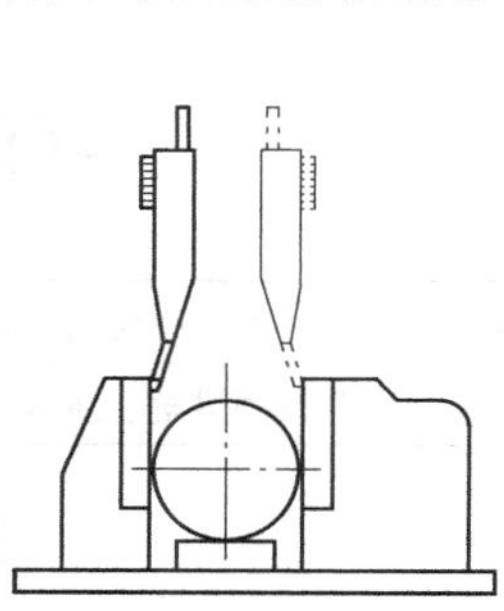

图6-64　环表对刀

（7）铣削　将工件调整到键槽起铣位置，根据键槽长度，调整好自动停止挡铁后进行铣削。铣削时，每次的进给深度为0.5～1.0mm。

4. 测量

（1）键槽宽度的检测　常用内径千分尺或塞规检测。

（2）键槽长度和深度的检测　轴上键槽的长度和深度一般都用游标卡尺来检测。封闭槽的槽深，用游标卡尺测量时，可先在键槽内放一块比槽深略高的长方体量块，然后再测量，测得的尺寸减去长方体高度尺寸即为槽底到圆柱面的尺寸，如图6-65所示；宽度大于千分尺测量杆直径的键槽，可用千分尺直接测量，如图6-66所示。

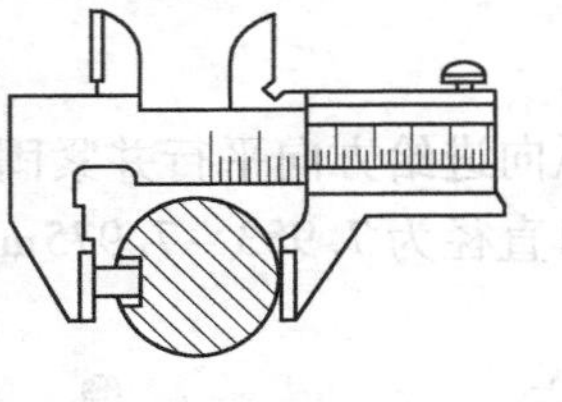

图6-65　用量块及游标卡尺测量

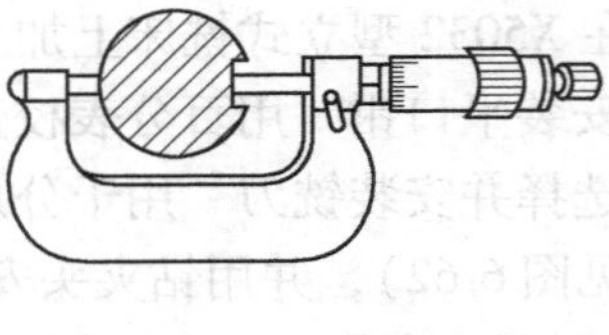

图6-66　用千分尺测量

（3）键槽对称度的检测　将工件置于V形架内，选择一块与键槽宽度相同的量块塞入键槽内，并使量块的平面大致处于水平位置，用百分表检测量块a面与平板平面的平行度并读数，然后将工件转过180°，再用百分表检测量块b面与平板平面的平行度并读数，两次读数的差值即为轴上键槽的对称度误差，如图6-67所示。

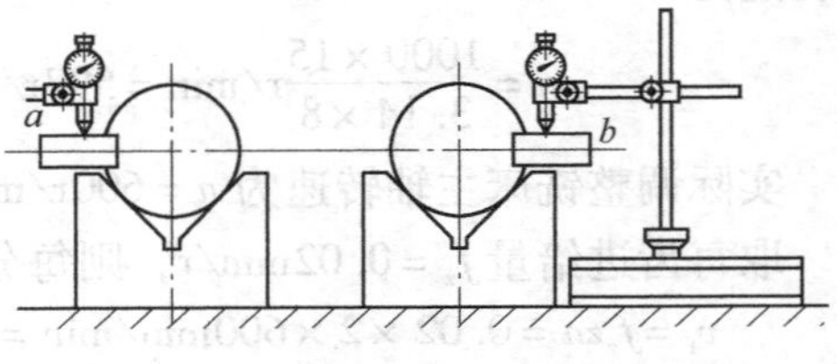

图6-67　用百分表检测键槽对称度

5. 轴上键槽铣削的质量分析

（1）键槽宽度尺寸超差

1）没有检查铣刀尺寸就直接铣削工件，铣刀直径尺寸不合适。

2）铣刀用钻夹头安装后，与铣床主轴不同轴，径向圆跳动过大。

（2）影响键槽两侧与工件轴线不对称的因素

1）铣刀对刀不准。

2）铣削中，铣刀有让刀现象。

3）横向工作台未紧固，铣削时产生位移。

项目六　花键的铣削加工

主要内容	分度头的使用、花键的铣削	重点、难点	分度头的使用
学习方法	教师讲解、演示，学生模仿练习	考核方式	实际操作考核

课题一　分度头的使用

在铣削加工花键、离合器、齿轮等机械零件时，需要用分度头进行圆周分度，才能铣出等分的齿槽。分度头是铣床的主要附件之一，通常在铣床上使用的分度头有直接分度头

（等分分度头）、简单分度头和万能分度头等，其中以万能分度头的使用最为广泛。

1. 万能分度头的型号及功用

（1）万能分度头的型号　其型号有F1163、F1180、F11100、F11125、F11200和F11250等，其中，F11125型是铣床上最常用的一种万能分度头。其型号中的“11”表示万能型，“125”表示主轴轴线距基座底面的高度尺寸。

（2）万能分度头的主要功用

1）可将工件作任意的圆周等分或直线移距分度。

2）可将工件的轴线放置成水平、垂直或倾斜等各种位置。

3）通过交换齿轮，能使分度头主轴随铣床纵向工作台的进给运动作连续转动，因此，可以利用分度头铣削螺旋面和等速凸轮的型面等。

2. 万能分度头的外形结构

万能分度头的外形结构如图6-68所示。

1）基座是分度头的本体，使用时固定在铣床工作台面上。

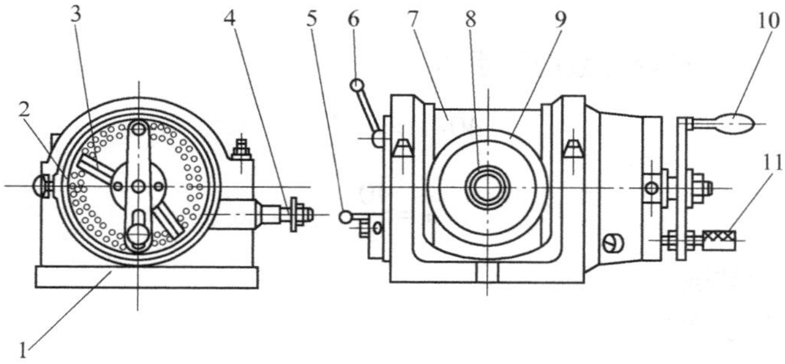

图6-68　万能分度头的外形结构

1—基座　2—分度盘　3—分度叉　4—侧轴　5—脱落蜗杆手柄　6—主轴锁紧手柄　7—回转体　8—主轴　9—刻度盘　10—分度手柄　11—定位插销

2）分度盘套装在分度手柄轴上，盘上正反面各有若干圈在圆周上均布的定位孔，配合分度手柄完成分度工作。F11125型分度头有两块分度盘，分度盘上的孔圈与孔数如表6-3所示。

3）分度叉两个叉脚之间的夹角，可按分度手柄所需转过的孔距数予以调整并固定，以防止分度差错，方便分度。

4）侧轴用于安装交换齿轮，以进行差动分度和直线移距分度。

表6-3　分度盘上的孔圈与孔数

分度盘	分度盘上的孔圈与孔数	
	正面	反面
第一块分度盘	24，25，28，30，34，37	38，39，41，42，43
第二块分度盘	46，47，49，51，53，54	57，58，59，62，66

5）脱落蜗杆手柄可使圆柱蜗杆与蜗轮脱开或啮合。

6）主轴锁紧手柄用于在分度后锁紧主轴。

7）回转体：主轴可随回转体在分度头基座的环形导轨内转动，使主轴除安装成水平位置外，还能转至倾斜 $-6° \sim 90°$ 的位置。

8）主轴：分度头主轴是空心的，两端均为莫氏4号锥孔，前锥孔用来安装带有拨盘的顶尖，后锥孔可装入心轴，作为差动分度或作直线移距分度时安装交换齿轮用。主轴的前端外部有一段定位锥体，用来安装三爪自定心卡盘的连接盘。

9）刻度盘固定在主轴前端，可与主轴一起旋转。刻度盘上有 $0° \sim 360°$ 的刻度，可以用作直接分度。

10）分度时，转动分度手柄，使主轴按一定传动比回转。

11）定位插销与分度叉配合使用，以进行准确分度。

3. 简单分度法

简单分度法又叫单式分度法，是最常用的分度方法。分度时分度盘固定不动，通过分度手柄的转动，使蜗杆带动蜗轮旋转，从而带动主轴和工件转过一定的度（转）数。

（1）分度原理简介　F11125型分度头蜗杆蜗轮的传动比为1∶40，即分度手柄转过40圈时，主轴转过1圈，“40”就叫做分度头的定数。其他各种型号的万能分度头，都采用这个定数。

分度手柄的转数和工件等分数的关系为

$$40:1 = n:\frac{1}{z} \tag{6-1}$$

$$n = \frac{40}{z} \tag{6-2}$$

式中　n——分度手柄转数；

40——分度头的定数；

z——工件的等分数（齿数或边数）。

当算得的 n 不是整数而是分数时，可用分度盘上的孔数来进行分度（把分子和分母根据分度盘上的孔圈孔数，同时扩大或缩小某一倍数）。

例6-1　在F11125型分度头上铣削一个八边形工件，求每铣一边后分度手柄的转数。

解：将 $z=8$ 代入式（6-2）中，有

$$n = \frac{40}{z} = \frac{40}{8} = 5$$

答：每铣一边后，分度手柄应转过5圈。

例6-2　在F11125型分度头上铣削一个六面体，求每铣一面后分度手柄需摇的转数。

解：将 $z=6$ 代入式（6-2）中，有

$$n = \frac{40}{z} = \frac{40}{6} = 6\frac{2}{3} = 6\frac{20}{30} = 6\frac{44}{66}$$

答：每铣一边后，分度手柄应转过 $6\frac{2}{3}$ 圈。

虽然在分度盘上没有3个孔的孔圈，但是在30孔的一圈内转过20个孔距，或在66孔的孔圈内摇44个孔距也是一样的。所以在计算时，可使分子、分母同时扩大或缩小某一个整数倍，使最后得到的分母值为分度盘上某孔圈的孔数。一般以采用孔数较多的孔圈比较好，因为孔数多的孔圈离轴心较远，操作时比较方便，并且准确度也比较高。

例6-3　在F11125型分度头上铣削一个50齿的齿轮，该怎样分度？

解： 将 $z=50$ 代入式（6-2）中，有

$$n=\frac{40}{z}=\frac{40}{50}=\frac{4}{5}=\frac{24}{30}$$

答： 每铣一齿后，分度手柄应在30孔的一圈内转过24个孔距。

（2）分度叉的使用　松开分度叉螺钉，调节叉脚之间的夹角，使分度叉两叉角间的孔数比需摇的孔数多一孔，因为第一个孔是作“零”来计数的。分度叉受到弹簧的压力，可以紧贴在孔盘上而不至于走动。每次分度时，拔出定位插销插入分度叉下一侧的孔内，然后转动分度叉靠紧定位插销。

（3）分度时的注意事项

1）分度时，在摇的过程中，速度要尽可能均匀。如果有时摇过了量，则应将分度手柄退回半圈以上，然后再按原来方向摇到规定的位置。

2）分度时，事先要松开主轴锁紧手柄，分度结束后再重新锁紧。

3）分度时，手柄上的定位销应慢慢地插入孔盘的孔内，切勿突然撒手使定位销自动弹入，以免损坏孔盘的孔眼精度。

课题二　花键的铣削

1. 花键铣削加工

（1）图样识读　图6-69是一花键轴，其大径公差为IT8级，键宽公差为IT9级，与设计基准（两端外圆轴心线）的对称度公差为0.06mm，花键轴键数为6，材料为45钢。

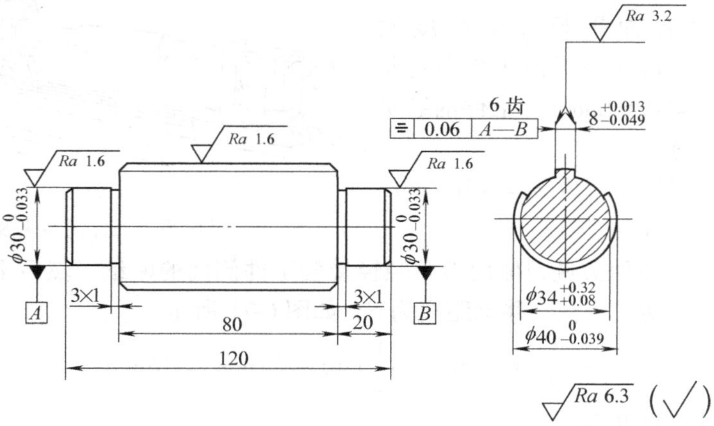

图6-69　铣花键

（2）确定加工方法　图6-69所示为大径定心矩形花键，花键外圆经精车或磨削加工，应符合图样尺寸要求。坯件两端外圆的长度各增加15mm工艺留量，并制有中心孔。铣削花键时，采用先铣键侧、再铣槽底圆弧面的方法，选择在X6132型卧式铣床上加工。

（3）铣刀的选择与安装

1）铣键侧刀具。选用直齿三面刃铣刀，铣刀宽度可按下式计算

$$L\leqslant d\sin\left[\frac{\pi}{N}-\arcsin\left(\frac{B}{d}\right)\right]$$

式中　L——三面刃铣刀宽度（mm）；

N——花键键数；

B——花键键宽（mm）；

d——花键小径（mm）。

所以，铣削图6-69所示花键应选的铣刀宽度为

$$L \leqslant 34\sin\left(\frac{180^\circ}{6} - \arcsin\frac{8}{34}\right)\text{mm} = 9.6\text{mm}$$

即选用63mm×8mm×22mm的直齿三面刃铣刀。

2）铣槽底圆弧面刀具。选用80mm×1.5mm的锯片铣刀铣槽底圆弧面。

3）安装铣刀。将三面刃铣刀和锯片铣刀同时安装在刀杆上，中间用60mm左右的垫圈隔开，并保证铣刀的径向圆跳动小于0.05mm。

（4）坯件的检查、安装与找正

1）检查坯件。外花键坯件的外径是装夹后找正和确定铣削深度的依据，所以用千分尺测量花键外圆直径的实际尺寸，用百分表检查坯件外圆两端的径向圆跳动在0.02mm以内（检查时用手转动坯件）。

2）分度头与尾座的安装。选用F11125型万能分度头，先将分度头安置在纵向工作台中间T形槽的右端处，再将尾座安放在工件能被装夹的位置上，找正后将分度头及尾座紧固在工作台上。

3）工件的装夹与找正。将工件直接装夹在分度头与尾座的两顶尖间，用鸡心夹头与拨盘紧固。工件装夹后，用百分表找正工件的上母线与工作台台面平行（平行度≤0.02mm），工件的侧母线与纵向工作台进给方向平行（平行度≤0.02mm）。工件的装夹与找正如图6-70所示。

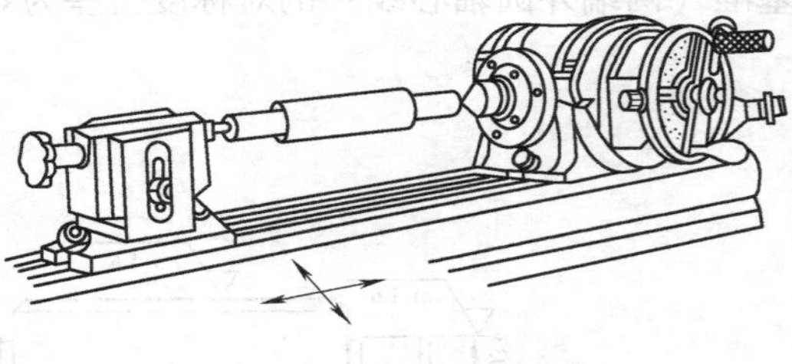

图6-70　工件的装夹及找正

（5）调整主轴转速　取 $v_f = 15\text{m/min}$，调整主轴转速 $n = 75\text{r/min}$。

（6）对刀　先使三面刃铣刀侧面刀刃轻轻接触工件侧面的贴纸，然后下降垂向工作台，退出工件，再横向移动工作台，移动距离为 S，如图6-71所示。

$$S = \frac{1}{2}(D - B) = \frac{1}{2}(40 - 8)\text{mm} = 16\text{mm}$$

（7）铣削外花键的步骤

1）调整铣削长度。根据铣削长度，调整好纵向自动进给停止挡铁。

2）铣花键侧面。根据对刀位置，铣削花键第一个齿侧面，铣毕摇动分度手柄转过 $6\frac{2}{3}$ 圈后，铣削花键第二个齿侧面，直至全部齿的一侧面都铣完。然后根据键宽尺寸和铣刀宽度，横向移动工作台，依次铣各键槽另一侧面，如图6-72所示。

3）铣槽底圆弧面。通过目测使锯片铣刀与工件外圆接触，如图6-73a所示。转动工件，从靠近键的一侧处开始铣削，如图6-73b所示。每铣完一刀后，摇动分度手柄使工件转过一个小角度，继续进行铣削，工件转过的角度越小，则被铣削的底面越接近圆弧面。依次铣完全部圆弧面，如图6-73c所示。注意铣削时切不可碰伤键的两侧。

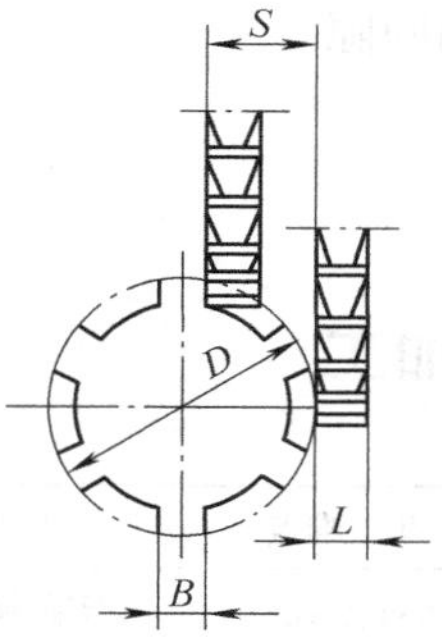

图6-71 铣刀侧面对刀

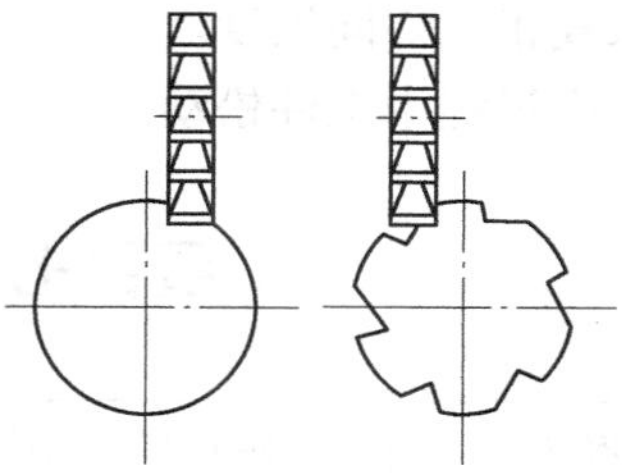

图6-72 铣花键侧面

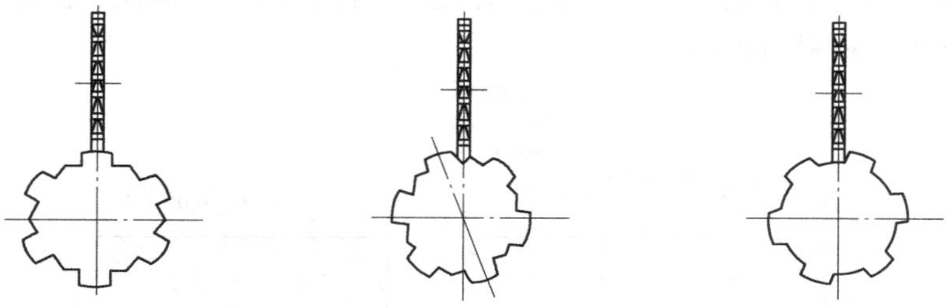

图6-73 铣槽底圆弧面

2. 外花键的检测

（1）测量键宽和小径 用外径千分尺测量键宽和小径。

（2）测量键的对称度 铣削完毕后可在工作台上直接测量。将键侧转至与工作台面平行，然后用百分表测量出两对应键侧的读数差值应在0.06mm以内。

（3）测量平行度 在测量对称度后，移动百分表测出键侧两端读数差值。

（4）测量等分误差 在测量平行度后，再进行分度测量，测出六个键同侧的跳动量。

3. 质量分析

（1）键宽尺寸超差的原因

1）加工时的测量错误。

2）在摇手柄移动横向工作台时看错刻度盘，或机床的传动间隙未予消除。

3）刀杆垫圈端面不平行，致使刀具侧面圆跳动过大。

4）分度差错或摇分度手柄时未消除传动间隙。

（2）小径尺寸超差原因

1）测量及调整铣削深度时有差错。

2）未找正工件上母线与工作台台面的平行度，致使小径两端尺寸不一致。

（3）键侧平行度超差原因 工件侧母线与工作台纵向进给方向不平行。

（4）对称度超差原因

1）对刀不准。

2）在摇手柄移动横向工作台时看错刻度盘，或未消除传动间隙。

（5）等分误差较大原因

1）摇错分度手柄，调整分度叉孔距有错误，未消除传动间隙。

2）未找正工件同轴度。

3）铣削过程中工件松动。

项目七　典型零件的铣削加工

主要内容	六面体工件的铣削加工	重点、难点	加工工艺的安排
学习方法	教师讲解、演示，学生模仿练习	考核方式	实际操作考核

1. 图样识读

看懂图6-74所示零件图样，了解图样上有关加工部位的尺寸标注、位置精度和表面粗糙度要求。零件加工材料为20钢。

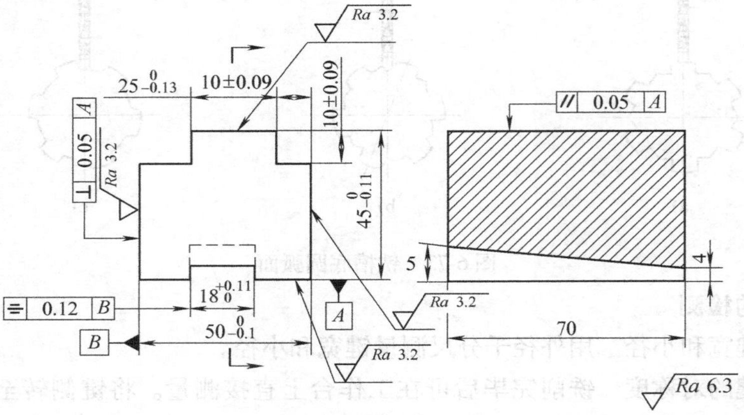

图6-74　止动块

2. 确定加工方式

确定在X5032型立式铣床上加工，用平口钳装夹。根据工件的外形尺寸，铣削时选用外径为80mm的套式立铣刀加工六面体。根据沟槽和台阶的宽度尺寸，选用直径为18mm的锥柄立铣刀加工沟槽和台阶。

3. 工艺装备及铣削用量的选择

工艺装备及铣削用量的选择如表6-4所示。

表6-4　工艺装备及铣削用量的选择

工序	工序内容	工艺装备			转速/（r/min）	进给量/（mm/min）	
		夹具	刀具	量具		粗铣	精铣
1	铣六面体，去毛刺	平口钳、平垫铁	套式立铣刀	游标卡尺、千分尺、刀口形直尺、游标万能角度尺	60	60	60
2	铣斜沟槽，去毛刺	平口钳、斜垫铁	套式立铣刀		235	60	47.5
3	铣台阶，去毛刺	平口钳、平垫铁	锥柄立铣刀		235	60	47.5

4. 铣削止动块工件的操作步骤

1）选用外径为80mm的套式立铣刀，分粗、精铣加工六面体，保证外形尺寸和垂直度、平行度要求。

2）换上直径为18mm的锥柄立铣刀，选用倾斜程度与沟槽底面斜度相同的垫铁，用平口钳装夹，分粗、精铣加工沟槽，保证宽度尺寸和对称度要求。

3）分粗、精铣加工台阶，保证宽度和深度尺寸。

习 题

6-1 常用的铣床有哪几类？各有什么主要特点？

6-2 制造铣刀切削部分的材料主要有哪两类？各有什么特点？

6-3 铣刀按其用途可分为哪几类？

6-4 什么是铣削用量？铣削用量的要素有哪些？

6-5 铣削中进给量f有哪三种表述方法？它们之间的关系是什么？

6-6 什么叫圆周铣？什么叫端铣？

6-7 什么叫顺铣？什么叫逆铣？它们各有什么优缺点？

6-8 圆周铣和端铣时，一般采用何种铣削方式？为什么？

6-9 切削液有什么作用？如何选用？

6-10 在立式铣床上，用平口钳装夹工件，且端铣平面时，平面度超差的原因有哪些？

6-11 在立式铣床上，用平口钳装夹工件，且端铣平面时，垂直度超差的原因有哪些？

6-12 斜面的铣削方法有哪几种？

6-13 台阶的铣削方法有哪几种？各有何特点？

6-14 用三面刃铣刀和用立铣刀铣直角沟槽各有哪些特点？

6-15 如图6-53a所示，测量55°燕尾槽，已测得槽深$H=10.05$mm，用直径为8mm的标准量棒间接测量，两标准量棒内侧距离$M=20.75$mm。求燕尾槽的槽口宽度A。

6-16 用键槽铣刀铣键槽时，常用的对中心方法有哪几种？

6-17 万能分度头的主要功用有哪些？

6-18 试作下列等分数在F11125型万能分度头上的简单分度计算：

（1）$z=18$；（2）$z=35$；（3）$z=64$。

6-19 铣削外花键时，工件一般采用什么装夹方式？如何进行找正？

附　录

附录A　国家职业技能鉴定统一考试中级（车工）测试模拟试卷

理论知识试卷

（一）单项选择题（选择一个正确的答案，将相应字母填在横线空白处。每题1分，共80分）

1. 零件图标题栏中的比例2:1，说明实物比图样______。

A. 大1倍　　B. 小1倍　　C. 大2倍　　D. 小2倍

2. 当零件具有对称平面时，在垂直于对称平面的投影面上投影所得的图形，可以以对称中心为界，一半画成剖视，另一半画成视图，这种图形叫______视图。

A. 局部　　B. 局部剖　　C. 半剖　　D. 全剖

3. 零件的真实大小是以图样上的______为依据的。

A. 比例　　B. 尺寸数值　　C. 图样大小　　D. 技术要求

4. 公差带图中______位于零线上方。

A. 正偏差　　B. 上偏差　　C. 下偏差

5. 一般尺寸精度的零件，其相应的形状、位置精度应______。

A. 无关　　B. 限制在尺寸精度公差范围内

6. 液压系统中过滤器的作用是______。

A. 散热　　B. 连接液压管路　　C. 保护液压元件

7. 在液压传动系统中，用______来改变液体流动方向。

A. 溢流阀　　B. 换向阀　　C. 节流阀

8. 锥齿轮用于两轴线______的传动中。

A. 相交　　B. 平行　　C. 交叉

9. 蜗杆传动的承载能力______。

A. 较低　　B. 较高

10. 从零件工艺规程中可以看出，对于要求较高的工件，调质热处理应安排在______比较合适。

A. 毛坯制造之后、粗车之前　　B. 粗车之后、半精车之前

C. 半精车之后、精车之前　　D. 磨削之前

11. 为了消除中碳钢焊接件的焊接应力，一般要进行______。

A. 完全退火　　B. 正火　　C. 去应力退火

12. CA6140卧式车床主轴前支承处装有一个60°双列角接触球轴承，用于承受______

力。

A. 径向　B. 左向的轴向　C. 右向的轴向　D. 左、右两个方向的轴向

13. CA6140 卧式车床主轴锥孔是莫氏______号。

A. 3　B. 4　C. 5　D. 6

14. CA6140 卧式车床主轴反转时，轴Ⅰ到轴Ⅱ之间的传动比不同，所以反转转速______于正转转速。

A. 高　B. 低　C. 等

15. 溜板箱中互锁机构的作用是______。

A. 接通机动进给时保证开合螺母不能合上　B. 接通纵向进给时不能再接通横向进给

C. 防止机动进给时合上快速移动

16. 切削温度是指______表面的平均温度。

A. 刀尖与刀前面　B. 工件　C. 切屑

17. 硬质合金车刀的耐热温度可达______℃。

A. 300～400　B. 500～600　C. 800～1000　D. 1300～1500

18. 刀具上刀尖圆弧半径增大会使背向力______。

A. 减小　B. 增大

19. 形状复杂、精度要求较高的刀具，应选用的材料是______。

A. 工具钢　B. 硬质合金　C. 高速钢　D. 碳素钢

20. 车刀的角度中对切削力影响最大的因素是车刀的______。

A. 前角　B. 主偏角　C. 刃倾角　D. 后角

21. 主偏角是主刀刃在______上的投影与走刀方向之间的夹角。

A. 基面　B. 主后面　C. 主截面。

22. 车台阶轴或镗不通孔时主偏角应取______。

A. $\kappa_r=45°\sim75°$　B. $\kappa_r=80°$　C. $\kappa_r\geqslant90°$

23. 当工件的刚性较差（如车细长轴）时，为减小背向力，主偏角应选______。

A. 90°　B. 75°　C. 60°　D. 45°

24. 副偏角一般采用______左右较合理。

A. 0°～2°　B. 6°～8°　C. 16°～18°　D. 26°～28°

25. 前角的选择原则是：在刀具强度允许的条件下，尽量选取______前角。

A. 负　B. 零　C. 较小　D. 较大

26. 精车时，为减小后刀面与工件的摩擦，保持刃口锋利，应选择______后角。

A. 零　B. 较小　C. 负　D. 较大

27. 在车床上车外圆时，若车刀装得高于工件中心，则车刀的______。

A. γ_o 增大，α_o 减小　B. γ_o 减小，α_o 增大　C. γ_o 和 α_o 都减小　D. γ_o 和 α_o 都增大

28. 断续切削或冲击性较大时，应选择______值的刃倾角。

A. 正　B. 负　C. 零　D. 正值或零

29. 加工钢料用的______车刀，一般都应磨出适当的负倒棱。

A. 硬质合金　B. 高速钢　C. 碳素工具钢

30. 修磨麻花钻横刃的目的是______。

A. 增大横刃处前角　　B. 减小横刃处前角

C. 增大或减小横刃处前角　　D. 增加横刃强度

31. 麻花钻主切削刃上各点的前角是______的。

A. 相同　　B. 不同　　C. 不一定

32. 车削塑性金属材料时，车刀的前角大，切削速度高，切削厚度小，就容易形成______切屑。

A. 带状　　B. 挤裂　　C. 单元　　D. 崩碎

33. 高速钢梯形螺纹粗车刀的刀尖角应______螺纹的牙型角。

A. 等于　　B. 大于　　C. 小于　　D. 等于或大于

34. 高速钢梯形螺纹精车刀的纵向前角一般为______。

A. 0°　　B . 15°　　C. 30°　　D. 负值

35. 加工右旋梯形螺纹的车刀，其左侧刃磨后角应______右侧刃磨后角。

A. 小于　　B. 等于或大于　　C. 等于　　D. 大于

36. 在同一螺旋线上，相邻两牙在中径线上对应两点之间的轴线距离称为______。

A. 螺距　　B. 导程　　C. 齿距　　D. 周节

37. 互相配合的梯形螺纹，内螺纹的中径______梯形外螺纹的中径。

A. 大于　　B. 小于　　C. 等于　　D. 等于或大于

38. 梯形螺纹的牙槽底宽等于______。

A. 牙顶宽　　B. $0.366P$　　C. $0.366P+0.536a_c$　　D. $0.366P-0.536a_c$

39. Tr44 ×8LH 中的 LH 表示______。

A. 短旋合长度　　B. 长旋合长度　　C. 右旋螺纹　　D. 左旋螺纹

40. 高速车削梯形螺纹时，为防止切屑拉毛牙型侧面，只能采用______车削。

A. 直进法　　B. 左右切削法　　C. 车直槽法　　D. 斜进法

41. Tr40 ×6 螺纹的中径尺寸是______ mm。

A. 37　　B. 36. 4　　C. 35. 8　　D. 38

42. 轴向分线法是当车好一条螺旋槽后，把车刀沿螺纹（或蜗杆）的轴线方向移动一个______，再车下一个螺旋槽。

A. 螺距　　B. 导程　　C. 中径　　D. 齿顶宽

43. 米制蜗杆的齿形角为______。

A. 20°　　B. 30°　　C. 40°　　D. 60°

44. 轴向直廓蜗杆在垂直于轴线的截面内的齿形是______。

A. 延长渐开线　　B. 阿基米德螺旋线　　C. 渐开线　　D. 螺旋线

45. 法向直廓蜗杆在垂直于轴线的截面内的齿形是______。

A. 延长渐开线　　B. 阿基米德螺旋线　　C. 渐开线　　D. 螺旋线

46. 蜗杆粗车刀的左、右两切削刃之间的夹角应______牙型角。

A. 等于　　B. 略小于　　C. 大于　　D. 等于或大于

47. 三针测量法主要用来测量梯形螺纹的______。

A. 大径　　B. 小径　　C. 中径　　D. 顶径

48. 用齿厚游标卡尺测量蜗杆的齿厚时，齿高卡尺应调整到蜗杆的______尺寸。

A. 齿顶高　B. 轴向齿厚　C. 齿根高　D. 齿顶宽

49. 能够保持工件在夹具中占有正确位置的是______装置。

A. 定位　B. 夹紧　C. 辅助　D. 车床

50. 工件在一次装夹中所完成的那部分工序称为______。

A. 工序　B. 安装　C. 工步

51. 夹紧力的方向应尽量______于工件的主要定位基准面。

A. 平行　B. 垂直　C. 倾斜　D. 相交

52. 夹紧力的方向应尽量与切削力的方向保持______。

A. 垂直　B. 倾斜　C. 相交　D. 一致

53. 车削时用带有台阶的心轴定位，可限制______个自由度。

A. 三　B. 四　C. 五　D. 六

54. 用卡盘安装悬臂较长的轴类零件，容易产生（　）误差。

A. 圆度　B. 圆柱度　C. 直线度

55. 车削细长轴时，要使用中心架和跟刀架来增加工件的______。

A. 刚性　B. 韧性　C. 强度　D. 硬度

56. 工件材料相同，车削时温升基本相同，其热变形伸长量主要取决于______。

A. 工件长度　B. 材料的热胀系数　C. 刀具磨损程度　D. 工件的起始温度

57. 为了克服细长轴车削时的热变形伸长可用______补偿。

A. 中心架　B. 跟刀架　C. 弹性回转顶尖　D. 固定顶尖

58. 使用跟刀架时，必须注意其支承爪与工件的接触压力不宜过大，否则会把工件车成______形。

A. 圆锥　B. 椭圆　C. 竹节

59. 采用跟刀架车削细长轴，调整跟刀架支承爪时，应先调整______支承爪。

A. 上　B. 下　C. 后　D. 前

60. 外圆与外圆或外圆与内孔的轴线平行而不重合的工件称为______。

A. 偏心轴　B. 偏心套　C. 偏心距　D. 偏心工件

61. 车偏心工件的原理是：装夹时，把______部分的轴线调整到与主轴线重合的位置上。

A. 外圆　B. 内孔　C. 偏心　D. 准基

62. 在三爪自定心卡盘上车削偏心距为4mm的偏心工件时，若选用垫片厚度为6 mm车削后，实测偏心距为4.2mm，则垫片厚度的正确值应为______ mm。

A. 3.2　B. 4.75　C. 5.7　D. 7.5

63. 在花盘角铁上加工工件时，为了避免旋转偏重而影响加工精度______。

A. 必须用平衡铁平衡　B. 转速不宜太高

C. 切削用量应选择小些　D. 应合理选择车刀的几何角度

64. 在花盘角铁上车削加工精度要求较高的工件时，它的装夹基准面应经过______。

A. 粗铣　B. 平磨或精刮　C. 粗刨　D. 研磨

65. 当大批量车削曲轴时，可采用______车削。

A. 四爪单动卡盘　B. 三爪自定心卡盘　C. 专用曲轴夹具　D. 双重卡盘

66. 花盘、角铁作安装基面时的形位公差应______。

A. 小于工件形位公差的1/2　B. 等于工件的形位公差

C. 大于工件的形位公差的1/2

67. 用百分表检查零件端面对轴线的垂直度时，若端面圆跳动量为零，则垂直度误差______。

A. 为零　B. 不为零　C. 不一定为零

68. 在两顶尖间测量较小的偏心距时，百分表读数最大值与最小值之______就是偏心距的实际尺寸。

A. 和　B. 差　C. 和的一半　D. 差的一半

69. 丝杠在加工过程中进行人工时效或自然时效时，必须在______状态下进行。

A. 水平放置　B. 悬挂　C. 任意　D. 常温

70. 直接决定产品质量水平高低的是______。

A. 工作质量　B. 工序质量　C. 技术标准　D. 检验手段

71. 在质量检验中，要坚持"三检"制度，即______。

A. 自检、互检、专职检　B. 首检、中间检、尾检

C. 自检、巡回检、专职检　D. 首检、巡回检、尾检

72. 严格执行操作规程，禁止超压、超负荷使用设备，这一内容属于"三好"中的______。

A. 管好　B. 用好　C. 修好　D. 管好，用好

73. 起吊重物时，允许的操作是______。

A. 同时按两个电钮　B. 重物起落均匀　C. 斜拉斜吊　D. 吊臂下站人

74. 手提式泡沫灭火器适于扑救______。

A. 油脂类石油产品　B. 木、棉、毛等物质

C. 电路设备　D. 可燃气体

75. 下列符合文明生产的是______。

A. 磨刀时应站在砂轮侧面　B. 短切屑可用手清除

C. 量具放在顺手的位置　D. 千分尺可当卡规使用

76. 提高劳动生产率的目的是______。

A. 减轻工人劳动强度　B. 降低生产成本

C. 提高产量　D. 减少机动时间

77. 劳动生产率是指单位时间内所生产的______数量。

A. 合格品　B. 产品　C. 合格品 + 废品　D. 合格品 − 废品

78. 属于辅助时间范围的是______时间。

A. 开机、停机　B. 进给切削所需

C. 领取和熟悉产品图样　D. 工人喝水，上厕所

79. 磨削时，工作者应站在砂轮的______。

A. 侧面　B. 对面　C. 前面　D. 后面

80. 数控车床进给系统中采用的丝杠是______。

A. 梯形螺纹丝杠　B. 可调整间隙滚珠丝杠

（二）判断题（正确的画“✓”，错误的画“×”。每题1分，共20分）

1. 表面粗糙度值小的零件尺寸公差必定小。（　）

2. 随着公差等级数值的增大，尺寸精确程度也依次提高。（　）

3. 渗碳的目的是使低碳钢表面的含碳量增大，在淬火后表面具有较高的硬度，心部仍保持原有塑性及韧性。（　）

4. 高速钢车刀最大的特点是宜进行高速切削。（　）

5. 硬质合金车刀虽然硬度高，耐磨性好，但不能承受较大的冲击力。（　）

6. 前角越大，切削力越小，刀具强度也越低。（　）

7. 在刚开始车削偏心轴偏心外圆时，切削用量不宜过大。（　）

8. 刀具的寿命也就是两次磨刀之间刀具的纯切削时间。（　）

9. 高速钢车刀应选择较小的前角，硬质合金车刀应选择较大的前角。（　）

10. 精加工应选择较大的前角，粗加工应选择较小的前角。（　）

11. 加工台阶轴时，主偏角应等于或小于90°。（　）

12. 铰孔时，孔口产生喇叭形主要是由于铰刀直径偏大。（　）

13. 麻花钻主切削刃的外缘处，前角和后角都是最大的。（　）

14. 多片式摩擦离合器的内、外摩擦片在松开状态时间隙太大，易产生“闷车”现象。（　）

15. 高速车削螺纹时的螺纹车刀，刀尖角必须等于牙型角。（　）

16. 车削右旋梯形螺纹时，左侧面后角应磨成（3°～5°）$-\phi$；右侧面后角应磨成（3°～5°）$+\phi$。（　）

17. 螺纹量规的止规是用来检验螺纹实际中径的量规。（　）

18. 对所有表面都需要加工的零件，应选择加工余量最大的表面作粗基准。（　）

19. 工件的六个自由度全部被限制，使它在夹具中只有唯一正确的位置，这种定位称为完全定位。（　）

20. 夹紧力的方向应尽量与切削力的方向垂直，以减少工件在加工时的振动。（　）

理论知识试卷答案

（一）单项选择题

1. B　2. C　3. B　4. A　5. B　6. C　7. B　8. A　9. B　10. B　11. C　12. D　13. D
14. A　15. A　16. A　17. C　18. B　19. C　20. A　21. A　22. C　23. A　24. B　25. D
26. D　27. A　28. B　29. A　30. A　31. B　32. A　33. C　34. A　35. D　36. B　37. C
38. D　39. D　40. A　41. A　42. A　43. A　44. B　45. A　46. B　47. C　48. A　49. A
50. B　51. B　52. D　53. C　54. B　55. A　56. A　57. C　58. C　59. C　60. D　61. C
62. C　63. A　64. B　65. C　66. A　67. C　68. D　69. B　70. B　71. A　72. B　73. B
74. A　75. A　76. B　77. A　78. A　79. A　80. B

（二）判断题

1. ×　2. ×　3. ✓　4. ×　5. ✓　6. ✓　7. ✓　8. ✓　9. ×　10. ✓　11. ×　12. ×
13. ×　14. ✓　15. ×　16. ×　17. ×　18. ×　19. ✓　20. ×

技能考核试题

题目：车削复合轴配合套件

1. 内容及操作要求

（1）考试内容　车削图 A-1 所示复合轴配合套件。

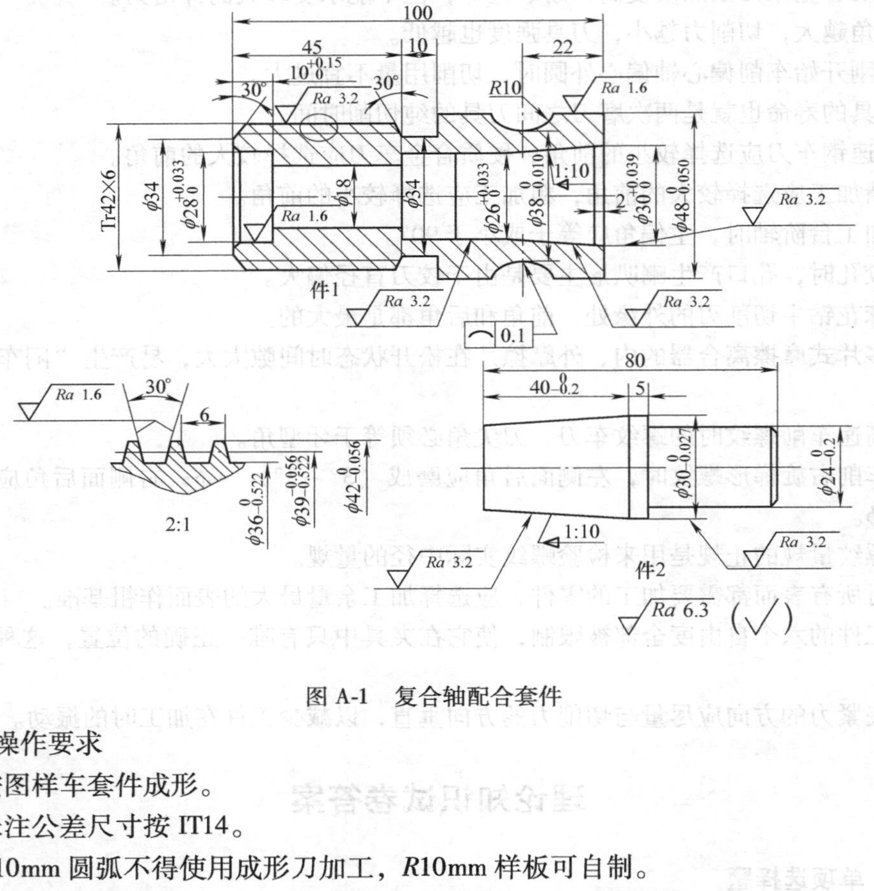

图 A-1　复合轴配合套件

（2）操作要求

1）按图样车套件成形。

2）未注公差尺寸按 IT14。

3）*R*10mm 圆弧不得使用成形刀加工，*R*10mm 样板可自制。

4）锥度配合接触面积不少于 65%，ϕ30mm 孔不要求配合精度。

5）未注倒角为 *C*1，锐角倒钝为 *C*0.2。

6）不允许用锉刀、砂布等打磨抛光工件。

2. 准备工作

（1）材料准备　材料为 45；毛坯 ϕ55mm × 105mm 一件，ϕ35mm × 85m 一件。

（2）设备、工具、刃具及量具准备　CA6140 卧式车床、扳手、旋具、顶尖、钻夹头、90°车刀、45°车刀、车槽刀、内孔车刀、内孔车槽刀、麻花钻、梯形螺纹车刀、圆头刀、钢直尺、游标卡尺、千分尺、公法线千分尺、内径百分表、锥度塞规、量针等。

3. 考核时间

（1）基本时间　240min。

（2）时间允差　每超差 5 min，从总分中扣除 1 分，不足 5 min 按 5 min 计。超过 20 min 不计成绩。

4. 评分项目及标准（见表 A-1）

表 A-1　评分项目及标准

项　　目	考核要点	配　　分	评分标准
车（件 2）各部分	$\phi30^{0}_{-0.027}$mm	3	每超差 0.01 mm 扣 1 分
	$\phi24^{0}_{-0.2}$mm	1	超差扣本项配分
	1∶10	2	每超差 5′扣 1 分
	$40^{0}_{-0.2}$mm	1	超差扣本项配分
	5mm	1	超差扣本项配分
	80mm	1	超差扣本项配分
	$Ra=3.2\mu m$（2 处）	1	1 处超差扣 0.5 分
车外圆、端面（件 1）	ϕ34mm	1	超差扣本项配分
	ϕ34mm（沟槽）	1	超差扣本项配分
	10mm	1	超差扣本项配分
	$\phi38^{0}_{-0.10}$mm	2	超差扣本项配分
	R10mm	3	每超差 0.1mm 扣 1 分
	轮廓度 0.01mm	2	每超差 0.1 mm 扣 1 分
	22mm	1	超差扣本项配分
	$\phi48^{0}_{-0.050}$mm	3	每超差 0.01 mm 扣 1 分
车内孔（件 1）	$\phi28_{0}^{+0.033}$mm	4	每超差 0.01 mm 扣 1 分
	$10_{0}^{+0.15}$mm	1	超差扣本项配分
	ϕ18mm	1	超差扣本项配分
	45mm	2	超差扣本项配分
	$\phi26_{0}^{+0.033}$mm	4	每超差 0.01 mm 扣 1 分
	$\phi30_{0}^{+0.039}$mm	4	每超差 0.01 mm 扣 1 分
	22mm	1	超差扣本项配分
	1∶10	6	接触面积每减少 10% 扣 2 分
车梯形螺纹（件 1）	ϕ42mm（大径）	2	超差扣本项配分
	ϕ39mm（中径）	7	每超差 0.01 mm 扣 1 分
	ϕ36mm（小径）	2	超差扣本项配分
	30°（牙型角）	2	每超差 5′扣 1 分
	6mm（螺距）	2	超差扣本项配分
	30°（倒角）（2 处）	1	1 处超差扣 2 分
	100mm	1	超差扣本项配分
表面粗糙度（件 1）	$Ra=1.6\mu m$（2 处）	4	1 处超差扣 0.5 分
	$Ra=1.6\mu m$（牙侧）	3	1 处超差扣 1 分
	$Ra=3.2\mu m$（4 处）	4	1 处超差扣 1 分
工具、设备使用与安全生产	工具设备使用与维护	15	视情况扣 1～15 分
	安全文明生产	10	视情况扣 1～10 分
合　　计		100	

附录B 国家职业技能鉴定统一考试中级（铣工）测试模拟试卷

理论知识试卷

（一）单项选择题（选择一个正确的答案，将相应的字母填在横线空白处。每题1分，共80分）

1. 下列选项中属于职业道德范畴的是______。

A. 企业经营业绩 B. 企业发展战略 C. 员工的技术水平 D. 人们的内心信念

2. 在企业的活动中，______不符合平等尊重的要求。

A. 根据员工技术专长进行分工 B. 对待不同服务对象采取一视同仁的服务态度

C. 师徒之间要平等和互相尊重 D. 取消员工之间的一切差别

3. 关于创新的论述，不正确的说法是______。

A. 创新需要“标新立异” B. 服务也需要创新

C. 创新是企业进步的灵魂 D. 引进别人的新技术不算创新

4. 国家标准中规定的几种图纸幅面中，幅面最小的是______。

A. A0 B. A4 C. A2 D. A3

5. 当平面倾斜于投影面时，平面的投影反映出正投影法的______。

A. 真实性 B. 积聚性 C. 类似性 D. 收缩性

6. 下列说法正确的是______。

A. 两个基本体表面平齐时，视图上两基本体之间无分界线

B. 两个基本体表面不平齐时，视图上两基本体之间无分界线

C. 两个基本体表面相切时，两表面相切处应画出切线

D. 两个基本体表面相交时，两表面相交处不应画出交线

7. 下列说法中，正确的是______。

A. 全剖视图用于内部结构较为复杂的机件

B. 当机件的形状接近对称时，不论何种情况都不可采用半剖视图

C. 半剖视图用于内外形状都较为复杂的对称机件

D. 采用局部剖视图时，波浪线可以画到轮廓线的延长线上

8. 下列孔与基准轴配合时，有可能组成过盈配合的孔是______。

A. 孔的两个极限尺寸都大于基本尺寸

B. 孔的两个极限尺寸都小于基本尺寸

C. 孔的最大极限尺寸大于基本尺寸，最小极限尺寸小于基本尺寸

D. 孔的最大极限尺寸等于基本尺寸，最小极限尺寸小于基本尺寸

9. 使钢产生冷脆性的元素是______。

A. 锰 B. 硅 C. 磷 D. 硫

10. 适于制造弹簧的材料是______。

A. 20Cr　B. 40Cr　C. 60Si2Mn　D. GCr15

11. 石墨以团絮状存在的铸铁称为______。

A. 灰铸铁　B. 可锻铸铁　C. 球墨铸铁　D. 蠕墨铸铁

12. HT200 表示是一种______。

A. 黄铜　B. 合金钢　C. 灰铸铁　D. 化合物

13. 不属于普通热处理的是______热处理。

A. 退火　B. 正火　C. 淬火　D. 化学

14. 表面淬火方法有______和火焰加热表面淬火。

A. 感应加热　B. 遥控加热　C. 整体加热　D. 局部加热

15. 齿轮传动是由______、从动齿轮和机架组成的。

A. 圆柱齿轮　B. 锥齿轮　C. 主动齿轮　D. 主动带轮

16. 主运动的速度最高，消耗功率______。

A. 最小　B. 最大　C. 一般　D. 不确定

17. 轴类零件加工顺序安排时应按照______的原则。

A. 先精车后粗车　B. 基准后行　C. 基准先行　D. 先内后外

18. 切削液渗透到了刀具、切屑和工件间，形成______，可以减小摩擦。

A. 润滑膜　B. 间隔膜　C. 阻断膜　D. 冷却膜

19. 錾削是指用锤子打击錾子对金属工件进行______。

A. 清理　B. 修饰　C. 切削加工　D. 辅助加工

20. 断面要求平整的棒料，锯削时应该______。

A. 分几个方向锯下　B. 快速地锯下　C. 从开始连续锯到结束　D. 缓慢地锯下

21. 锉刀在使用时不可______。

A. 作撬杠用　B. 作撬杠和锤子用　C. 作锤子用　D. 侧面

22. 在丝锥攻入 1 ~ 2 圈后，应及时从______方向用直角尺进行检查，并不断校正至要求。

A. 前后　B. 左右　C. 前后、左右　D. 上下、左右

23. 图形符号 KA 表示______。

A. 线圈操作器件　B. 线圈　C. 过电流线圈　D. 欠电流线圈

24. 对刀开关的叙述不正确的是______。

A. 它是一种简单的手动控制电器　B. 不宜分断负载电流

C. 用于照明及小容量电动机控制线路中　D. 分两极、三极和四极刀开关

25. 直齿圆柱齿轮的齿厚等于______。

A. $\pi m/2$　B. πm　C. $2\pi m$　D. $2m/\pi$

26. 直齿轮的齿顶圆和齿顶线用______表示。

A. 粗实线　B. 细实线　C. 点画线　D. 直线

27. 在直齿轮啮合主视图中，用四条______表示啮合的一对齿轮的齿顶线和齿根线。

A. 点画线　B. 细实线　C. 粗实线　D. 直线

28. 矩形牙嵌离合器上的齿的端面在俯视图中用两条交叉的______表示。

A. 粗虚线　B. 细虚线　C. 细实线　D. 粗实线

29. 表示机器或部件各零件间的配合性质或相关位置关系的尺寸叫______尺寸。

A. 装配　　B. 安装　　C. 定位　　D. 规格

30. 装配图中必要的尺寸包括零件之间______、连接关系部件或机器的规格、外形尺寸等。

A. 配合　　B. 安装　　C. 调试　　D. 测量

31. 三视图的投影规律中，长对正的是______两个视图。

A. 主、左　　B. 主、右　　C. 俯、左　　D. 主、俯

32. 压板的断面图中沟槽用______表示。

A. 细虚线　　B. 粗虚线　　C. 细实线　　D. 粗实线

33. 对没有凹圆弧的直线成形面工件，可选择______直径的铣刀进行加工。

A. 较小　　B. 较大　　C. 相同　　D. 任意

34. 粗基准选择的总原则是为后续工序提供必要的______基准，并保证所有加工表面有足够的加工余量。

A. 测量　　B. 定位　　C. 装配　　D. 加工

35. 选择零件的______基准作为定位基准，这一原则通常称为基准重合原则。

A. 工序　　B. 测量　　C. 设计　　D. 装配

36. 夹紧机构应能调节______的大小。

A. 夹紧力　　B. 夹紧行程　　C. 离心力　　D. 切削力

37. 螺旋夹紧机构采用的动力源多数为______。

A. 机动　　B. 手动　　C. 气动　　D. 液压

38. 联动夹紧机构中，由于各点的夹紧动作在机构上是联动的，因此缩短了辅助时间，提高了______。

A. 产品质量　　B. 设备利用率　　C. 夹紧速度　　D. 生产率

39. 气动元件的材质和精度同液压元件相比______。

A. 要求低　　B. 要求较高　　C. 要求高　　D. 是一样的

40. 液压夹紧装置是利用______来传力的一种装置。

A. 水　　B. 皂化液　　C. 油质　　D. 液性塑料

41. 整体三面刃铣刀一般采用______制造。

A. YT 类硬质合金　　B. YG 类硬质合金　　C. 高速钢　　D. 合金工具钢

42. 直接切入金属，担负着切除余量和形成加工表面的任务，由前面和后面相交而成的刃口称为______。

A. 端面刃　　B. 侧刃　　C. 主切削刃　　D. 副切削刃

43. 圆柱铣刀的后角是指在正交平面内测得的后面与______之间的夹角。

A. 主剖面　　B. 法剖面　　C. 基面　　D. 切削平面

44. 端面铣刀粗铣时刃倾角一般为______。

A. $-10° \sim -15°$　B. $-15° \sim -20°$　C. $-20° \sim -25°$　D. $-25° \sim -30°$

45. 铣床的主轴转速根据切削速度 v_c 确定，$n =$______。

A. $\dfrac{v_c}{\pi d_0}$　　B. $\dfrac{\pi d_0}{v_c}$　　C. $\dfrac{\pi d_0}{1000 v_c}$　　D. $\dfrac{1000 v_c}{\pi d_0}$

46. 阶梯铣刀的原理是：它的刀齿分布在不同的半径上，而且在轴向上伸出长度也不同，能使工件的全部余量沿______方向分配在各个刀齿上，既降低了切削力，又有利于排屑。

A. 铣削深度　B. 铣削宽度　C. 铣削速度　D. 铣刀旋转

47. 粗铣时，限制进给量提高的主要因素是______。

A. 铣削力　B. 表面粗糙度　C. 尺寸精度　D. 加工精度

48. 精铣时，在考虑每齿进给量的同时，还需考虑______。

A. 每转进给量　B. 主轴转速　C. 材料硬度　D. 铣刀的选择

49. 精铣时限制铣削速度的主要因素有加工精度和______。

A. 加工条件　B. 铣刀寿命　C. 机床功率　D. 加工余量

50. 加工较大平面时，一般采用______铣刀。

A. 面　B. 立　C. 圆盘　D. 指形

51. 工作台面宽度为260mm的万能工具铣床，其型号表示为______。

A. X6020B　B. X2010C　C. XB4326　D. X8126

52. 主轴与工作台面垂直的升降台铣床称为______铣床。

A. 卧式　B. 万能工具　C. 立式　D. 龙门

53. X6132型铣床的主电动机安装在铣床床身的______。

A. 前部　B. 后部　C. 左下侧　D. 上部

54. X6132型铣床的最高进给速度为______ mm/min。

A. 1120　B. 1140　C. 1180　D. 1500

55. 为了保证传动系统的正常工作，连续进行变换速度的次数不宜太多，一般不超过______次。

A. 二　B. 三　C. 四　D. 五

56. 调整纵向工作台传动丝杠与螺母之间的间隙完毕后，一般情况下，用手轮作正反转时，空行程读数为______ mm。

A. 0.1　B. 0.15　C. 0.2　D. 0.25

57. 铣床工作台是在工作台底座的______槽内作直线移动。

A. T形槽　B. 凸面槽　C. 凹面槽　D. 燕尾槽

58. 主轴轴承间隙调整后，在______ r/min的转速下运转1h，轴承温度应不超过60℃。

A. 950　B. 1120　C. 1180　D. 1500

59. 调整X5032型铣床主轴轴承间隙时，需修磨前端的两半圆垫圈。修磨时，若需消除0.011mm的径向间隙，应将垫圈磨去______ mm。

A. 0.12　B. 0.16　C. 0.24　D. 0.36

60. 铣床一级保养后，先手动检查，然后______使机床正常运转。

A. 低速运转　B. 高速运转　C. 空运转　D. 手动运转

61. 校正固定钳口时，若钳口铁是光整平面，且______，可用百分表直接校正钳口铁。

A. 宽度方向尺寸较大　B. 宽度方向尺寸较小

C. 高度方向尺寸较大　D. 高度方向尺寸较小

62. 在卧式铣床上用机用虎钳装夹工件铣削平行面质量差的主要原因是基准面与______不平行。

A. 机用虎钳固定钳口面　　B. 机用虎钳活动钳口面

C. 机用虎钳导轨面　　D. 机用工作台面

63. 在卧式铣床上铣平行面时，若底面与基准面不垂直，则需调整，调整后，需用______对基准面进行检查。

A. 水平仪　　B. 直角尺　　C. 百分表　　D. 游标万能角度尺

64. 当工件长度及厚度的尺寸不太大时，可用两把______铣刀组合铣削矩形工件的两端面。

A. 锯片　　B. 三面刃　　C. 单面　　D. 双角

65. 试切法是指通过试切-测量-调整-______，直到使被加工尺寸达到要求。

A. 粗铣　　B. 半精铣　　C. 精铣　　D. 再试切

66. 加工台阶时，用对开垫圈将组合铣刀的宽度尺寸调整完毕后，对刀时先在试件______切一点，测量后再调整到所需位置。

A. 端部上方　　B. 端部下方　　C. 内侧面　　D. 外侧面

67. 机用虎钳在工作台上校正并固定后，固定钳口的______和导轨的上平面与工作台之间的相对位置是不变的。

A. 平行面　　B. 工作面　　C. 垂直面　　D. 导轨面

68. 细长工件采用一夹一顶加工时，要用百分表找正工件的上素线相对于______的平行度。

A. 纵向移动方向　　B. 横向移动方向　　C. 工作台面　　D. 轴线

69. 用分度头装夹工件铣一棱台，已知棱台侧面与端面的夹角为75°，若采用扳转分度头铣削，则分度头主轴仰角为______。

A. 15°　　B. 55°　　C. 75°　　D. 115°

70. 具有平行孔系的零件，在加工前要计算______。

A. 间距　　B. 加工尺寸　　C. 坐标尺寸　　D. 行距

71. 铣削 $m=3$mm、$z=32$ 的一个直齿圆柱齿轮，应选用______号盘形齿轮铣刀。

A. 4　　B. 5　　C. 6　　D. 7

72. 铣削 $z=32$、$m=3$mm 的一个直齿圆柱齿轮，每次分度时，分度头柄应转过______圈。

A. $1\frac{5}{24}$　　B. $1\frac{6}{24}$　　C. $1\frac{7}{24}$　　D. $1\frac{8}{24}$

73. 铣削螺旋槽时，交换齿轮选择后，主动轮装在______上。

A. 分度头主轴　　B. 分度头侧轴　　C. 工作台丝杠　　D. 铣床主轴

74. 斜齿轮的端面模数指垂直于______上，每齿所占分度圆直径长度。

A. 螺旋齿的截面　　B. 螺旋齿的法面　　C. 轴线的截面　　D. 轴线的平面

75. 铣削斜齿轮时，要根据______选择刀具号。

A. 当量齿轮的齿数　　B. 齿轮的齿数　　C. 端面模数　　D. 法向模数

76. 在立式铣床上铣削斜齿轮对刀时，应摇动______手柄，使铣刀擦到工作表面。

A. 纵向　　B. 横向　　C. 垂向　　D. 主轴

77. 加工一件 $z=20$、$m=2$mm 的直齿条，其全齿高为______ mm。

A. 4　　B. 4.5　　C. 5　　D. 5.5

78. 利用数显装置法来控制移距尺寸，能获得高的齿距尺寸精度，且不受______精度的影响。

A. 主轴　　B. 机床丝杠　　C. 工作台导轨　　D. 横向工作台

79. 铣削一直齿条，若 $m=3\text{mm}$，则垂直上升全齿高为______ mm。

A. 3　　B. 6　　C. 6.75　　D. 8.5

80. 用横向移距法铣斜齿条找正时，可把工件的侧面调整到与______进给方向成 β 角。

A. 纵向丝杠　　B. 纵向　　C. 横向　　D. 垂向

（二）判断题（正确的画"✓"，错误的画"×"。每题 1 分，共 20 分）

1. 员工在职业交往活动中，尽力在服饰上突出个性是符合仪表端庄具体要求的。（　）
2. 俯视图的上方代表物体的前方。（　）
3. 公差带代号是由基本偏差代号和公差等级数字组成的。（　）
4. 带传动是由带轮和带组成的。（　）
5. 硬质合金的特点是耐热性好，切削效率低。（　）
6. 测量精度为 0.02mm 的游标卡尺，当两测量爪并拢时，尺身上 19mm 对正游标上的 20 格。（　）
7. 用百分表测量时，测量杆与工件表面应垂直。（　）
8. 硬质合金机用铰刀用来高速铰削和铰削硬材料。（　）
9. 低压断路器不具备过载和失压保护功能。（　）
10. 企业的质量方针是每个技术人员（一般工人除外）必须认真贯彻的质量准则。（　）
11. 加工等速圆盘凸轮时根据凸轮从动件滚子形状选择立铣刀的直径。（　）
12. 工艺基准可分为定位基准、测量基准、工序基准和设计基准。（　）
13. 组合夹具组装完毕后，必须进行试验。（　）
14. 端铣刀的副偏角的主要作用是减少副切削刃与待加工表面的摩擦。（　）
15. 差动分度时，交换齿轮中的中间齿轮的作用之一是改变从动轮转速。（　）
16. 麻花钻刃磨后两个主切削刃应该对称，且刃口长度要一样，横刃斜角为 55°。（　）
17. 铣削奇数齿离合器时，一般采用刚性较好的锯片铣刀。（　）
18. 在卧式铣床上用三面刃铣刀铣削矩形齿离合器，分度头主轴要垂直放置。（　）
19. 铣削凸圆弧时，应使铣刀中心至转台中心的距离为圆弧半径减去铣刀半径。（　）
20. 加工圆柱面直齿刀具要求齿槽角和齿深精度较高。（　）

理论知识试卷答案

（一）单项选择题

1. D　2. D　3. D　4. B　5. C　6. A　7. C　8. B　9. C　10. C　11. B　12. C　13. D
14. A　15. C　16. B　17. C　18. A　19. C　20. C　21. B　22. C　23. B　24. D　25. A
26. A　27. D　28. C　29. A　30. A　31. D　32. D　33. B　34. B　35. C　36. A　37. B
38. D　39. A　40. C　41. C　42. C　43. D　44. A　45. D　46. A　47. A　48. A　49. B
50. A　51. D　52. C　53. B　54. C　55. B　56. B　57. D　58. D　59. A　60. C　61. C
62. C　63. B　64. B　65. D　66. A　67. B　68. C　69. A　70. C　71. B　72. B　73. C　74. D

75. A 76. B 77. B 78. B 79. C 80. C

（二）判断题

1. × 2. × 3. ✓ 4. ✓ 5. × 6. × 7. ✓ 8. ✓ 9. ✓ 10. × 11. × 12. ×
13. × 14. × 15. × 16. ✓ 17. × 18. ✓ 19. × 20. ✓

技能考核试题

题目：铣削阶梯斜面

1. 内容

铣削图 B-1 所示零件。

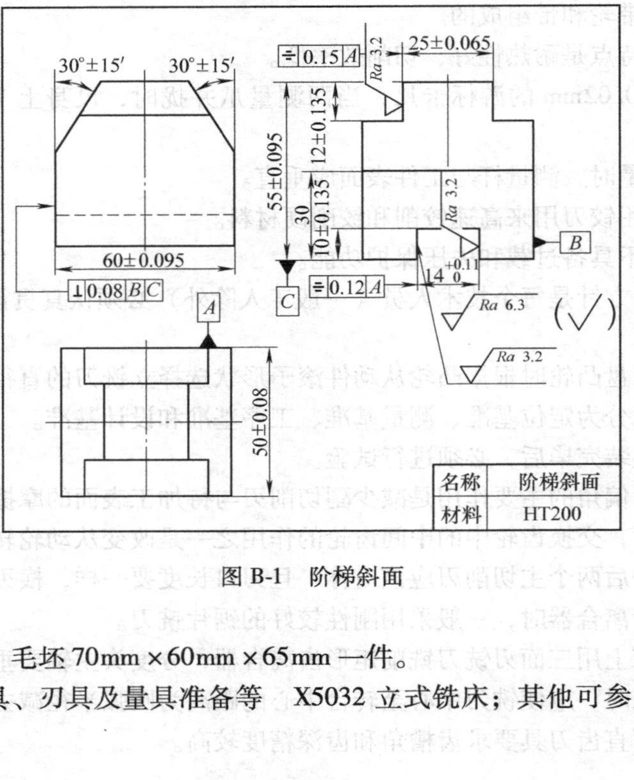

图 B-1 阶梯斜面

2. 准备工作

（1）材料准备 毛坯 70mm × 60mm × 65mm 一件。

（2）设备、工具、刃具及量具准备等 X5032 立式铣床；其他可参见附录 A 的“技能考核试题”部分

3. 考核时间

考核时间：300min。

4. 评分项目及标准（见表 B-1）

表 B-1 评分项目及标准

项目	考核要点	配分	评分标准
主要项目	①尺寸精度：		
	25 ± 0.065	6	超差不得分
	$14^{+0.11}_{0}$	6	超差不得分
	10 ± 0.135	6	超差不得分
	12 ± 0.135	6	超差不得分

（续）

项　目	考核要点	配　分	评分标准
主要项目	30°±15′	6	一处超差扣3分
	②垂直度：0.08	10	超差不得分
	③对称度：0.15	8	超差不得分
	0.12	8	超差不得分
一般项目	①尺寸精度：		
	60±0.095	3	超差不得分
	50±0.08	3	超差不得分
	55±0.095	2	超差不得分
	②表面粗糙度： $Ra=3.2\mu m$，$Ra=6.3\mu m$	12	一处未达到要求扣2分
工具、量具和设备的使用维护	①正确使用方法	5	使用不当扣2分
	②铣床的润滑	5	每少一处润滑扣1分
	③合理的维护和保养	3	维护保养不当扣1分
安全文明生产	①国家安全生产法规	3	①违反有关规定扣1～5分，发生重大安全事故取消考试资格
	②企业文明生产规定	3	②工作场地整洁；工具、量具摆放整齐合理不扣分，较差扣2分，很差扣5分
时间定额	6h	5	超工时定额：10～30min，扣5分；31～60min，扣10分；超过60min不记分
合　计		100	

参考文献

[1] 郭溪茗，宁晓波．机械加工技术［M］．北京：高等教育出版社，2002.

[2] 王明耀，张兆隆．机械制造技术［M］．北京：高等教育出版社，2002.

[3] 蒋增福．车工工艺与技能训练［M］．北京：高等教育出版社，1998.

[4] 赵忠玉．车工技能鉴定考核试题库［M］．北京：机械工业出版社，2001.

[5] 王岩，周振才．铣工（中级）考前辅导［M］．北京：机械工业出版社，2009.